城市建设与给排水工程

邓照华　宋明严　张　磊　主编

U0253580

吉林科学技术出版社

图书在版编目（CIP）数据

城市建设与给排水工程 / 邓照华, 宋明严, 张磊主
编 . -- 长春 : 吉林科学技术出版社 , 2023.5
ISBN 978-7-5744-0392-5

Ⅰ . ①城… Ⅱ . ①邓… ②宋… ③张… Ⅲ . ①城市建
设—工程管理—研究②给排水系统—工程施工 Ⅳ .
① TU984 ② TU991.05

中国国家版本馆 CIP 数据核字 (2023) 第 092823 号

城市建设与给排水工程

主　　编	邓照华　宋明严　张　磊	
出 版 人	宛　霞	
责任编辑	程　程	
封面设计	刘梦杳	
制　　版	刘梦杳	
幅面尺寸	185mm×260mm	
开　　本	16	
字　　数	400 千字	
印　　张	13.25	
印　　数	1－1500 册	
版　　次	2023年5月第1版	
印　　次	2024年1月第1次印刷	

出　　版　吉林科学技术出版社
发　　行　吉林科学技术出版社
地　　址　长春市福祉大路5788号
邮　　编　130118
发行部电话/传真　0431-81629529 81629530 81629531
　　　　　　　　　　81629532 81629533 81629534
储运部电话　0431-86059116
编辑部电话　0431-81629518
印　　刷　廊坊市印艺阁数字科技有限公司

书　　号　ISBN 978-7-5744-0392-5
定　　价　80.00元

　　在城镇基础设施中，给水工程和排水工程与城市交通工程一样，是非常重要的公共设施。给水工程和排水工程可以看作城市的动脉和静脉，只要某一方面失去功能，城市生产和生活就将遇到困难甚至瘫痪。

　　随着我国城镇化建设的飞速发展，一些大型中心城市和数量众多的小型城镇相继形成。然而，作为城市最基础的公共设施——给水工程和排水工程仍有许多伴随发展的新问题。妥善解决这些问题已成为社会的普遍共识，国家和地方政府每年投入巨资建设和完善城市给水和排水工程等基础设施。近年来，随着给水排水工程领域技术的快速发展，一些新工艺、新设备和新材料，乃至一些建设新理念都已经深入规划设计和运营管理中，使其更系统全面地反映这些新变化。

　　城市生活垃圾不仅会影响城市整体形象，也会对人们生活质量造成直接影响。所以，加强环境保护成为人们的共识，是改善人们生活质量的必要举措；生活垃圾分类关系人民群众的生活环境，也是衡量城市发展和文明程度的重要标志；垃圾的无害化处理更是提升环境保护水平的重要措施，因此这些问题得到了人们的普遍关注，推动了城市建设工作的改革发展。

　　本书从构思开始直到书稿完成，在各个环节上都付出了巨大的努力，特别是在各章初稿写作完成后，作者还就本书在结构布局、内容繁简、逻辑关系等方面存在的问题进行了认真修改，对不其规范的句式标点也一一做了校正。但由于作者水平有限，书中的不足之处敬请各位读者批评指正，以便在日后修订中完善。

目 录

第一章 城市建设

第一节 城市及城市建设概述

一、城市

"城市"实际上由两个字组成："城"和"市"。

"城"多是用夯土筑成高大墙体，围成一圈组成。在古代主要是扼守交通要冲、具有防卫意义的军事据点，以防守为基本功能。

"市"是指货物交换、交易的地方，物物交换或物与货币交换，即市场，其本意和城没有任何关系。

城市是综合人类自然属性、社会属性、经济活动于特定地理区域空间的物化形态场所，是主要以非农业产业和非农业人口集聚为主的居民点，且人口相对集中，居住相对密集。从经济学角度看，城市是具有相当面积的，为集中的经济活动提供空间，并产生规模经济效益的区域。地理学上的城市，是指地处相对安全、交通便捷环境中，覆盖一定数量人群和一定面积房屋的集结地。

二、城市的基本特征和要素

（一）城市的基本特征

城市的概念可以从很多角度去定义，但不管从什么角度定义，城市的基本特征均有以下一些方面。

1.城市的非农业性特征

城市的概念是相对存在的。城市有别于乡村。城市与乡村是人类聚集的两种基本形式，两者的关系是相辅相成，密不可分的。若没有了乡村，城市的概念也就失去了意义。从世界范围来看，农业人口、农业产业、农业经济、农村占地等在人类社会结构中占据总量的绝对优势，而城市正是从农村、乡村中演化和发展过来的。

2.城市的高度聚集性特征

城市在人口总量、产业数量、城市占地等方面远远小于农村，但高度聚集了大量的社会经济活动。它是人类物质财富和精神财富生产、聚集、集散、流通、传播和扩散的中心。

3.城市的人工改造和干预特征

城市是集中体现人类对自然环境改造和干预最强烈的地方。这种改造和干预被定义为"城市建设"。

（1）地理环境被改变，主要是地形和地貌

削掉山头，填平大海，改变河道，贯通地下，凡是人类社会活动需要的和能做到的改造运动，都会发生在城市。

（2）构建房屋、设施，修筑道路、河道

构建房屋、设施，修筑道路、河道主要是为了满足人类生存和活动的两大基本需求"住"和"行"。一切居住和活动都离不开房屋，因为人类生存条件苛刻脆弱、社会系统复杂繁缛，而房屋具备人类生存和活动的基本功能，特别是在城市的形态中。

（3）植物和动物被控制

粮食蔬菜瓜果作物不适宜在城市种植，树木花草完全按照人们的意志栽培，除了宠物和老鼠，其他动物几乎销声匿迹。

（4）气候被强烈干预和改变

建筑房屋密密麻麻，道路和地面被全面硬化，有限的植物不能供以充足的氧气，而人为的二氧化碳和有害气体排放却肆意大量增加。城市的人为活动使得对大自然的不利因素大为增加，在很大程度上干预和改变了局部气候，比如城市热岛效应。城市大量的人工构筑物、混凝土、柏油路面，各种建筑墙面等，改变了近地面的热力属性，吸热快而热容量小；工厂生产、交通运输以及居民生活等人工热源燃烧各种燃料，每天不停地向外排放大量的热量；城市中绿地、林木和水体减少加之大气污染产生了大量的氮氧化物、二氧化碳和粉尘等排放物，这些物质会吸收下垫面热辐射，产生温室效应，从而引起大气进一步升温。这一切使得城市比附近农村的气温高出不少。

4.具有复杂完备的城市运行生态系统

城市运行生态系统是城市自然生态系统，城市环境系统，城市供给系统，城市交换、交通、交流系统，城市医疗生化系统，城市生产系统等多系统组成的复合系统，注重满足人类生存的基本条件、文明健康程度，解决系统与系统之间的合理性、持续性、协调性，最终达到整个系统相互依存、运行自如、持续稳定、完美和谐的状态。

城市运行生态系统完全是人工生态系统，是物质和能量快速流通运转的系统，是高度开放和对其他系统高度依赖的系统，同时也是自动调节能力很弱和极其不稳定的系统。

5.具有动态多变的城市管理社会系统

物资输送运转、人员调配疏散、资金汇集结算、信息汇聚扩散、活动聚集运作、管理通达辐射。

6.独特的历史文化特征

城市的历史文化有别于乡村，每一座城市都有其独特的历史文化特征，城市与城市之间都存在着或多或少的历史文化差异。

7.城市发展既有不确定性又具有可控性

城市的发展有其自身的客观规律，在其发展过程中由于受到诸多因素影响和制约，存在许多不确定性。但是城市是人为产生的，必然可以人为控制。我们可以对城市发展进行规划和调控，引导城市合理发展。

（二）城市的职能类型

职能是指事物、机构本身具有的功能或应起的作用，城市职能就是城市所具有的作用，即城市在国家或区域政治、经济、文化、社会、服务等活动中承担的任务和作用。一般情况下，城市有很多基本的职能，好多职能是有共性的，而城市在规划期里希望达到的目标或方向关注的是最主要、最本质的职能。城市的主要职能应该具有高度的概括性，代表城市的个性和发展方向。

城市职能总体上可分为一般职能和特殊职能。一般职能是指每个城市都必备的那一部分基本职能，如城市运营中的生产、流通、分配、文化、教育、社会、政治等各项活动。特殊职能是指那些不可能每个城市都必备的职能，如采矿业、资源加工业、旅游观光业以及独有的科学研究、教育活动等。

1.城市的基本职能

（1）城市经济部门

从城市经济活动来看，一般情况下包含第一产业（种植业、林业、畜牧业和渔业等）；第二产业（采掘业、工业制造业、建筑业、电力、燃气及水的生产和供给业等）；第三产业（流通业，为生产服务的行业，为提高科学文化水平和居民素质服务的行业，为社会公共需求服务的行业）。三类产业部门每类都涵盖若干行业，行业下面包含细分的门类以及具体的城市经济部门。

（2）经济部门服务对象

城市经济部门按服务对象来确定，一部分是为本城市服务，另一部分是为本城市以外的需求服务。服务对象不是单一固定的，很多是交织在一起的。

（3）城市经济基本活动

凡为本城市以外提供货物和服务的活动称为城市经济基本活动。基本活动是城市形成、生存的基本因素和经济基础，是从城市以外为城市创造收入的部分，是导致城市发展的主要动力。产品销售到外地或外地人来本地消费，本地经济才能活跃，才能产生经济效益。

（4）城市的基本职能

城市的基本职能是指城市经济基本活动所产生的职能。面向城市辐射区域的地区性或全国性的工业企业：采掘业、原材料工业、制造业、轻工业等；交通运输企业：铁路、航运、航空、公路企业等；市级以上的行政机关；科研、文化、艺术、体育机构；院校高等教育机构；风景游览区、名胜古迹等。

2.城市的非基本职能

凡是由于城市形成、发展而建立的主要为本市提供货物和服务的活动，称为城市经济非基本活动，并相应产生城市的非基本职能。如为城市运行服务的工业生产、加工业、轻工业活动：典型的像主要为本地服务的发电厂、建筑材料生产厂；商业活动：小超市、百货商店等；为本地居民服务的饮食业：饭店、茶馆、咖啡馆等；服务业：为生活服务的行业美容美发、洗涤、修理等；为生产服务的行业代理、仓储、租赁等；市级以下行政机关；中小学、幼教等。

非基本职能可以细分成两类，一类是为满足基本职能派生的职能，另一类是满足本市正常运行所派生的职能。

分清城市基本职能和非基本职能这两种不同概念，对于研究确定一个城市的性质和将来的发展规模极为重要。城市的基本职能是城市存在和发展的原动力。基本职能强，城市发展繁荣；基本职能弱，城市发展衰落。

3.城市性质

城市性质是由城市主要职能所决定的，主要体现城市的最基本特征。

城市的职能是指城市在一定范围的政治、经济、文化生活中所担负的任务和作用。它的主导职能，就是城市性质。城市职能的范围是指辐射的区域，所在的地区、国家，甚至在国际范围某方面具有影响。城市性质是城市建设的总纲，是体现城市最基本的特征和城市总的发展方向，科学地确定城市性质是充分发挥城市作用的重要前提。

城市性质不是一成不变的。确定城市的性质首先要分析城市历史上和现状的城市职能，继承和发展其中合理的部分。然后结合本城市的优势，分析今后可能和合理的发展变化，确定城市在规划期的职能。最后概括为城市性质的适当表述。

4.城市职能和城市性质的联系与区别

（1）城市职能和城市性质的联系

城市职能和城市性质都是在揭示城市在为本地居民以外的服务中的作用，在城市经济基本活动中起主导作用的部分，在一定范围中的分工。城市职能分析是确定城市性质的基础，确定城市性质一定要先进行城市职能分析。

（2）城市职能和城市性质的区别

城市职能和城市性质存在着一定的区别，城市性质不能等同于城市职能。因为一个城市可能有好几个职能，强度和影响范围也各不相同；而城市性质只抓住最主要、最本质的职能，城市性质是城市主要职能的概括，不是所有职能的罗列。城市职能一般指现状职能，而城市性质指的是规划性质。城市职能是客观存在，可能合理也可能不合理，城市性质加进规划人员或城市领导人的主观意愿，可能正确也可能不正确。另外，城市职能和城市性质在不同时期有可能不一样，应该对历史的、现状的和规划的加以区别。

（三）城市的结构形态

1.城市空间结构

城市空间结构是城市要素在空间范围内的分布和组合状态，是城市经济结构、社会结构的空间投影，是城市社会经济存在和发展的空间形式。城市空间结构一般表现为城市密度、城市布局和城市形态三种形式。城市空间结构分为内部空间结构与外部空间结构。

城市功能分区：可划分为商业区、居住区、市政与公共服务区、工业区、交通与仓储区、风景区、城市绿地、特殊功能区。

影响城市功能分区的主要因素有自然地理条件、历史文化因素、经济发展水平、交通运输状况等。

2.城市密度

城市是由分属于经济、社会、生态等系统的诸要素构成的社会经济综合体，城市各类要素在城市空间范围内表现为一定数量，形成各自的密度。城市密度是城市各构成要素密度的一种综合。

合理的城市密度，有利于发展生产的专业化和社会化，提高社会劳动生产率；有利于基础设施和公共服务设施的建设，节约使用土地和资源，降低生产成本；有利于信息的传递和交流，刺激竞争，培养和提高劳动者的文化和技能；有利于缩短流通时间，降低流通费用，加速资本周转；有利于城市政府进行管理，降低管理成本，提高管理效能。

3.城市布局

城市布局一般以城市性质和规模为前提，结合城市构成和城市功能结构分析，对城市的平面形状、内部功能结构、道路系统的结构与形态进行规划和安排。在城市的历史发展过程中，也会因自然发展而形成一定的布局结果。但是，现在人们更加注重合理安排城市布局，通过综合研究城市性质、规模、功能需求等，使城市空间形态能够帮助压缩人流、物流、信息流、资金流的流动空间和时间，提高城市经济和生活的运行效益。同时城市布局的合理与否直接影响城市土地和自然条件的利用；影响城市各个组团和内部的交通联系，合理的城市布局能避免城市各物质实体或要素相互干扰。

4.城市形态

城市形态是指一个城市的空间、建筑、环境等实体组成与人所共同形成的整体构成关系，是由结构、形状和相互关系所组成的一个空间系统。从有形的平面空间形态来讲，城市形态包含了城市区域范围内城区、组团的布点形式，城市各类用地的几何形态，城市内各种功能地域的分布等。在立体空间方面，城市形态还应包括城市的建筑空间组织、风格和市容风貌等。

从对城市形态的研究，可以掌握一个城市的自然渐变规律，城市如何由小到大进行变迁，未来如何壮大；掌握城市内部形态的控制和城市形态演化规律，指导城市规划和发展方向。

决定城市形态的因素很多，如城市规模、城市用地地形等自然条件、城市用地功能组织和道路网结构等。道路网、水系是城市的基础骨架，对城市形态的影响最大。空间布局、建筑分布构成的轴线对城市形态的规划也具有重要影响。

城市形态分类：按城市交通轴线可分为放射形、环形、环状放射形、方格形、树枝形、平行型、扇形、星形、卫星型、星座型、连环形、环绕型、带形等；按城市水系轴线可分为带形、分流型、合流型、放射形、分散型、中央岛型、中央分离型、树枝形等。

城市形态层次：城市形态可从大的层面到具体形态分为三个层次。第一层次是宏观面，研究城市区域城镇群、卫星城的分布形态；第二层次是城市的外部空间形态，即城市的平面形式和立面形态；第三层次是城市内部的分区形态。

三、城市建设概述

（一）城市建设活动

1.基本概念

人类与动物的显著区别之一在于其社会性，人类活动的范畴、路径、结果统一归结为社会活动。"城市"是人类相对集中生活、生产、交换、交流、交通的具有社会属性的特定空间和形态场所。人类的社会活动离不开对空间和形态的依赖，没有空间和形态的依托，人类的社会活动毫无意义。

除了自然生态系统，所有与城市有关的运行系统都与"特定空间和形态场所"紧密相关。如城市供给系统（供给食品、水源、能源等），城市交换系统（供给管网、洁具、排泄管网、清运等），城市交通系统（地面硬化道路、水路航道、轨道交通、航空），城市交流系统（公共场所、通信、控制等）。每一项都对应依托于一定的建筑物、构筑物、设施物、构件等。再如城市管理社会系统的物资输送运转、人员调配疏散、资金汇集结算、信息汇聚扩散等，也离不开构造物、设备系统的支撑。

2.实例

以建造房屋和修筑道路为例，这两项主要是为了满足生存和活动的两大基本需求"住"和"行"而进行。

人类最基本的居住活动最早是选择自然的树居、洞居等，后来逐渐发明了工具，生产力进了一步，用人工的方法在树上构筑巢居，在地面挖出穴居。人类一旦有了能力，就开始建造房屋，因为一切居住和活动都离不开房屋。伴随着进化，人类的生存能力增强，但对外界条件的要求却越来越苛刻，自身也越来越脆弱，需要精心呵护。加之社会系统复杂繁缛，活动过程环环相扣，个体的行为基本上被规范到统一的社会层面。而房屋具备人类生存和活动的基本功能，特别是在规范的社会层面——城市的形态中。一是要求人们居有定所：没有定所一切活动必会乱套。从最早的母系社会到后来的父系家族，再到社会体系的形成，人类居住完全演变成了群居状态下的定居形态。固定生活和居有定所成为必然。二是防护抗灾作用：保温防晒，避风挡雨，御扰抗侵，抵御灾害。使人们的生活、活动处于安全的状态，获得安定的处所和安宁的环境。三是固定用具：即使是最简单最基本的生活用品，如灶具、床褥等也需要固定下来；在社会和生产活动中更离不开各种用具和工具，都要占据空间。四是创造人工环境：比如夜晚需要人造光源照明，人工环境能解决吃喝供给问题甚至是排泄。

另外，人类的社会性决定了一切要与他人或外部发生联系和交往，而这些联系和交往处处都离不开道路。人类在大自然中之所以凌驾于一切生物之上，在于其活动范围得到了极大的扩展。这一扩展完全是建立在人脚和车轮上的，而它他们都必须有平展坚固的路面作支撑。房屋内部、房屋与房屋之间、不同功能的区域之间、城市和城市之间都必须有复杂完备的道路系统。

因此，可以从"特定空间和形态场所"概念衍生出"城市建设活动"。"城市建设活动"涵盖了人类社会生活的绝大部分。它是人类社会生活对空间、形态的依赖和需求所导致的必然活动和结果。

3.意义

"城市建设活动"对人类社会活动具有重大影响，在社会活动中占有重要分量。城市建设活动是城市运行和管理的基本组成部分，涉及城市运行和管理的各个方面。城市建设活动包括城市基础资料积累、城市规划活动和以规划为依据，通过具体建设项目对城市系统内各基础设施、建筑、构筑物进行建设，对城市人居环境进行改造。城市建设的内容包括城市系统内各个物质设施、建筑、构筑物的实物形态，是为城市运行、管理创造良好条件的基础性、阶段性工作，是过程性和周期性比较明显的一种特殊经济活动。城市经过规划、建设后投入运行并发挥功能，提供服务，真正为市民创造良好的人居环境，保障市民正常生活，服务城市经济社会发展。

（二）城市建设活动的任务

城市建设活动的任务，简单说就是城市规划、建设和管理。

1.城市规划

由政府主导制定城市规划：包括城市发展和建设的方针，区域规划、总体规划的编制，城市体系的布置；确定城市性质、规模和布局；统一规划、合理利用城市土地；综合部署城市各项基础设施建设；合理安排具体建设项目。

2.城市建设

城市建设是指城市系统内各类物质形态设施的实施、构建过程。城市系统包括城市的自然生态系统，城市环境系统，城市供给系统，城市交换、交通、交流系统，城市医疗生化系统，城市生产系统，以及城市建筑系统的各类建筑物、构筑物、设施物等。

3.城市管理

组织城市系统、建筑系统有机运行，通过一定的管理手段保证城市有秩序地运行，协调地发展，使城市的发展建设获得良好的经济效益、社会效益和环境效益。

城市规划是城市建设和管理的依据，城市建设是实现城市规划的手段和结果，城市管理是确保城市规划和城市建设实施的必要过程。

（三）城市建设活动的行业属性和特征

城市建设活动是一个庞大的系统，这一系统涵盖了机构组织、公共管理、科研教育、地质勘察、建筑建材、水利水电、交通运输、技术服务、专业服务、环境管理、环保绿化多个行业，由众多机构、部门、事业和企业单位组成。城市建设活动的行业属性非常繁杂，但有一些共同特征：政策主导（指目标趋向、公共需求），法律约束（程序严谨、权属明晰），行业交跨（跨行业、多交织），产品高大（投入高、尺度大、周期长），技术高新（科技水平高、技术更新快），难易交错（高难度设计和技术、极简单劳动和本能）等。

第二节　城市建设活动行业划分和构成

一、城市建设活动涉及的行业、学科、专业和构成部门

（一）自然环境和现状、历史人文调查研究积累方面

1.涉及行业

机构组织、公共管理、科学研究、地质勘察、技术服务、专业服务、环境管理等。

2.涉及学科或专业

气象学、水文学、水文地质学、地质学、工程地质学、矿物学、地震学（是地质学和物理学的边缘科学）、经济统计学、人口统计学、土地资源管理、环境科学与技术、历史社会学等。

3.学科、专业构成或研究内容

（1）气象学

气象学是大气科学的一个分支。气象学的领域很广，其基本研究内容是大气的组成、范围、结构、温度、湿度、压强和密度等。通过研究大气现象的发生和本质，进而解释大气现象，寻求控制其发生、发展和变化的规律，采取一定的措施来预测和改善大气环境，使之适应人类的生活和生产需求，为城市建设服务。

与城市建设活动密切相关的内容包括：

①气候

气候是一个地区或区域大气物理特征的长期平均状态。研究气候的目的主要是总结和描述气候因素、气候类型特征、四季气候、气候变化和气候影响等。气候类型特征：热带、亚热带、温带、寒带和其他。

②气温

气温是一定地域内的空气温度，可以显示该地方的热状况特征，对居民生活、生产和城市建设都有很大的指导作用，是城市建设活动不可缺少的指标之一。主要包括平均气温、极端气温、气温变化和气温分布等。

③风向

气象上把风吹来的方向确定为风的方向，其中主导风的类型和特征对城市具有较大的影响。如风与交通，在飞机起飞或降落时最好选择逆风的方向，所以飞机的跑道应该与风的方向一致；风与能源，在风力较大的内陆和沿海，可以建立风力发电厂；风与城市规划，在城市规划中，应该把工业放在盛行风的下风向处，把居民区放在上风处；如果是季风区，应该把工业区放在垂直风向的郊外。高级住宅区的选择，应布局在上风向或最小风频处。

④降水

降水反映的是雨、雪降落、蒸发量的规律和特点。一定地区的降水量、蒸发量对人们的生产、生活和城市建设具有重大影响。降水量仅指垂直降水，水平降水不作为降水量处理，发生降水不一定有降水量，只有有效降水才有降水量。一天之内降水10mm以下为小雨，10~25mm为中雨，25mm以上为大雨，

50mm以上降水为暴雨，75mm以上为大暴雨，200mm以上为特大暴雨。

⑤日照

研究日照的规律和特点，包括日照间距、日照标准、日照时数和日照质量等。

日照间距：日照间距指前后两排南向房屋之间，为保证后排房屋在冬至日12月22日底层获得不低于2h的满窗日照而保持的最小间隔距离。

日照标准：在城市规划中根据各地区的气候条件和居住日照标准、卫生要求确定的向阳房间在规定日获得的日照量，是编制居住区规划时确定房屋间距的主要依据。

日照时数：日照时数是指太阳每天在垂直于其光线的平面上的辐射强度超过或等于120 W/m² 的时间长度。对太阳辐射强度有一定的要求。

日照质量：日照质量是指每小时室内地面和墙面阳光照射面积累计的大小以及阳光中紫外线的效用高低。

（2）水文及水文地质

水文指自然界水的变化、运动等的各种现象，是研究自然界水的时空分布、变化规律的一门边缘学科。一些重要指标包括水位高低、水量大小、含沙量、汛期长短、结冰期等。

（3）地质、工程地质

①地质：一定地域内的地球物质组成、结构、构造、发育历史等特征。②土壤：土壤构成、种类和资源分布等。③地震：地震类型、分布和灾害影响等。④地形：一定区域的地形种类特征、地理位置等。⑤生态：生物群落与地理环境相互作用的规律。

（4）矿物及资源

①矿物：矿种和分布规律等。②资源：各种资源的类型、数量和分布规律等。

（5）经济统计

①经济总量统计：国民经济总量统计：统计一定地区总的经济成果及生产能力。②产业发展统计：一定地区各个产业的经济成果及生产能力统计。③社会发展统计：一定地区相关的社会发展成果和类比数据。

（6）人口统计

调查统计人口数据，揭示人口发展变化规律。

（7）土地资源

①土地资源：土地资源类别、特征和分布现状等。②土地利用：土地利用调查、统计、分析、规划、开发和保护等。

4.行业构成的部门

气象、水文、地质矿产、地震、经济调查、统计、环境保护、历史社会研究、市政研究、规划研究、勘测勘察等。

（二）测绘、勘测勘察、地理信息系统方面

1.涉及行业

机构组织、公共管理、科学研究、地质勘察、技术服务等。

2.涉及学科或专业

测绘科学与技术、地理学、勘测勘察、地理信息系统等。

3.专业内容

（1）测绘

①大地测量：地面控制成果，地形实测等。②摄影测量与遥感：航空、航天、地面摄影测量等。③工程测量：地形、地质、水文、施工、运营测量等。④海洋测绘：海洋专题测量等。⑤地图制图：编绘、制印地形图、专题地图等。

（2）勘测勘察

①地籍测量：地籍调查、测量、制图等。②地质勘察勘探：地质调查、勘察勘探、制图等。③岩土工程勘察：岩土工程勘察、可行性研究等。

（3）地理信息系统

①城市信息系统：与城市相关的信息系统及其管理等。②其他信息系统：自然资源等其他信息系统及其管理等。

4.行业构成的部门

测绘、勘测勘察、地图制图、工程地质勘察、信息研究等。

（三）城市规划编制设计方面

1.涉及行业

机构组织、公共管理、科学研究、技术服务、专业服务等。

2.涉及学科或专业

城市规划与设计、风景园林规划与设计等。

3.专业内容

（1）城市总体规划纲要

市域城镇体系规划纲要，城市规划区的范围，城市职能、城市性质和发展目标，禁建区、限建区、适建区范围，城市人口规模，中心城区空间增长边界、建设用地规模和建设用地范围，交通发展战略及主要对外交通设施布局原则，重大基础设施和公共服务设施的发展目标，综合防灾体系的原则和建设方针等。

（2）城市总体规划

①指标：城市性质和发展方向，人口规模，总体规划指标等。②用地：城市用地，规划范围，城市用地功能分区，工业、对外交通运输、仓储、生活居住、大专院校、科研单位、绿化等用地。③交通体系：城市道路，交通运输系统，车站、港口、机场等主要交通运输枢纽的位置等。④交通：主要广场位置、交叉口形式、主次干道断面、主要控制点的坐标及标高等。⑤公共建筑：大型公共建筑规划布点等。⑥工程规划：给水、排水、防洪、电力、电信、煤气、供热、公共交通等各项工程管线规划，园林绿化规划。⑦保护规划：人防、抗震、环境保护等方面的规划，旧城区改造规划等。⑧城镇体系规划：郊区居民点，蔬菜、副食品生产基地，郊区绿化和风景区，卫星城镇发展规划等。

（3）城市近期建设规划

城市总体规划层面下城市近期发展目标和建设时序，人口及建设用地规模、范围和主要工程项目，近期建设用地和建设步骤，近期建设投资估算等。

（4）分区规划

城市总体规划层面下城市局部地区的土地利用、人口分布、建筑及用地的容量、主次干道、公共设施、城市基础设施等配置，红线位置、用地范围、断面、控制点坐标和标高等。

（5）控制性详细规划

城市总体规划和分区规划层面下局部地块的土地使用、建筑建造、设施配套、行为活动、规划线控制等。

（6）修建性详细规划

城市总体规划、分区规划、控制性详细规划层面下各项建筑和设施的建设条件分析，空间布局和景观规划设计，总平面布置，道路交通、绿地系统、工程管线规划设计，竖向规划设计，估算工程量、拆迁量和总造价，分析投资效益等。

4.行业构成的部门

城市规划编制、设计、研究、风景园林规划等。

二、城市建设活动的分类

从行业划分和专业构成的角度来解析城市建设活动这一庞大系统，可以帮助我们详细了解城市建设活动的绝大部分内容。在现实社会中，城市建设活动并不总是呈现出全部过程或特征，我们必须按其活动的基本过程和特性，将具体的活动划分成一定的行业或专业类别，从而更加直观地、有效地掌握城市建设活动的各个方面。

（一）城市基础资料积累调查活动

城市基础资料是指包括气象、水文、水文地质、地质、工程地质、矿物、地震、经济统计、人口统计、土地资源、环境科学与工程、历史、社会等方面的文字记载、图纸、数据表格等材料。每个城市的各类基础资料都是经过长期积累形成的，它们往往分散在不同的行业和部门，有些是随着时间的推移逐步积累保存的资料，有些是当今不断形成产生的材料。从产生这些资料的行业和部门的从属性看，这些行业和部门似乎与城市建设活动没有必然的联系，如气象部门、统计部门并不一定归属于城市建设系统，但是从城市运行的完整系统来看，这些行业、部门研究的对象和最终生成的资料，却对城市建设活动产生很大的影响。

城市基础资料可以使人们直观地知晓城市的历史和现状，一目了然地了解城市的概况；可以从不同侧面反映城市的特点和内涵，从多层面帮助我们研究和探寻城市的各个要素。更重要的是基础资料可以为城市规划提供基础数据，经过统计分析和研究提炼，这些各行各业、各个方面的数据将成为指导城市未来发展方向的重要依据。因此，有关城市基础资料的积累、调查、统计、研究，在当今越来越受到重视，逐步发展成为一项收集和研究城市建设基础资料的专门活动。

（二）城市建设积累延续活动

每一座城市都是经过长期的累积建设，形成当今的规模。城市建设活动不是一朝一夕的事情，必须有一个过程，是一项长时期的积累活动；同时历史都是在延续的，所以决定了城市建设活动必须继承和保护历史延续和遗留的东西。

城市建设累计延续活动主要包括：

1.延续和维护城市建设成果的活动

如城市最基础的框架——道路系统的扩建、翻新和维护，与城市空间环境休戚相关的绿化、养护等。前人修的路和栽的树，后人不断地翻新和精心养护。

2.修缮和保护历史遗迹、古建筑、老建筑的活动

历史遗迹、古建筑、老建筑包括：具有历史、艺术、科学价值的古文化遗址、古墓葬、古建筑、

石窟寺、石刻、壁画；与重大历史事件、革命运动或者著名人物有关的以及具有重要纪念意义、教育意义或者史料价值的近现代重要史迹、实物、代表性建筑等。地下遗址、文物实施强制性的原址保护措施，无法实施原址保护的须迁移异地保护或者拆除保护。地上历史遗迹、古建筑、老建筑采取维持原样的本体保护，如郑州商城遗址的土城墙。有的进行维护加固的修缮保护，现存许多古建筑、老建筑都采取了加固措施，修缮一新，延续历史价值，发挥重要作用。有的采取发掘重建历史环境的保护措施，如许多保存文物特别丰富，并且具有重大历史价值或者革命纪念意义的历史文化名城，历史文化街区、村镇等。

（三）测绘、地质勘察活动

测绘是一门古老的学科，人类有记载历史揭示最多的就是天文、历算和测绘。测绘研究的对象主要是地表的各种地物、地貌和地下的地质构造、水文、矿藏等，如山川、河流、房屋、道路、植被等。测绘的层次和手段包括大地测量、普通测量、摄影测量、工程测量、海洋测绘等。当今，计算机和航天高度发达，航天遥感为测绘提供了更加强有力的技术手段，为我们提供地物或地球环境的各种丰富资料，信息容量远远大于测绘本身，在国民经济、城市建设和军事的许多方面获得广泛的应用，例如气象观测、资源考察、地图测绘。

在城市建设领域，测绘是基础，测绘是先行。城市规划设计、土地资源利用，矿产资源开发，建设项目设施，都必须在测量绘制地形图和现状图的基础上进行。我们通常见到的地图、交通旅游图也都是在测绘的基础上完成的。

（四）城市规划编制设计活动

城市规划是一定时期内城市发展的蓝图，是城市建设和管理的依据。现在，通常把城市建设分为城市规划、城市建设、城市管理三个阶段，那么城市规划就是这三个阶段的龙头。城市规划编制设计活动主要包括两个阶段、六个层次，即总体规划阶段和详细规划阶段；城市总体规划纲要、城市总体规划、城市建设规划、分区规划、控制性详细规划和修建性详细规划。

城市规划的编制是一项非常复杂浩繁的工作。研究对象专业宽泛，内容繁杂，工作阶段周期漫长，程序严谨。编制规划通常要进行现场踏勘或观察调查，进行抽样调查或问卷、访谈、座谈多种形式的调查，同时查阅大量文献资料，汇集大量的城市基础资料，进行反复类比和分析研究。所谓城市规划基础资料就是在这一阶段产生和发挥作用的。通过现场踏勘调查、收集与整理基础资料，然后定性定量地系统分析整理，最终不断提出城市未来发展方向，提出解决重大问题的对策。

（五）建设项目前期立项审批准备活动

建设项目主要是指基本建设项目，是指按一定的规划设计组织施工，建成后具有完整的系统，可以独立地形成生产能力或者使用价值的建设工程。管理主体或业主是企业、机关、事业单位。

通常情况下，建设项目前期要经历复杂的立项、勘察设计、规划选址、土地预审等环节，然后进入规划部门的建设用地审批、建设工程审批，国土资源部门的土地征用审批，再进行建设管理部门的建设工程施工审批，最后进入开工建设环节。

主要环节和流程：

1.发展和改革局可行性研究报告和立项

建设期间项目进行地质勘察、文物勘探、初步设计；国土部门土地利用规划和供应方式审查；建设部门项目建设条件审查；环保部门环保意见审查；文物、地震、人防、消防、交通、水利、园林等部门相关专业审查；规划部门项目选址意见书。

2.规划总图审查及规划设计条件

人防工程建设布局审查；国土土地预审；地震、消防、交通、水利、环保、园林等部门相关专业审查；规划部门规划总图评审，确定建设工程规划设计条件。

3.初步设计和施工图设计审查

规划要求审查；抗震设防审查；消防设计审查；交通条件审查；人防设计审查；用地预审；市政部门、环保等相关专业审查；建设部门初步设计批复，施工图设计文件审查。

4.建设工程规划许可

消防设计审查；人防设施审查；建委、地震、市政、园林、环保等相关专业审查。

5.建设工程施工许可

建设单位对工程进行发包，确定施工队伍；建委对造价、招标投标、施工合同签订、施工监理等开工条件进行审查。

由此可见，建设项目前期立项审批准备活动周期漫长，环节复杂，涉及的管理部门很多，完成了很多法律程序和法律文书，是项目建设管理和城市建设管理的必经阶段。

（六）城市建设管理活动

城市建设管理活动主要是指城市建设行政管理的若干归口专业部门的管理活动，包括发展和改革、规划、国土、地震、文物、人防、消防、水利、建设、房产、拆迁、市政、市容、环保、绿化、城建档案管理等。这些归口专业部门是政府职能部门，依照法律法规行使政府管理城市建设方面的行政许可和行政执法事项以及审批、审核、备案等职能。

城市建设管理活动具有一些明显的特性：执法性、强制性、调控性、引导性、规范性、协调性等。管理活动的服务对象是建设单位，管理主体是建设项目，管理过程是行政审批、审核或备案，管理结果是行政许可证和权属证明等法律文书证明。

（七）城市基础设施建设管理活动

城市基础设施是城市生存和发展所必须具备的工程性基础设施和社会性基础设施，这里指的是工程性基础设施。

交通设施：分为对内交通设施和对外交通设施。前者包括道路、桥梁、隧道、地铁、轻轨、公共交通、出租汽车、停车场、轮渡等；后者包括航空、铁路、航运、长途汽车和高速公路等。

供、排水设施：包括水资源保护、自来水厂、供水管网、排水和污水处理等。

能源设施：包括电力、煤气、天然气、液化石油气、暖气、石油和新兴太阳能设施等。

邮电通信设施：包括邮政、电报、固定电话、移动电话、互联网、广播电视等。

绿化、环保、环卫设施：如树木花草、广场、雕塑、水系、垃圾收集与处理、污染治理等。

防灾、公益设施：包括消防、防汛、防震、防台风、防风沙、防地面沉降、防空、广告等。

城市基础设施建设管理活动主要是指由政府举办投资兴建和管理的纯公益设施项目，或者前期是政府举办投资兴建，后期改制成为收费营利项目。那些直接由社会力量投资兴建，具有营利性质的基础设施建设管理活动划入土木工程设施施工管理活动。

（八）地下管线管理活动

地下管线是指城市的燃气、供热、供水、雨水、污水、中水、电力、输油、照明、通信、广播电视、公安交通等基础设施地下管线。

地下管线管理越来越受到重视，已被纳入专门的城市建设管理活动。其重要原因是：

首先，城市地下管线一般铺设在城市道路系统下面。过去，管线权属单位各自为战，不按城市规划只按自己的计划铺设管线，造成道路反复开挖，重复复原施工，既浪费资金又严重影响道路通行。现在人们逐步认识到，随着道路的新建、翻新、改扩建，依附于城市道路的各种地下管线，必须与城市道路同步建设。而同步建设涉及很多管线权属单位，他们各自受利益驱动拒不参与协同作战。因此必须由政府出面，强力协调，统一规划，统一部署，统一行动，来加强地下管线管理工作。

其次，随着城市功能的调整和城市建设的发展，城市地形地貌、用地、规划布局不断发生变化，新建、改建、扩建项目不断增加，如何对城市管线特别是地下管线进行精确、高效的管理将显得非常重要。地下管线埋于地下，不容易直观地看到和管理。为合理地开发利用地下空间，必须全面、系统地管理好地下管线。

最后，城市地下管线是非常复杂和危险的系统，各种管线交织在一起，水、电、气、暖，电压、水压、气压，易燃、易爆等，存在很多安全隐患。我们国家城市建设，历来是重地上轻地下，重建设轻管理，地下管线走向比较混乱，相互交叉严重，历史资料严重缺乏，后继施工盲目随意。这样很容易造成重大的管线事故。所以必须加强地下管线管理，对地下管线情况搞清楚弄明白，杜绝隐患，特别是要控制随意开挖，胡乱开挖。这就要求一方面对地下管线进行普查，查清历史遗留管线的真实情况；另一方面实行动态管理，建立地下管线信息管理系统，新埋管线的档案资料要统一管理，集中归档保管，及时将管线的走向、高程、节点等重要数据，竣工资料、补测补绘资料输入系统。达到新管同步建设，老管管网普查，最终实施动态管理。

（九）土木工程设施设计活动

土木工程设施泛指一切建筑物、构筑物、设施物等，其设计活动包括工程勘察和工程设计两大过程。工程勘察是查明、分析、评价建设场地的地质地理环境特征和岩土工程条件，编制建设工程勘察文件的活动。包括工程测量，岩土工程勘察、设计、治理、监测，水文地质勘察，环境地质勘察等工作。工程设计主要包括设计前期工作、总体规划、建筑设计、结构设计、给排水设计、采暖通风、空气调节设计、电气设计等。

土木工程设施设计活动贯穿建设项目的全过程。从项目的立项到前期准备的各项审批，再到施工交底、施工过程直至竣工验收，设计活动从简到繁，反复交织于项目运行的各个环节。

（十）土木工程设施施工管理活动

城市不是虚拟的，前面讲的测绘、勘察、规划、设计、城市建设管理等活动产生的结果都是书面的东西，有些甚至是主观的、虚拟的。那么，土木工程设施施工管理活动则是将建设项目由书面形态转化为实物形态的过程。主要包括工程咨询、工程管理、施工维护、工程监理等企业部门，组织实施施工管理、建筑材料采购、现场施工、竣工验收、交付使用等。

土木工程施工企业是庞大的企业群体，是城市建设的主力军。按照行业特点，施工企业可以划分成工业与民用工程、水利水电工程、交通运输工程、环保绿化工程等。按产品成品程度可分为土建工程、建筑安装、设备安装、装饰装修等。

（十一）建筑材料、设备生产活动

建筑材料、设备生产活动也是一个庞大的产业群体。包括传统的建筑材料，新型的建筑材料，建筑设备，建筑施工机械设备、辅助设施等。活动涵盖了各类材料的生产、研发、销售、运输、安装、装饰等环节。

（十二）城市建设科研、教育活动

城市建设活动在自然科学领域占有重要席位，其本身也是一项庞大的学科，城建科研、教育活动既独立于城建活动，又服务于城建活动，包括科学研究，教学、培训等。

（十三）环境保护活动

环境保护活动是一项与城市建设密切相关的活动。从行业特性和归口管理角度看，不完全属于城市建设系统的工作，但与城市建设活动关联性比较强。

大气污染防治涉及统一规划能源结构、工业发展、城市建设布局等。地下水污染控制涉及环境工程、岩土工程。污水处理与利用，是今后城市节水和城市水环境保护工作的重中之重，处理污水设施的建设已作为城市基础设施的重要内容。而环境修复工程，是今后城市建设必须事先考虑的问题，即在有些方面，如果要实施破坏自然的修建过程，就要考虑将来废弃后如何恢复。

（十四）其他活动

城市建设活动涵盖面极广，还存在许多边沿性活动、特定性活动或还没有被认知的活动，可将这些活动划归为其他活动。

第三节　城市建设活动主要流程

一、城市整体建设主要流程

城市整体建设主要流程是描述城市整体建设活动如何运行，城市整体建设领域各专业、部门的工作内容和它们之间的工作关系、业务衔接等。

城市整体建设包括两大类活动：一是城市各级政府的建设和管理活动，二是城市建设管理职能部门的管理和辅助建设活动。

（一）城市各级政府的建设和管理活动

1.规划和计划

城市各级政府组织编制、审查、上报城市总体规划、国土规划、城市建设计划等，在规划和计划的执行期过程中进行落实、调控、监督和管理。

主要流程是：主持调查研究—组织发展和改革、规划、国土相关部门编制规划—主持提出城市建设计划—审查和上报；在规划和计划的执行期过程中落实目标—调控偏差—监督检查—管理事务。

2.建设和管理

城市各级政府建设和管理道路系统，绿化、景观系统，广场、游园系统，河流、湖泊水系等。

主要流程是：主持调查研究提出建设计划—提交规划部门进行规划设计—提交财政部门落实资金—协调前期拆迁准备工作—组织建设部门进行施工—移交归属的业主或物业管理部门。

（二）城市建设管理职能部门的管理和辅助建设活动

1.测绘、勘测、工程地质勘察

为城市规划、建设活动提供各种测绘、勘测、勘察数据、地形图、现状图等。这项工作是一项长期积累和不断更新的基础性工作，是城市建设活动的基础。如城市规划编制设计一般都要取得地形图和现状图，在这些图上面做出规划图；建设项目在进行初步设计时必须进行工程地质勘察，探明地质和地下文物情况。

2.规划编制和设计

编制各类总体规划、详细规划、专项规划等，进行具体的项目规划设计活动。

城市建设，必须并严格按照统一的、科学的规划来进行。城市规划是一项系统性、科学性、政策性和区域性很强的工作。从提出和编制总体规划到做好详细规划，从编制专项规划到项目规划的设计，每一步、每一个环节都有其内在的联系性，它要预见并合理地确定城市的发展方向、规模和布局，做好环境预测和评价，协调各方面在发展中的关系，统筹安排各项建设，使整个城市的建设和发展，达到技术先进、经济合理、社会协调、环境优美的综合效果，为城市人民的居住、劳动、学习、交通、休息以及各种社会活动创造良好条件。

规划编制和设计主要是由规划主管部门组织城市规划的编制和设计工作，规划设计单位承担具体的编制设计任务。各行业的专项规划在规划主管部门的召集下由行业主管部门负责组织编制。

在总体规划层面下的城市近期建设规划、控制性详细规划和其他规划，由具有相应资质的规划编制单位编制设计，报规划主管部门审查。

建设项目的修建性详细规划和项目规划设计，由建设单位组织委托编制，报规划主管部门审批。

规划编制设计是针对城市建设和项目建设进行规划、设计，其结果是规划文本和各类图纸。如一座城市的总体规划图、一个居住区项目的修建性详细规划文本和图册。规划编制设计一般又分为技术层面的工作——由具有相应资质的规划设计部门根据要求进行编制设计，提出最终的文本和图册；审批层面的工作——由立法、执法部门审核批准生效，在一定时期内指导城市建设，或建设项目按规划进行。

3.规划管理和国土管理

城市规划管理和国土管理部门在整体规划执行过程中对城市规划、国土使用情况进行落实目标、调控偏差、监督检查、管理事务。对建设项目依法进行用地规划审批，建筑规划审批，紫线、绿线、蓝线、黄线、红线等的控制审批等。

规划和国土管理是对选址方案提出意见，对设计方案进行比较、筛选，从法规和程序的层面进行把关、审批，使城市建设和项目建设有序、合理、互不干扰，具有法律效力。如城市道路的规划控制红线的确定，关系到沿路许多现状房屋是保留还是拆除；相邻建筑物的间距决定了建筑物的采光、通风、噪声干扰等，涉及千家万户的居住条件是否达到技术标准和规范的要求。这些因素都要在规划管理中得到考虑和解决。

无论是城市建设还是项目建设，规划都是起点，而规划编制设计和规划管理两方面的工作相互交织在一起构成建设活动的前期运行：项目建议书—论证和批准—总平面规划设计—规划选址—可行性研究—环境评价—批准环评—交通评价—批准交评—土地权属审查—批准立项—控规审查—规划用地许可—国土审批—建筑方案设计、论证—施工图设计—建筑规划许可—完成施工图设计等。

4.建设管理

建设管理工作包括：设计审查—招标投标—造价管理—合同管理—施工许可—施工管理—质量监督—竣工验收备案；市政基础设施、各种配套设施建设管理，项目综合验收，政府投资的道路、桥梁、雨水、污水、供水、供气、供热、交通设施、绿化等工程的组织实施和移交工作，城建项目预算、决算审核，城市建设重大项目的审计，建筑企业资质管理等。

5.房产管理

房产管理包括：保障性住房建设管理、商品房预售管理、房地产转让管理、房屋基础测绘、房屋产权登记管理等。

二、建设项目主要流程

建设项目主要流程是指建设项目从项目建议、可行性研究、决策立项、规划设计、行政审批、项目实施到竣工验收、决算审计、投入使用整个过程中，各项工作必须遵循的先后次序。建设项目程序的内容和步骤主要有：前期工作阶段，主要包括项目可行性研究、规划设计及审批工作；建设实施阶段，主要包括施工管理、项目实施；竣工验收阶段。这几个大的阶段中每一阶段都包含着许多环节和内容。

（一）项目前期工作阶段

1.项目建议、可行性研究、立项

项目建议、可行性研究、立项是在项目决策前，对各种提交的建设方案和技术方案进行比较论证，并对项目建成后的效益进行预测和评价。可行性研究报告结合项目规划选址定点，是确定建设项目、编制设计文件和项目最终决策的重要依据。

①发展和改革管理部门申办项目建议书和立项。申办可行性研究报告审查。②国土资源管理部门申办土地利用总体规划和土地供应方式审查。③建设管理部门申办投资开发项目建设条件意见书。④环保管理部门申办生产性项目环保意见书。⑤文物、地震、园林、水利、电业、市政等管理部门申办相关专业内容审查。⑥规划管理部门申办项目选址意见书。⑦发展和改革管理部门项目立项批复。

2.建设项目用地规划许可、建设用地批准

①规划管理部门申办建设用地规划许可事项。②国土资源管理部门申办土地预审。③规划管理部门规划总图评审。④规划管理部门确定建设工程规划设计条件、红线图。⑤国土资源管理部门申办建设用地批准书。⑥征地拆迁安置、补偿，场地拆迁，三通一平。⑦国土资源管理部门申办土地证。

3.规划总图设计审查

①规划管理部门申办总平面图审查。②建设管理部门申办工程规划设计审查。

4.建设工程规划许可、施工图设计审查

①规划管理部门申办建设工程规划许可事项。②消防管理部门申办消防设计审查意见。③交通管理部门申办交通条件审查意见。④人防管理部门申办人防设计审查意见。⑤地震管理部门申办抗震设计审查意见。⑥相关管理部门申办相关专业审查意见。⑦建设管理部门申办初步设计审查和施工图设计审查批准书。

5.建设项目施工许可

①建设管理部门申办施工许可事项。②建设管理部门申办项目施工和监理发包，申办招投标事项。③建设管理部门申办签订项目施工和监理合同，申办项目造价审查。④建设管理部门申办项目开工报告。

（二）项目建设实施阶段

1.施工管理

建设单位及监理单位负责工程施工日常管理和监理。

2.施工

施工单位组织施工活动。

（三）项目竣工验收阶段

第一，工程质量监督部门申办竣工验收备案审查。

第二，规划、市政、水利、环保、文物、消防、园林、城建档案等管理部门申办相关专业验收。

第三，建设管理部门组织综合验收。

第四，城建档案管理部门申办竣工档案专项验收，报送竣工档案。

第五，建设管理部门申办建设工程竣工验收备案。

第六，房产管理部门申办房产登记。

第二章 城市给排水管网系统设计概述与新型管材

第一节 城市给水管网系统的设计计算

一、给水管网的布置

给水管网的布置合理与否对管网的运行安全性、适用性和经济性至关重要。给水管网的布置包括二级泵站至用水点之间的所有输水管、配水管及闸门、消火栓等附属设备的布置，同时还须考虑调节设备（如水塔或水池）。

（一）给水管网的布置原则

（1）按照城镇规划平面图布置管网，布置时应考虑给水系统分期建设的可能，并留有充分的发展余地。

（2）管网布置必须保证供水安全可靠，当局部管网发生事故时，断水范围应减到最小。

（3）管线遍布在整个给水区内，保证用户有足够的水量和水压。

（4）力求以最短距离敷设管线，以降低管网造价和供水能量。

（二）给水管网的布置形式

给水管网的布置形式基本上分为两种：树状网（或称枝状网）和环状网。树状网一般适用于小城镇和小型工矿企业，这类管网从水厂泵站或水塔到用户的管线布置成树枝状向供水区延伸。树状网布置简单，供水直接，管线长度短，节省投资。但其供水可靠性较差，因为管网中任一段管线损坏时，该管段以后的所有管线就会断水。另外，在树状网的末端因用水量已经很小，管中的水流缓慢甚至停滞不流动，水质容易变坏。

在环状管网中，管线连成环状，当任一管线损坏时，可关闭附近的阀门将管线隔开，进行检修，水还可从其他管线供应用户，断水的区域可以缩小，供水可靠性增加。环状网还可以大大减轻因水锤作用产生的危害，而在树状网中，则往往因水锤而使管线损坏。但是环状网的造价要明显高于树状网。

城镇给水管网宜设计成环状网，当允许间断供水时，可设计为枝状，但应考虑将来连成环状管网的可能。一般在城镇建设初期可采用树状网，以后发展逐步建成环状网。实际上，现有城镇的给水管网，多数是将树状网和环状网结合起来。供水可靠性要求较高的工矿企业需采用环状网，并用枝状网或双管输水到个别较远的车间。

二、给水管道定线

（一）输水管渠定线

从水源到水厂或水厂到管网的管道或渠道称为输水管渠。输水管渠定线就是选择和确定输水管渠线路的走向和具体位置。当输水管渠定线时，应先在地形平面图上初步选定几种可能的定线方案，然后沿线踏勘了解，从投资、施工、管理等方面，对各种方案进行技术经济比较后再决定。当缺乏地形图时，则需在踏勘选线的基础上，进行地形测量绘出地形图，然后在图上确定管线位置。

输水管渠定线的基本原则：①输水管渠定线时，必须与城市建设规划相结合，尽量缩短线路长度保证供水安全、减少拆迁、少占农田减小工程量，有利施工并节省投资。②应选择最佳的地形和地质条件，最好能全部或部分重力输水。③尽量沿现有道路定线，便于施工和维护工作。④应尽量减少与铁路、公路和河流的交叉，避免穿越沼泽、岩石、滑坡、高地下水位和河水淹没与冲刷地区、侵蚀性地区及地质不良地段等，以降低造价和便于管理，必须穿越时，需采取有效措施，保证安全供水。

为保证安全供水，可以用一条输水管并在用水区附近建造水池进行调节或者采用两条输水管。输水管条数主要根据输水量发生事故时须保证的用水量输水管渠长度、当地有无其他水源和用水量增长情况而定。供水不允许间断时，输水管一般不宜少于两条。当输水量小、输水管长或有其他水源可以利用时，可考虑单管输水另加水池的方案。

输水管渠的输水方式可分成两类：第一类是水源位置低于给水区，如取用江河水，需通过泵站加压输水，根据地形高差、管线长度和水管承压能力等情况，还有可能需在输水途中设置加压泵站；第二类是水源位置高于给水区，如取用蓄水库水，可采用重力管（渠）输水。根据水源和给水区的地形高差及地形变化，输水管渠可以是重力管或压力管。远距离输水时，地形往往起伏变化较大，采用压力管的较多。重力管输水比较经济，管理方便，应优先考虑。重力管又分为暗管和明渠两种。暗管定线简单，只要将管线埋在水力坡线以下并且尽量按最短的距离供水；明渠选线比较困难。

为避免输水管局部损坏，输水量降低过多，可在平行的两条或三条输水管之间设连接管，并装置必要的阀门，以缩小事故检修时的断水范围。

输水管的最小坡度应大于1：5D（D为管径，以mm计）。管线坡度小于1：1000时，应每隔0.5～1km在管坡顶点装置排气阀。即使在平坦地区，埋管时也应人为地铺出上升和下降的坡度，以便在管坡顶点设排气阀，管坡低处设泄水阀。排气阀一般以每千米设一个为宜，在管线起伏处应适当增设。管线埋深应按当地条件确定，在严寒地区敷设的管线应注意防止冰冻。

长距离输水工程应遵守下列基本规定：（1）应深入进行管线实地勘察和线路方案比选优化。对输水方式、管道根数按不同工况进行技术分析论证，选择安全可靠的运行系统；根据工程具体情况，进行管材、设备的比选，通过计算经济流速确定管径。（2）应进行必要的水锤分析计算，并对管路系统采取水锤综合防护设计，根据管道纵向布置、管径、设计水量、功能要求，确定空气阀的数量、形式、口径。（3）应设测流、测压点，并根据需要设置遥测、遥信、遥控系统。

（二）城镇给水管网

城镇给水管网定线是指在地形平面图上确定管线的走向和位置。定线时一般只限于管网的干管及干管之间的连接管，不包括从干管取水再分配到用户的分配管和接到用户的进水管。干管管径较大，用以输水到各地区。分配管是从干管取水供给用户和消火栓，管径较小，常由城镇消防流量决定所需最小管径。

由于给水管线一般敷设在街道下，就近供水给两侧用户，所以管网的形状常随城镇的总平面布置图而定。城镇给水管网定线取决于城镇平面布置，供水区的地形，水源和调节水池的位置，街区和用户（特别是大用户）的分布，河流、铁路、桥梁等的位置等，考虑的要点如下：

（1）定线时，干管延伸方向应和二级泵站输水到水池、水塔、大用户的水流方向一致循水流方向，以最短的距离布置一条或数条干管，干管位置应从用水量较大的街区通过。干管的间距，可根据街区情况，采用500~800m。从经济上来说，给水管网的布置采用一条干管接出许多支管，形成树状网，费用最省；但从供水可靠性考虑，以布置几条接近平行的干管并形成环状网为宜。干管和干管之间的连接管使管网形成环状网。连接管的间距可根据街区的大小考虑在800~1000m。

（2）干管一般按城镇规划道路定线，但应尽量避免在高级路面或重要道路下通过，以减少今后检修时的困难。

（3）城镇生活饮用水管网，严禁与非生活饮用水的管网连接，严禁与自备水源供水系统直接连接。生活饮用水管道应避免穿过有毒物质污染及腐蚀性地段，无法避开时，应采取保护措施。

（4）管线在道路下的平面位置和标高，应符合城镇或厂区地下管线综合设计的要求，包括给水管线和建筑物、铁路及其他管道的水平净距、垂直净距等的要求。考虑了上述要求，城镇管网通常采用树状网和环状网相结合的形式，管线大致均匀地分布于整个给水区。

管网中还须安排其他一些管线和附属设备，例如在供水范围内的道路下须敷设分配管，以便把干管的水送到用户和消火栓。分配管直径至少为100 mm，大城市采用150~200 mm，目的是在通过消防流量时，分配管中的水头损失不致过大，导致火灾地区水压过低。

（三）工业企业管网

根据企业内的生产用水和生活用水对水质和水压的要求，两者可以合用一个管网，或者可按水质或水压的不同要求分建两个管网。即使是生产用水，由于各车间对水质和水压要求也不一定完全一样，因此在同一工业企业内，往往根据水质和水压要求，分别布置管网，形成分质、分压的管网系统。消防用水管网通常不单独设置，而是和生活或生产给水管网合并，由这些管网供给消防用水。生活用水管网不供给消防用水时，可为树状网，分别供应生产车间、仓库、辅助设施等处的生活用水。生活和消防用水合并的管网，应为环状网。生产用水管网可按照生产工艺对给水可靠性的要求，采用树状网、环状网或两者相结合。不能断水的企业，生产用水管网必须是环状网，到个别距离较远的车间可用双管代替环状网。

大型工业企业的各车间用水量一般较大，所以生产用水管网不像城镇管网那样易于划分干管和分配管，定线和计算时全部管线都要加以考虑。

三、给水管网水力计算

新建和扩建的城镇管网按最高日最高时供水量计算，据此求出所有管段的直径、水头损失、水泵扬程和水塔高度（当设置水塔时），并在此管径基础上，按下列几种情况和要求进行校核：

（1）发生消防时的流量和水压的要求。

（2）最大转输时的流量和水压的要求。

（3）最不利管段发生故障时的事故用水量和水压要求。

通过校核计算可以知道按最高日最高时确定的管径和水泵扬程能否满足其他用水时的水量和水压要求，并对水泵的选择或某些管段管径进行调整，或对管网设计进行大的修改。

如同管网定线一样，管网计算只计算经过简化的干管网。要将实际的管网适当加以简化，只保留主要的干管，略去一些次要的、水力条件影响小的管线。但简化后的管网基本上能反映实际用水情况，使计算工作量可以减轻。管网图形简化是在保证计算结果接近实际情况的前提下，对管线进行的简化。

无论是新建管网、旧管网扩建或是改建，给水管网的计算步骤都是相同的，具体包括：求沿线流量和节点流量；求管段计算流量；确定各管段的管径和水头损失；进行管网水力计算或技术经济计算；确定水塔高度和水泵扬程。

（一）管段流量

1.沿线流量

在城镇给水管网中，干管和配水管上接出许多用户，沿管线配水。在水管沿线既有工厂、机关旅馆等大量用水单位，也有数量很多但用水量较少的居民用水，情况比较复杂。

如果按照实际情况来计算管网，非但难以实现，并且因用户用水量经常变化也没有必要。因此，计算时往往加以简化，即假定用水量均匀分布在全部干管上，由此得出干管线单位长度的流量叫比流量。

根据比流量，可计算出管段的配水流量，称为沿线流量。

长度比流量按用水量全部均匀分布于干管上的假定求出，忽视了沿线供水人数和用水量的差别，存在一定的缺陷。为此，也可按该管段的供水面积来计算比流量，即假定用水量全部均匀分布在整个供水面积上，由此得出面积比流量。

对于干管分布比较均匀、干管间距大致相同的管网，不必采用按供水面积计算比流量的方法，改用长度比流量比较简便。

在此应该指出，给水管网在不同的工作时间内，比流量数值是不同的，在管网计算时需分别计算。城镇内人口密度或房屋卫生设备条件不同的地区，也应根据各区的用水量和管线长度，分别计算比流量，这样比较接近实际情况。

2.节点流量

管网中任一管段的流量包括沿线配水的沿线流量和通过该管段输送到以后管段的转输流量。转输流量沿整个管段不变，沿线流量从管段起端开始循水流方向逐渐减小到零。对于流量变化的管段，难以确定管径和水头损失，所以有必要再次进行简化，将沿线流量转化为从节点流出的流量，使得管段中的流量不再变化，从而可确定管径。简化的原理是求出一个沿程不变的折算流量，使它产生的水头损失等于沿管线变化的流量产生的水头损失。

城市管网中，工业企业等大用户所需流量，可直接作为接入大用户节点的节点流量。工业企业内的生产用水管网，水量大的车间用水量也可直接作为节点流量。这样，管网图上只有集中在节点的流量，包括由沿线流量折算的节点流量和大用户的集中流量。

（二）管段的计算流量

在确定了节点流量之后，就可以进行管段的计算流量确定。确定管段计算流量的过程，实际上是一个流量分配的过程。在这个过程中，可以假定离开节点的管段流量为正，流向节点的流量为负，流量分配遵循节点流量平衡原则，即流入和流出之和应为零。这一原则同样适用于树状网和环状网的计算。

单水源树状网中，从水源到各节点，只能按一个方向供水，任一管段的计算流量等于该管段以后（顺水流方向）所有节点流量总和，每一管段只有唯一的流量。

对于环状网而言，若人为进行流量分配，每一管段得不到唯一的流量值。管段流量、管径及水头损失的确定需要经过管网水力计算来完成。但也需要进行初步的流量分配，其基本原则如下：

（1）按照管网的主要供水方向，拟订每一管段的水流方向，并选定整个管网的控制点。

（2）在平行干管中分配大致相同的流量。

（3）平行干管间的连接管，不必分配过大的流量。

对于多水源管网，应由每一水源的供水量定出其大致供水范围，初步确定各水源的供水分界线，然后从各水源开始，根据供水方向按照节点流量平衡原则，进行流量分配。分界线上各节点由几个水源同时供给。

（三）管径、管速确定

管径应按分配后的流量确定。对于圆形管道，各管段的管径按下式计算：

式中 D——管段直径，m；

q——管段流量，m³/s；

v——流速，m/s。

由式可知，管径不仅与计算流量有关，还与采用的流速有关。流速的选择成为一个重要的问题。为了防止管网因水锤现象出现事故，最大设计流速不应超过 $2.5 \sim 3.0$ m/s；在输送浑浊的原水时，为了避免水中悬浮杂质在管道内沉积，最小流速通常不得小于 0.6m/s，可见技术上允许的流速变化范围较大。因此，须在上述流速范围内，再根据当地的经济条件，考虑管网的造价和经营管理费用，来确定经济合理的流速。

各城市的经济流速值应按当地条件（如水管材料及价格、施工费用、电费等）来确定，不能直接套用其他城市的数据。另外，由于水管有标准管径且分档不多，按经济管径算出的不一定是标准管径，这时可选用相近的标准管径。再者，管网中各管段的经济流速也不一样，须随管网图形、该管段在管网中的位置、管段流量和管网总流量的比例等决定。因为计算复杂，有时简便地应用界限流量表确定经济管径。

每种标准管径不仅有相应的最经济流量，并且有其界限流量，在界限流量的范围内，只要选用这一管径都是经济的。确定界限流量的条件是相邻两个商品管径的年总费用值相等。各地区因管网造价、电费、用水规律的不同，所用水头损失公式的差异，所以各地区的界限流量不同。

由于实际管网的复杂性，加之流量、管材价格、电费等情况在不断变化，从理论上计算管网造价和年管理费用相当复杂且有一定难度。在条件不具备时，设计中也可采用平均经济流速来确定管径，得出的是近似经济管径。一般大管可取大经济流速，小管的经济流速较小。

以上是指水泵供水时的经济管径的确定方法，在求经济管径时，考虑了抽水所需的电费。重力供水时，由于水源水位高于给水区所需水压，两者的高差可使水在管内重力流动。此时，各管段的经济管径或经济流速应按输水管和管网通过设计流量时的水头损失之和等于或略小于可以利用的高差来确定。

（四）水头损失计算

确定管网中管段的水头损失也是设计管网的主要内容，在知道管段的设计流量和经济管径之后就可以进行水头损失的计算。管（渠）道总水头损失，一般可按下式计算：

$$h_z = h_y + h_j$$

式中 h_z——管（渠）道总水头损失，m；

　h_y——管（渠）道沿程水头损失，m；

　h_j——管（渠）道局部水头损失，m。

（五）树状网的水力计算

流向任何节点的流量只有一个。可利用节点流量守恒原理确定管段流量，根据经济流速确定水头损失、管径等。

（六）环状网的水力计算

在平面图上进行干管定线之后，干管环状网的形状就确定下来，然后进行计算。环状网水力计算步骤为：①计算总用水量。②确定管段计算长度。③计算比流量、沿线流量和节点流量。④拟定各管段供水方向，按连续性方程进行管网流量的初步分配。进行流量分配时，要考虑沿最短的路线将水供至最远地区，同时考虑一些不利管段故障时的处置。⑤按初步分配的流量确定管段的管径，应注意主要干线之间的管段连接管管径的确定。⑥管网平差。由于是人为进行的流量分配，同时在确定管径的过程中按经济流速、界限流量或平均经济流速采用的标准管径，使得环状网内闭合基环的水头损失代数和不为零，从而产生了闭合差，为了消除闭合差，需对原有的流量分配进行修正，使管段流量达到真实的流量，这一过程就是管网平差。⑦计算管段水头损失、节点水压、自由水头，绘制等水压线，确定泵站扬程。

环状网计算原理为：管网计算的目的在于求出各水源节点（如泵站、水塔等）的供水量、各管段中的流量和管径以及全部节点的水压。首先分析环状网水力计算的条件，对于任何环状网，管段数 P、节点数 J（包括泵站、水塔等水源节点）和环数量 L 之间存在下列关系：

$$P = J + L - 1$$

对于树状网，因环数 $L=0$，所以 $P=J-1$，即树状网管段数等于节点数减一。

管网计算时，节点流量、管段长度、管径和阻力系数等为已知，需要求解的是管网各管段的流量或水压，所以 P 个管段就有 P 个未知数。环状网计算时必须列出 P 个方程，才能求出 P 个流量。管网计算原理是基于质量守恒和能量守恒，环状网计算就是联立求解连续性方程、能量方程和压降方程。

（七）环状网的设计计算

环状网计算多采用解环方程组的哈代·克罗斯法，即管网平差计算方法，主要计算步骤如下：

（1）根据城镇供水情况，拟订环状网各管段水流方向，根据连续性方程，并考虑供水可靠性要求进行流量分配，得到初步分配的管段流量 q。这里 ij 表示管段两端的节点编号。

（2）根据管段流量 q_{ij}，按经济流速确定管径。

（3）求各管段的摩阻系数 $s_{ij}\left(s_{ij}=a_{ij}l_{ij}\right)$，然后求水头损失得

$$h_{ij} = s_{ij}q_{ij}^b$$

（4）假定各环内水流顺时针方向管段的水头损失为正，水流逆时针方向管段的水头损失为负，计算各环内管段水头损失代数和 $\sum h_{ij}$。$\sum h_{ij}$ 不等于零时，以 Δh_i 表示，称为闭合差。$\Delta h_i > 0$ 时，说明顺时针方向各管段中初步分配的流量多了些，逆时针方向管段中分配的流量少了些；$\Delta h_i < 0$ 时，则顺

时针方向管段中初步分配的流量分配少了些，而逆时针方向管段中分配的流量多了些。

（八）多水源管网特点

许多大、中城镇随着用水量的增长，逐步发展成为多水源给水系统。多水源管网的计算原理虽然和单水源相同，但有其特点：

（1）各水源有其供水范围，分配流量时应按每一水源的供水量和用水情况确定大致的供水范围，经过管网平差再得出供水分界线的确切位置。

（2）从各水源节点开始，按经济和供水可靠性考虑分配流量，每一个节点符合流量连续性方程的条件。

（3）位于分界线上的各节点的流量，由几个水源供给，也就是说，各水源供水范围内的节点流量总和加上分界线上由该水源供给的节点流量之和，等于该水源供水量。

（九）给水管网设计校核

管网的管径和水泵的扬程按设计年限内最高日最高时的用水量和水压要求决定。但是用水量是发展的，也是经常变化的，为了核算所定的管径和水泵能否满足不同工作情况下的要求，就须进行其他用水量条件下的计算，以确保经济合理地供水。管网的核算条件如下：

1.消防时的水量和水压要求

消防时的管网核算，是以最高时用水量确定的管径为基础按最高用水时另行增加消防时的流量进行分配求出消防时的管段流量和水头损失。按照消防要求仅为一处失火时，计算时只在控制点额外增加一个集中的消防流量即可；按照消防要求同时有两处失火时，则可以从经济和安全等方面考虑，将消防流量一处放在控制点，另一处放在离二级泵站较远或靠近大用户和工业企业的节点处。虽然消防时比最高时所需自由水压要小得多，但因消防时通过管网的流量增大，各管段的水头损失相应增加，按最高用水时确定的水泵扬程有可能不能满足消防时的需要，这时须放大个别管段的管径，以减小水头损失。个别情况下因最高用水时和消防时的水泵扬程相差很大，须设专用消防水泵供消防时使用。

2.转输时的流量和水压要求

设对置水塔的管网，在最高用水时，由水泵和水塔同时向管网供水，但在一天抽水量大于用水量的一段时间里，多余的水将送进水塔内储存，因此这种管网还应按最大转输时的流量来核算，以确定水泵能否将水送入水塔。核算时节点流量须按最大转输时的用水量求出。因节点流量随用水量的变化成比例地增减，所以最大转输时的各节点流量可按下式计算：

$$最大传输时节点流量 = \frac{最大传输时用水量}{最高时用水量} \times 最高用水时该节点的流量$$

然后按最大转输时的流量进行分配和平差计算，方法和最高用水时相同。

3.不利管段发生故障时的事故用水量和水压要求

管网主要管线损坏时必须及时检修，在检修时间内供水量允许减少。一般按最不利管段损坏而需断水检修的条件，核算发生事故时的流量和水压是否满足要求。至于发生事故时应有的流量，在城镇为设计用水量的70%，在工业企业按有关规定考虑。

经过核算不符合要求时，应在技术上采取措施。如当地给水管理部门有较强的检修力量，损坏的管段能迅速修复，且断水产生的损失较小时，事故时的管网核算要求可适当降低。

二、输水管设计

从水源至净水厂的原水输水管（渠）的设计流量，应按最高日平均时供水量确定，并计入输水管（渠）的漏损水量和净水厂自用水量。从净水厂至管网的清水输水管道的设计流量，应按最高日最高时用水条件下，由净水厂负担的供水量计算确定。上述输水管（渠）若还负担消防给水任务，应包括消防补充流量或消防流量。

输水干管不宜少于两条，当有安全储水池或其他安全供水措施时，也可修建一条。输水干管和连通管的管径及连通管根数，应按输水干管任何一段发生故障时仍能通过事故用水量计算确定，城镇的事故用水量为设计水量的70%。

输水管（渠）计算的任务是确定管径和水头损失。确定大型输水管渠的尺寸时，应考虑到具体埋设条件、所用材料、附属构筑物数量和特点、输水管渠条数等，通过方案比较确定。

第二节　城市排水管道系统的设计计算

一、排水系统的整体规划设计

排水工程的设计对象是需要新建、改建或扩建排水工程的城市、工业企业和工业区。主要任务是对排水管道系统和污水厂进行规划与设计。排水工程的规划与设计是在区域规划及城市和工业企业的总体规划基础上进行的，应以区域规划及城市和工业企业的规划与设计方案为依据，确定排水系统的排水区界、设计规模、设计期限。

（一）排水工程规划设计原则

（1）排水工程的规划应符合区域规划及城市和工业企业的总体规划。城市和工业企业的道路规划、地下设施规划、竖向规划、人防工程规划等单项工程规划对排水工程的规划设计都有影响，要从全局观点出发，合理解决，构成有机的整体。

（2）排水工程的规划与设计，要与邻近区域内的污水和污泥的处理和处置相协调。一个区域的污水系统，可能影响邻近区域，特别是影响下游区域的环境质量，故在确定规划区的处理水平和处置方案时，必须在较大区域范围内综合考虑。根据排水规划，有几个区域同时或几乎同时修建时，应考虑合并起来处理和处置的可能性。

（3）排水工程规划与设计，应处理好污染源治理与集中处理的关系。城市污水应以点源治理与集中处理相结合，以城市集中处理为主的原则加以实施。

（4）城市污水是可贵的淡水资源，在规划中要考虑污水经再生后回用的方案。城市污水回用于工业用水是解决缺水城市资源短缺和水环境污染的可行之路。

（5）如设计排水区域内尚需考虑给水和防洪问题，污水排水工程应与给水工程协调，雨水排水工程应与防洪工程协调，以节省总投资。

（6）排水工程的设计应全面规划，按近期设计，考虑远期发展有扩建的可能。并应根据使用要求和技术经济的合理性等因素，对近期工程做出分期建设的安排。排水工程的建设费用很大，分期建设可以更好地节省初期投资，并能更快地发挥工程建设的作用。分期建设应首先建设最急需的工程设施，使它尽早地服务于最迫切需要的地区和建筑物。

（7）对城市和工业企业原有的排水工程进行改建和扩建时，应从实际出发，在满足环境保护的要求下，充分利用和发挥其效能，有计划、有步骤地加以改造，使其逐步达到完善和合理化。

（8）在规划与设计排水工程时，必须认真贯彻执行国家和地方有关部门制定的现行有关标准、规范或规定。

（二）设计资料的调查

排水工程设计应先了解、研究设计任务书或批准文件的内容，弄清本工程的范围和要求，然后赴现场勘探、分析、核实、收集、补充有关的基础资料。进行排水工程设计时，通常需要有以下几方面的基础资料：

1.明确任务的资料

与本工程有关的城镇（地区）的总体规划；道路、交通、给水、排水、电力、电信、防洪、环保、燃气、园林绿化等各项专业工程的规划；需要明确本工程的设计范围、设计期限、设计人口数；拟用的排水体制；污水处置方式；受纳水体的位置及防治污染的要求；各类污水量定额及其主要水质指标；现有雨水、污水管道系统的走向，排出口位置和高程及其存在的问题；与给水、电力、电信燃气等工程管线及其他市政设施可能的交叉；工程投资情况等。

2.自然因素方面的资料

主要包括地形图气象资料、水文资料、地质资料等。

3.工程情况的资料

道路的现状和规划，如道路等级、路面宽度及材料；地面建筑物和地铁、其他地下建筑的位置和高程；给水、排水、电力、电信电缆、燃气等各种地下管线的位置；本地区建筑材料、管道制品、电力供应的情况和价格；建筑、安装单位的等级和装备情况等。

（三）设计方案的确定

在掌握了较为完整可靠的设计基础资料后，设计人员可根据工程的要求和特点，对工程中一些原则性的、涉及面较广的问题提出不同的解决办法，这些问题包括：排水体制的选择问题；接纳工业废水并进行集中处理和处置的可能性问题；污水分散处理或集中处理问题；近期建设和远期发展如何结合问题；设计期限的划分与相互衔接问题；与给水、防洪等工程协调问题；污水出水口位置与形式选择问题；污水处理程度和污水、污泥处理工艺的选择问题；污水管道的布局、走向、长度、断面尺寸、埋设深度、管道材料，与障碍物相交时采取的工程措施的问题；中途泵站的数目与位置等。

为使确定的设计方案体现国家现行方针政策，既技术先进，又切合实际，安全适用，具有良好的环境效益、经济效益和社会效益，必须对提出的设计方案进行技术经济比较，进行优选。技术经济比较内容包括：排水系统的布局是否合理，是否体现了环境保护等各项方针政策的要求；工程量、工程材料、施工运输条件、新技术采用情况；占地、搬迁、基建投资和运行管理费多少；操作管理是否方便等。

（四）城市排水系统总平面布置

1.影响排水系统布置的主要因素

城市、居住区或工业企业的排水系统在平面上的布置应依据地形、竖向规划、污水厂的位置、土壤条件、河流情况，以及污水的种类和污染程度等因素而定。在工厂中，车间的位置、厂内交通运输线及地下设施等因素都将影响工业企业排水系统的布置。上述这些因素中，地形因素常常是影响系统平面布置的主要因素。

2.排水系统的主要布置形式

（1）正交布置

在地势向水体适当倾斜的地区，各排水流域的干管可以最短距离沿与水体垂直相交的方向布置，这种布置也称正交布置。

正交布置的优点是干管长度短、管径小，因而经济，污水排出也迅速；缺点是由于污水未经处理就直接排放，会使水体遭受严重污染，影响环境。在现代城市中，这种布置形式仅用于排除雨水。

（2）截流式布置

若沿河岸再敷设主干管，并将各干管的污水截送至污水厂，这种布置形式称为截流式布置，所以截流式是正交式发展的结果。对减轻水体污染、改善和保护环境有重大作用。

截流式布置的优点是若用于分流制污水排水系统，除具有正交式的优点外，还解决了污染问题；缺点是若用于截流式合流制排水系统，因雨天有部分混合污水排入水体，造成水体污染。它适用于分流制排水系统和截流式合流制排水系统。

（3）平行式布置

在地势向河流方向有较大倾斜的地区，为了避免因干管坡度及管内流速过大，使管道受到严重冲刷，可使干管与等高线及河道基本上平行、主干管与等高线及河道成一定斜角敷设，这种布置称为平行式布置。

平行式布置的优点是减少管道冲刷，便于维护管理；缺点是干管长度增加。它适用于分流制及合流制排水系统，地面坡度较大的情况。

（4）分区布置

在地势高低相差很大的地区，当污水不能靠重力流流至污水厂时，可分别在高地区和低地区敷设独立的管道系统。高地区的污水靠重力流直接流入污水厂，而低地区的污水用水泵抽送至高地区干管或污水厂。这种布置形式叫作分区布置形式。

其优点是能充分利用地形排水，节省电力，但这种布置只能用于个别阶梯地形或起伏很大的地区。

（5）辐射状分散布置

当城市周围有河流，或城市中央部分地势高、地势向周围倾斜的地区，各排水流域的干管常采用辐射状分散布置，各排水流域具有独立的排水系统。

这种布置的优点是具有干管长度短、管径小、管道埋深浅、便于污水灌溉。缺点是污水厂和泵站（如需要设置时）的数量将增多。在地势平坦的大城市，采用辐射状分散布置可能是比较有利的。

（6）环绕式布置

近年来，由于建造污水厂用地不足，以及建造大型污水厂的基建投资和运行管理费用也较建小型厂更经济等因素，故不希望建造数量多、规模小的污水厂，而倾向于建造规模大的污水厂，所以由分散式发展成环绕式布置。这种形式是沿四周布置主干管，将各干管的污水截流送往污水厂。

二、城市排水管道系统的设计计算

城市排水管道系统的设计的计算涵盖了污水管道系统的设计计算、雨水管渠系统及防洪工程设计计算、合流制管渠系统的设计计算等，篇幅所限，本节我们以污水管道系统的设计计算为例来简单介绍。

污水管道系统是由管道及其附属构筑物组成的。它的设计是依据批准的当地城镇（地区）总体规划及排水工程总体规划进行的。设计的主要内容和深度应按照基本建设程序及有关的设计规定、规程确定，并以可靠的资料为依据。

污水管道系统设计的主要内容包括：①设计基础数据（包括设计地区的面积、设计人口数、污水定额、防洪标准等）的确定；②污水管道系统的平面布置；③污水管道设计流量计算和水力计算；④污水管道系统上某些附属构筑物，如污水中途泵站、倒虹吸管、管桥等的设计计算；⑤污水管道在街道横断面上位置的确定；⑥绘制污水管道系统平面图和纵剖面图。

（一）污水量计算

污水管道系统的设计流量是污水管道及其附属构筑物能保证通过的最大流量。通常以最大日最大时流量作为污水管道系统的设计流量，其单位为L/s。它主要包括生活污水设计流量和工业废水设计流量两大部分。就生活污水而言又可分为居民生活污水、公共设施排水和工业企业内生活污水和淋浴污水三部分。

1.生活污水设计流量

城市生活污水量包括居住区生活污水量和工业企业生活污水量两部分。

（1）居住区生活污水的设计流量计算

居住区生活污水设计流量按下式计算：

$$Q_1 = \frac{nNK_z}{24 \times 3600}$$

式中Q_1——居住区生活污水设计流量，L/s；

n——居住区生活污水定额，L/（人·d）；

N——设计人口数；

K_z——生活污水量总变化系数。

（2）工业企业生活污水及淋浴污水的设计流量计算

工业企业的生活污水及淋浴污水主要来自生产区的食堂、卫生间、浴室等。其设计流量的大小与工业企业的性质、污染程度、卫生要求有关。一般按下式进行计算：

$$Q_2 = \frac{A_1 B_1 K_1 + A_2 B_2 K_2}{3600T} + \frac{C_1 D_1 + C_2 D_2}{3600}$$

式中Q_2——工业企业生活污水及淋浴污水设计流量，L/s；

A_1——一般车间最大班职工人数，人；

A_2——热车间最大班职工人数，人；

B_1——一般车间职工生活污水定额，以25 L/（人·班）计；

B_2——热车间职工生活污水定额，以35 L/（人·班）计；

K_1——一般车间生活污水量时变化系数，以3.0计；

K_2——热车间生活污水量时变化系数，以2.5计；

C_1——一般车间最大班使用淋浴的职工人数，人；

C_2——热车间最大班使用淋浴的职工人数，人；

D_1——一般车间的淋浴污水定额，以40L/（人·班）计；

D_2——高温、污染严重车间的淋浴污水定额，以60L/（人·班）计；

T——每班工作时数，h。

淋浴时间以60min计。

2.工业废水设计流量

工业废水设计流量按下式计算：

$$Q_3 = \frac{mMK_z}{3600T}$$

式中Q_3——工业废水设计流量，L/s；

　　m——生产过程中每单位产品的废水量，L/单位产品；

　　M——产品的平均日产量；

　　K_z——总变化系数；

　　T——每日生产时数，h。

生产单位产品或加工单位数量原料所排出的平均废水量，也称作生产过程中单位产品的废水量定额。工业企业的工业废水量随各行业类型、采用的原材料、生产工艺特点和管理水平等有很大差异。《污水综合排放标准》对矿山工业、焦化企业（煤气厂）、有色金属冶炼及金属加工、石油炼制工业、合成洗涤剂工业、合成脂肪酸工业、湿法生产纤维板工业、制糖工业、皮革工业、发酵及酿造工业、铬盐工业、硫酸工业（水洗法）黏胶纤维工业（单纯纤维）铁路货车洗刷、电影洗片、石油沥青工业等部分行业规定了最高允许排水量或最低允许水重复利用率。在排水工程设计时，可根据工业企业的类别、生产工艺特点等情况，按有关规定选用工业废水量定额。

在不同的工业企业中，工业废水的排出情况很不一致。某些工厂的工业废水是均匀排出的，但很多工厂废水排出情况变化很大，甚至一些个别车间的废水也可能在短时间内一次排放。因而工业废水量的变化取决于工厂的性质和生产工艺过程。工业废水量的日变化一般较少，其日变化系数可取1。某些工业废水量的时变化系数大致如下（可供参考用）：冶金工业1.0～1.1，化学工业1.3～1.5，纺织工业1.5～2.0，食品工业1.5～2.0，皮革工业1.5～2.0，造纸工业1.3～1.8。

3.地下水渗入量

在地下水位较高地区，因当地土质、管道、接口材料及施工质量等因素的影响，一般均存在地下水渗入现象，设计污水管道系统时宜适当考虑地下水渗入量。地下水渗入量Q_4一般以单位管道长（m）或单位服务面积（hm²）计算。为简化计算，也可按每人每日最大污水量的10%～20%计地下水渗入量。

4.城镇污水设计总流量计算

城市污水管道系统的设计总流量一般采用直接求和的方法进行计算，即直接将上述各项污水设计流量计算结果相加，作为污水管道设计的依据，城市污水管道系统的设计总流量可用下式计算：

$$Q = Q_1 + Q_2 + Q_3 + Q_4 (\text{L}/\text{s})$$

上述求污水总设计流量的方法，是假定排出的各种污水，都在同一时间内出现最大流量。但在设计污水泵站和污水厂时，如果也采用各项污水最大时流量之和作为设计依据，将很不经济。因为各种污水量最大时流量同时发生的可能性较少，各种污水流量汇合时，可能互相调节，而使流量高峰降低。因此，为了正确地、合理地决定污水泵站和污水厂各处理构筑物的最大污水设计流量，就必须考虑各种污水流量的逐时变化。即知道一天中各种污水每小时的流量，然后将相同小时的各种流量相加，求出一日中流量的逐时变化，取最大时流量作为总设计流量。按这种综合流量计算法求得的最大污水量，作为污水泵站和污水厂处理构筑物的设计流量，是比较经济合理的。但这需要污水量逐时变化资料，往往实际设计时无此条件而不便采用。

5.服务面积法计算设计管道的设计流量

排水管道系统的设计管段是指两个检查井之间的坡度、流量和管径预计不改变的连续管段。

服务面积法具有不需要考查计算对象（某一特定设计管段）的本段流量、转输流量，过程简单，不容易出错的优点，其计算步骤如下：①按照专业要求和经验划分排水流域。②进行排水管道定线和布置。③划分设计管段并进行编号。④计算每一设计管段的服务面积。每一设计管段的服务面积就是该管段受纳排水的区域面积。⑤分别计算设计管段服务面积内的生活污水设计流量和其他排水的流量，求和即得该设计管段的设计流量。

特别指出的是，生活污水设计流量需要特别列出单独计算，因为生活污水流量的变化规律经过统计分析已在《室外排水设计规范》中予以明确。其他排水如工业污水，其变化规律与工业企业的规模、行业和技术水平密切相关，千差万别，故需要另外予以计算，然后求和得出设计管段的设计流量。

（二）污水管道水力计算与设计

1.污水管道中污水流动的特点

污水由支管流入干管，由干管流入主干管，再由主干管流入污水处理厂，管道由小到大，分布类似河流，呈树枝状，与给水管网的环流贯通情况完全不同。污水在管道中一般是靠管道两端的水面高差，即靠重力流流动，管道内部不承受压力。流入污水管道的污水中含有一定数量的有机物和无机物，比重小的漂浮在水面并随污水漂流；较重的分布在水流断面上并呈悬浮状态流动；最重的沿着管底移动或淤积在管壁上。这种情况与清水的流动略有不同。但总的说来，污水含水率一般在99%以上，可按照一般水体流动的规律，并假定管道内水流是均匀流。但在污水管道中实测流速的结果表明管内的流速是有变化的。这主要是因为管道中水流流经转弯、交叉、变径、跌水等地点时水流状态发生改变，流速也就不断变化，同时流量也在变化。因此，污水管道内水流不是均匀流。但在直线管段上，当流量没有很大变化又无沉淀物时，管内污水的流动状态可接近均匀流。如果在设计与施工中，注意改善管道的水力条件，则可使管内水流尽可能接近均匀流。所以，在污水管道设计中采用均匀流相关水力学计算方法是合理的。

2.水力计算的基本公式

污水管道水力计算的目的，在于经济合理地选择管道断面尺寸、坡度和埋深。由于这种计算是根据水力学规律，所以称作管道的水力计算。根据前面所述，如果在设计与施工中注意改善管道的水力条件，可使管内污水的流动状态尽可能地接近均匀流。

明渠均匀流水力计算的基本公式是谢才公式，即

$$v = C\sqrt{RI}$$

由于明渠均匀流水力坡度I与管渠底坡i相等，$I=i$，故谢才公式可写为

$$v = C\sqrt{Ri}$$

若明渠过流断面面积为A，则流量为

$$Q = CA\sqrt{Ri} = K\sqrt{i}$$

式中v——过流断面平均流速，m/s；

C——谢才系数，综合反映断面形状、尺寸和渠壁粗糙情况对流速的影响，一般由经验公式求得，$m^{1/2}/s$；

R——水力半径，m；

I——水力坡度；

i——管渠底坡度；

Q——过流断面流量，m^3/s；

K——流量模数，m^3/s。

流量模数综合反映渠道断面形状、尺寸和壁面粗糙程度对明渠输水能力的影响，当渠壁粗糙系数n一定时，K仅与明渠的断面形状、尺寸及水深有关。

由于土木工程中明渠水流多处于紊流粗糙区，因此谢才系数C可采用曼宁公式计算，即

$$C = \frac{1}{n} R^{\frac{1}{6}}$$

式中：n——粗糙系数，反映渠道壁面粗糙程度的综合系数。

对于人工渠道，可根据人们的长期工程经验和实验资料确定其粗糙系数n值。该值根据管渠材料而定。混凝土和钢筋混凝土污水管道的管壁粗糙系数一般采用0.014。

3.污水管道水力计算的设计数据

（1）设计充满度

当无压圆管均匀流的充满度接近1时，均匀流不易稳定，一旦受外界波动干扰，则易形成有压流和无压流的交替流动，且不易恢复至稳定的无压均匀流的流态。工程上进行无压圆管断面设计时，其设计充满度并不能取到输水性能最优充满度或是过流速度最优充满度，而应根据有关规范的规定，不允许超过最大设计充满度。

这样规定的原因是：①有必要预留一部分管道断面，为未预见水量的介入留出空间，避免污水溢出妨碍环境卫生。因为污水流量时刻在变化，很难精确计算，而且雨水可能通过检查井盖上的孔口流入，地下水也可能通过管道接口渗入污水管道。②污水管道内沉积的污泥可能厌氧降解释放出一些有害气体。此外，污水中如含有汽油、苯、石油等易燃液体时，可能产生爆炸性气体，故需留出适当的空间，以利管道的通风，及时排除有害气体及易爆气体。③便于管道的疏通和维护管理。

（2）设计流速

与设计流量、设计充满度相对应的水流平均速度称为设计流速。污水在管内流动缓慢时，污水中所含杂质可能下沉，产生淤积；当污水流速增大时，可能产生冲刷现象，甚至损坏管道。为了防止管道中产生淤积或冲刷，设计流速不宜过小或过大，应在最小设计流速和最大设计流速范围内。

最小设计流速是保证管道内不致发生沉淀淤积的流速。这一最低的限值与污水中所含悬浮物的成分和粒度有关，与管道的水力半径、管壁的粗糙系数有关。从实际运行情况看，流速是防止管道中污水所含悬浮物沉淀的重要因素，但不是唯一的因素。根据国内污水管道实际运行情况的观测数据并参考国外经验，污水管道的最小设计流速定为0.6m/s。含有金属、矿物固体或重油杂质的生产污水管道，其最小设计流速宜适当加大，其值要根据试验或运行经验确定。最大设计流速是保证管道不被冲刷损坏的流速。该值与管道材料有关，通常金属管道的最大设计流速为10m/s，非金属管道的最大设计流速为5m/s。

（3）最小管径

一般污水在污水管道系统的上游部分，设计污水流量很小，若根据流量计算，则管径会很小。根据养护经验，管径过小极易堵塞，比如150mm支管的堵塞次数，有时达到200mm支管堵塞次数的两倍，

使养护管道的费用增加。而200mm与150mm管道在同样埋深下，施工费用相差不多。此外，因采用较大的管径，可选用较小的坡度，使管道埋深减小。因此，为了养护工作的方便，常规定一个允许的最小管径。在街坊和厂区内最小管径为200mm，在街道下为300mm。在进行管道水力计算时，上游管段由于服务的排水面积小，因而设计流量小、按此流量计算得出的管径小于最小管径，此时就采用最小管径值。因此，一般可根据最小管径在最小设计流速和最大充满度情况下能通过的最大流量值，进一步估算出设计管段服务的排水面积。若设计管段的服务面积小于此值，即直接采用最小管径和相应的最小坡度而不再进行水力计算，这种管段称为非计算管段。在这些管段中，当有适当的冲洗水源时，可考虑设置冲洗井，以保证这类小管径管道的畅通。

（4）最小设计坡度

在污水管道系统设计时，通常使管道埋设坡度与设计地区的地面坡度基本一致，但管道坡度造成的流流速应等于或大于最小设计流速，以防止管道内产生沉淀。这一点在地势平坦或管道走向与地面坡度相反时尤为重要。因此，将对应于管内流速为最小设计流速时的管道坡度叫作最小设计坡度。

从水力计算公式看出，设计坡度与设计流速的平方成正比，与水力半径的4/9次方成反比。由于水力半径又是过水断面积与湿周的比值，因此当在给定设计充满度条件下管径越大，相应的最小设计坡度值也就越小。所以，只需规定最小管径的最小设计坡度值即可。具体规定是，管径200 m的最小设计坡度为0.004；管径300mm的最小设计坡度为0.003。

在给定管径和坡度的圆形管道中，满流与半满流运行时的流速是相等的，处于满流和半满流之间的理论流速则略大一些，而随着水深降至半满流以下，则其流速逐渐下降。所以，在确定最小管径的最小坡度时采用的设计充满度为0.5。

第三节　新型给水排水管材及其连接方式

一、新型给水排水管材概述

（一）管材的分类

管材分类方法很多，按材质可分为金属管、非金属管和钢衬非金属复合管。非金属管主要有橡胶管、塑料管、石棉水泥管、玻璃钢管等。给水排水管材品种繁多，随着经济高速的发展，新型管材也层出不穷。下面简要介绍给水排水管道常用管材的类别。

1.按管道材质分

（1）金属管

①焊接钢管

钢管按其制造方法分为无缝钢管和焊接钢管两种。焊接钢管，也称有缝钢管，一般由钢板或钢带以对缝或螺旋缝焊接而成。按管材的表面处理形式分为镀锌和不镀锌两种。表面镀锌的发白色，又称为白铁管或镀锌钢管；表面不镀锌的即普通焊接钢管，也称为黑铁管。焊接钢管的连接方法较多，有螺纹连接、法兰连接和焊接。法兰连接中又分螺纹法兰连接和焊接法兰连接，焊接方法中又分为气焊和电弧焊。

②无缝钢管

无缝钢管在工业管道中用量较大，品种规格很多，基本上可分为流体输送用无缝钢管和带有专用性的无缝钢管两大类，前者是工艺管道常用的钢管，后者如锅炉专用钢管、热交换器专用钢管等。无缝钢管按材质可分为碳素无缝钢管、铬钼无缝钢管和不锈、耐酸无缝钢管等。按公称压力可分为低压（≤ 1.0MPa）、中压（1.0 ~ 10MPa）、高压（≥ 10MPa）三类。

③铸铁管

铸铁管是由生铁制成的。铸铁管按制造方法不同可分为离心铸管和连续铸管。按所用的材质不同可分为灰口铁管、球墨铸铁管及高硅铁管。铸铁管多用于给水、排水和煤气等管道工程，主要采用承插连接，还有法兰连接、钢制卡套式连接等。

④有色金属管

有色金属管在给水排水中常见的是铜管。铜管在给水方面应用较久，优点较多，管材和管件齐全，接口方式多样，现在较多地应用在室内热水管路中。铜管的连接主要是螺纹连接、焊接连接及法兰连接等方式。

（2）混凝土管

混凝土管包括普通混凝土管、自应力混凝土管、预应力钢筋混凝土管、预应力钢筒混凝土管。自应力混凝土管是我国自行研制成功的，其原理是用自应力水泥在混凝土中产生的膨胀张拉钢筋，使管体呈受压状态，可用于中小口径的给水管道；预应力钢筋混凝土管是人为地在管材内产生预应力状态，用以减小或抵消外荷载所引起的应力以提高其强度的管材，在同直径的条件下，预应力钢筋混凝土管比钢管节省钢材60% ~ 70%，并具有足够的刚度；预应力钢筒混凝土管是在混凝土中加一层薄钢板，具备了混凝土管和钢管的特性，能承受较高压力和耐腐蚀，是大输水量较理想的管道材料。钢筋混凝土管可采用承插式橡胶圈密封接头。

（3）塑料管

塑料管所用的塑料并不是一种纯物质，它是由许多材料配制而成的。其中高分子聚合物（或称合成树脂）是塑料的主要成分，此外，为了改进塑料的性能，还要在聚合物中添加各种辅助材料，如填料、增塑剂、润滑剂、稳定剂、着色剂等，才能成为性能良好的塑料。塑料管材按成型过程分为两大类：热塑性塑料管材和热固性塑料管材。热塑性塑料（ther-moplastic pipe）是在温度升高时变软，温度降低时可恢复原状，并可反复进行，加工时可采用注塑或挤压成型。常见的塑料管均属热塑性塑料管道，如硬聚氯乙烯（UPVC）管、聚乙烯（PE）管、交联聚乙烯（PEX）管、聚丙烯（PP）塑料管、ABS塑料管等。热固性塑料（ther-mosetting plastic pipe）是在加热并添加固化剂后进行模压成型，一旦固化成型后就不再具有塑性，如玻璃纤维强热固性树脂夹砂管属于热固性塑料管道。

（4）复合管

复合管材有铝塑复合管、钢塑复合管塑复铜管、孔网钢带塑料复合管等。常用的铝塑复合管是由聚乙烯（或交联聚乙烯）热溶胶—铝—热溶胶—聚乙烯（或交联聚乙烯）五层构成，具有良好的力学性能、抗腐蚀性能、耐温性能和卫生性能，是环保的新型管材；钢塑复合管是以普通镀锌钢管为外层，内衬聚乙烯管，经复合而成。钢塑管结合了钢管的强度、刚度及塑料管的耐腐蚀、无污染、内壁光滑、阻力小等优点，具有优越的价格性能比。

（5）玻璃钢管

玻璃钢又称为玻璃纤维增强塑料，玻璃钢管是由玻璃纤维、不饱和聚酯树脂和石英砂填料组成的新型复合管道。管道制造工艺主要有纤维缠绕法和离心浇铸法。连接形式主要有承插、对接、法兰连接等。

（6）石棉水泥管

石棉水泥管是20世纪初，首先在欧美开始使用的，其成分构成为15%～20%石棉纤维，48%～51%水泥和32%～34%硅石。石棉是一系列纤维状硅酸盐矿物的总称，这些矿物有着不同的金属含量、纤维直径、柔软性和表面性质。石棉可能是种致癌物质，对人体健康有着严重影响。由于环保和健康问题，尽量避免采用。

2.按变形能力分

（1）刚性管道

刚性管道主要是依靠管体材料强度支撑外力的管道，在外荷载作用下其变形很小，管道的失效由管壁强度控制。如钢筋混凝土、预（自）应力混凝土管道。

（2）柔性管道

在外荷载作用下变形显著的管道，竖向荷载大部分由管道两侧土体所产生的弹性抗力所平衡，管道的失效通常由变形而不是管壁的破坏造成。如塑料管道和柔性接口的球墨铸铁管。

（二）各种塑料管简介

1.硬聚氯乙烯（UPVC）管

硬聚氯乙烯属热塑性塑料，具有良好的化学稳定性和耐候能力。硬聚氯乙烯管是各种塑料管道中消费量最大的品种，其抗拉、抗弯、抗压缩强度较高，但抗冲击强度相对较低。UPVC管的连接方式主要采用黏结连接和柔性连接两种。一般来说，口径在63 mm以下的多采用黏结连接，更大口径的则更多地采用柔性连接。

UPVC实壁管主要适用于供水管道以及排水管道。

2.聚乙烯管（PE管）

PE管也是一种热塑性塑料，可多次加工成型。聚乙烯本身是一种无毒塑料，具有成型工艺相对简单，连接便利，卫生环保等优点。PE树脂是由单体乙烯聚合而成，由于在聚合时因压力、温度等聚合反应条件不同，可得出不同密度的树脂，因而有低密度聚乙烯（LDPE）、中密度聚乙烯（MDPE）、高密度聚乙烯（HDPE）管道之分。国际上把聚乙烯管的材料分为PE32、PEAO、PE63、PE80、PE100五个等级，而用于给水管的材料主要是PE80和PE100。

PE管的连接通常采用电熔焊连接及热熔连接两种方式。PE管适用于室内外供水管道，并要求水温不高于40℃（即冷水用管）。PE原料技术、连接安装工艺的发展极大地促进了PE管材在建筑工程中的广泛应用，并在旧管网的修复当中起着越来越重要的作用。

3.聚丙烯及共聚物管材

聚丙烯种类包括均聚聚丙烯（PP-H）、嵌段共聚聚丙烯（PP-B）和无规共聚聚丙烯（PP-R）三种。三种材料的性能是不一样的，总体来说，PP-R材料整体性能要优于前两种，因此市场上用于塑料管道的主要为PP-R管。PP-R无毒、卫生、可回收利用。最高使用温度为95℃，长期使用温度为70℃，属耐热、保温节能产品。

PP-R管及配件之间可采用热熔连接。PP-R管与金属管件连接时，则采用带金属嵌件的聚丙烯管件作为过渡。

PP-R管主要适用于建筑物室内冷热水供应系统，也适用于采暖系统。

4.铝塑复合管

铝塑复合管由中间铝管、内外层PE以及铝管PE之间的热熔胶共挤复合而成。由于结构的特点，铝塑复合管具有良好的金属特性和非金属特性。

铝塑复合管的生产现有两种工艺，分别是搭接式和对接式。搭接式是先做搭焊式纵向铝管，然后在成型的铝管上再做内外层塑料管，一般适用于口径在32mm以下的管道。对接式是先做内层的塑料管，然后在上面做对焊的铝管，最后在外面包上塑料层，适用于口径在32mm以上的管道。

铝塑复合管材连接须采用金属专用连接件，适用于建筑物冷热水供应系统，其中通用型铝塑复合管适用于冷水供应，内外交联聚乙烯铝塑复合管适用于热水供应。

5.中空壁缠绕管

中空壁缠绕管是一种利用PE缠绕熔接成型的结构壁管，是一种为节约管壁材料而不采用密实结构的管道。由于本身缠绕成型的结构特点，能够在节约原料的前提下使产品具有良好的物理及力学性能，达到使用的要求。

中空壁缠绕管连接方式有电热熔带连接、管卡连接、热收缩套连接、法兰连接、承插式密封橡件连接。

中空壁缠绕管广泛应用于排水工程大型水利枢纽、市政工程等建设用管以及各类建筑小区的生活排水排污用管。中空壁缠绕管口径可做到3 m甚至更大，在市政排水管材应用中具有一定的优势。

6.双壁波纹管

双壁波纹管也属于结构壁管道。原料有PVC和PE两种可供选择，其生产工艺基本相同，主要应用于各类排水排污工程。

双壁波纹管不但有塑料原料本身的优点，还兼有质轻，综合机械性能高，安装方便等优势。PVC双壁波纹管和PE双壁波纹管都采用承插式连接，即扩口后利用天然橡胶密封圈密封的柔性连接方式。

7.径向加筋管

径向加筋管是结构壁管道的一种，其特点是减薄了管壁厚度，同时还提高了管子承受外压荷载的能力，管外壁上带有径向加强筋，起到了提高管材环向刚度和耐外压强度的作用。此种管材在相同外荷载能力下，比普通管材可节约30%左右的材料，主要用于城市排水。连接方式视主材种类和管道型号而定。

8.其他塑料管材

除了上面介绍的几种塑料管材外，目前市场上还有包括交联聚乙烯（PEX）管、氯化聚氯乙烯（CPVC）管、聚丁烯（PB）管和ABS管等。这几种管材主要用于输送热水，在此不一一介绍。

（三）管道管径、压力表示方法

1.管道管径

管道的直径可分为外径、内径、公称直径。无缝钢管可用符号D后附加外径的尺寸和壁厚表示，例如外径为108的无缝钢管，壁厚为5 mm，用D108×5表示；塑料管也用外径表示，如De63，表示外径为63 mm的管道。其他如钢筋混凝土管、铸铁管、镀锌钢管等采用公称直径DN（nominal diameter）表示。

2.管道的公称压力PN、工作压力和设计压力

公称压力PN是与管道系统元件的力学性能和尺寸特性相关、是由字母和数字组合的标识。它由字母PN和后跟无因次的数字组成。字母PN后跟的数字不代表测量值，不应用于计算目的，除非在有关标准中另有规定。管道元件允许压力取决于元件的PN数值材料和设计以及允许工作温度等，允许压力应在相应标准的压力和温度等级表中给出。

工作压力是指给水管道正常工作状态下作用在管内壁的最大持续运行压力，不包括水的波动压力。设计压力是指给水管道系统作用在管内壁上的最大瞬时压力，一般采用工作压力及残余水锤压力之和。一般而言，管道的公称压力≥工作压力；化学管材的设计压力=1.5×工作压力。管道工作压力由管网水

力计算而得出。

城镇埋地给水排水管道，必须保证50年以上使用寿命。对城镇埋地给水管道的工作压力，应按长期使用要求达到的最高工作压力，而不能按修建管道时初期的工作压力考虑。管道结构设计应根据《给水排水工程管道结构设计规范》规定采用管道的设计内水压力标准值。

（四）埋地排水塑料管的受力性能分析

给水排水塑料管按其使用时承受的负载大体可以分四大类：①承受内压的管材管件，如建筑给水用管等；②承受外压负载的管材管件，如埋地排水管、埋地的电缆、光缆护套管；③基本上不承受内压也不承受外压的管材管件，如建筑内的排水管、雨水管；④同时承受内压和外压负载的管材管件，如埋地给水管、埋地燃气管等。

管材管件在承受内压负载时在管壁中产生均匀的拉伸应力，设计时主要考虑的是强度问题（要根据其长期耐蠕变的强度设计）。如果强度不够，管材管件将发生破坏。管材管件在承受外压负载时，在管壁中产生的应力比较复杂，在埋设条件比较好时，由于管土共同作用，管壁内主要承受压应力；在埋设条件比较差时，管壁内产生弯矩，部分内外壁处承受较大的压应力或拉伸应力，设计时主要考虑的是环向刚度问题。如果环向刚度不够，管材管件将产生过大的变形引起连接处泄漏或者产生压塌（管壁部分向内曲折）。

1.埋地排水管性能要求

埋地排水管的用途是在重力的作用下把污水或雨水等排送到污水处理场或江河湖海中去。从表面上看，塑料埋地排水管在强度和刚度方面不及混凝土排水管。但实际应用中，因为塑料埋地排水管总是和周围土壤共同承受负载的，所以塑料埋地排水管的强度和刚度并不需要达到混凝土排水管（刚性管）那样高。而对其耐温、冲击性能及耐集中载荷能力上要求更高一些。在水力特性方面塑料埋地排水管由于内壁光滑，对于液体流动的阻力明显小于混凝土管。实践证明，在同样的坡度下，采用直径较小的塑料埋地排水管就可以达到要求的流量；在同样的直径下，采用塑料埋地排水管可以减少坡度。

2.塑料埋地排水管的负载分析

由于塑料埋地排水管是和周围的回填土壤共同承受负载，工程上被称为管–土共同作用，所以塑料埋地排水管根本不必要做到混凝土管的强度和刚度。

（1）埋地条件下排水管的负载分析

地排水管埋在地下，其中液体靠重力流动无内压负载，排水管主要承受外压负载。外压负载分为静载和动载两部分。静载主要是由管道上方的土壤重量造成的。在工程设计中一般简化地认为静载等于管道正上方土壤的重量，即宽等于其直径，长等于其长度，高等于其埋深的那一部分土壤的重量。动载主要是由地面上的运输车辆压过时造成的。需根据车辆的重量和压力在土壤中分布来计算管道承受的负载。

埋地排水管承受的静载和动载都和埋深有关系。埋地愈深，静载愈大；反之埋地愈浅，动载愈小。

埋深2.4 m以上的车辆负载可以忽略不计了。如果埋深很浅，还要考虑车辆经过时的冲击负载。此外，埋地排水管还可能承受其他的负载。如在地下水位高过管道时承受的地下水水头的外加压力和浮力。

（2）塑料埋地排水管承受负载的机制——柔性管理论

塑料埋地排水管破坏之前可以有较大的变形，即属于柔性管。混凝土排水管破坏之前没有大变形，属于刚性管。刚性管承受外压负载时，负载完全沿管壁传递到底部。在管壁内产生弯矩，在管材的上下两点管壁内侧和管材的左右两点管壁外侧产生拉应力。随着直径加大，管壁内的弯矩和应力急剧加大。

大口径的混凝土排水管通常要加钢筋。

柔性管承受外压负载时，先产生横向变形，如果在柔性管周围有适当的回填土壤，回填土壤阻止柔性管的外扩就产生对柔性管的约束压力。外压负载就这样传递和分担到周围的回填土中去了。约束压力在管壁中产生的弯矩和应力恰好和垂直外压负载产生的弯矩和应力相反。在理想情况下，柔性管受到的负载为四周均匀外压。当负载是四周均匀外压时，管材内只有均匀的压应力，没有弯矩和弯矩产生的拉应力。所以，同样外压负载下柔性管内的应力比较小，它是和周围的回填土壤共同在承受负载，即管–土共同作用。

（3）环刚度的实现

埋地排水管等承受外压负载的塑料管必须达到足够的环刚度，怎样达到要求的环刚度又尽量降低材料的消耗是关键。在埋地排水管领域发展结构壁管代替实壁管，就是因为结构壁管可以用较少的材料实现较大的环刚度。如前所述，结构壁管有很多的种类和不同的设计，在选择和设计时，在同样的直径和环刚度下，材料的消耗量常常是决定性的因素，因为塑料管材批量生产的总成本中材料成本常常要占到60%以上。

在决定环刚度的三个因素中，直径是由输送流量确定的；弹性模量是由材质决定的，而管道选材又是由流体性质和价格决定的；惯性矩是由管壁的截面设计决定的。对于结构壁管，在保证管壁的惯性矩的前提下，应尽量降低材料的消耗量。

（五）室外给水排水管材的选择

管材选用应根据管道输送介质的性质、压力、温度及敷设条件（埋地、水下、架空等），环境介质及管材材质（管材物理力学性能、耐腐蚀性能）等因素确定。对输送高温高压介质的油、气管道，管材的选用余地很少，基本上都用焊接连接的钢管；对输送有腐蚀作用的介质，则应按介质的性质采用符合防腐要求的管材。

对埋地给水管道，可用管材品种较多，一般可按内压与管径来选用，如对小于DN800的管道，可选用UPVC实壁管、PE实壁管、自应力及预应力混凝土管和离心铸造球墨铸铁管；对DN1600以下的管道，可选用预应力混凝土管、预应力钢筒混凝土管、钢管、离心铸造球墨铸铁管、玻璃钢管等，预应力混凝土管不宜用于内压大于0.8 MPa的管道；对大于DN1800的大口径管道，可选用预应力钢筒混凝土管、离心铸造球墨铸铁管、钢管等。

对用沉管法施工的水下管道，以往都用钢管。由于HDPE管可用热熔连接成几十米甚至几百米整体管道，也可用浮运沉管法埋设水下管道和用定向钻进行地下牵引的不开槽施工，在给水排水管道上完全可以替代钢管。HDPE管的这种特点，还可将其用于更新城市各种用途的钢管、铸铁管、混凝土管等旧管道，可将PE管连续送入旧管道内作为旧管的内衬，由于PE管的水力摩阻系数小，不会影响旧管的输送流量，在施工时还不影响管道的流水。

选用管材时，管件与连接是管材选用的一个容易忽视却十分关键的问题。由于管件生产模具多、投资大、周期长，许多企业不愿意或难以配齐管件（尤其是大规格管件）的生产设备，这给建设单位带来很大的不便，即使有其他企业生产的管件，也往往难以匹配。例如柔性接口止水橡胶圈的质量会直接影响到管材、管件连接部位的止水效果，从一些工程的渗漏情况来看，大多为橡胶圈质量较差而引起。另外，对于管道工程中各种管配件及配套的检查井等附属构筑物，最好采用同管道一样的材料

需要指出的是，一个城市或地区对管材品种的应用要有宏观控制，宜适当规定各类管道工程用的管材的品种，不宜多种管材交叉使用，应出一种新型管就推广用一种。管道工程要养护管理50年以上，一个地区用的管材品种太多，对养护检修工作很不利，从管理需要的管材备件和操作工具都备齐，是很难

做到的。

二、球墨铸铁管及其连接方式

（一）球墨铸铁管性能

1.球墨铸铁管（简称球铁管，DCIP）

球墨铸铁管是以镁或稀土球化剂在浇注前加入铁水中，使石墨球化，应力集中降低，强度大，延伸率高，具有柔韧性、抗弯强度比钢管大，使用过程中不易弯曲变形，能承受较大负荷，具有较好的抗高压、抗氧化、抗腐蚀等性能。在埋地管道中能与管道周围的土体共同工作，改善管道的受力状态，从而提高了管网运行的可靠性。其接口采用柔性接口，具有伸缩性和弯曲性，适应基础不均匀沉降。球墨铸铁管的韧性、耐腐蚀性等方面的特性，可替代灰口铸铁管、钢管成为供水管网建设中的重要管材。

球墨铸铁管按生产工艺不同可以分为两类：一类是经连铸工艺生产的球墨铸铁管通常叫铸态球墨铸铁管；另一类是经离心工艺生产的球墨铸铁管，通常叫离心球墨铸铁管。铸态球墨铸铁管由于其性能不如离心球墨铸铁管，在供水、燃气管道中基本已退出市场，广泛使用的是离心球墨铸铁管。离心铸造工艺有两种方法：一是水冷法，二是热模法。热模法根据管模内所使用的保护材料不同，又分为树脂砂法和涂料法。树脂砂法生产的铸管表面质量较差，所以常用涂料法生产。水冷法可用于DN80~DN1400铸管的生产，外观质量很好，生产率较高。热模法常用于DN1000以上大口径铸管的生产。

为适应用户的特殊需要，以及饮用水标准的提高，一些地区开始注意新内衬复合管的应用，开发特种复合管，如内衬聚氨酯、内衬环氧陶瓷的球墨铸管，将成为行业发展趋势。

2.球墨铸铁管的特点

（1）球墨铸铁管具有优于钢管和灰口铸铁管的性能

球墨铸铁管在与钢管、灰口铸铁管的性能比较中充分体现了其性能特点。球墨铸铁管重量比同口径的灰口铁管轻1/3~1/2，更接近钢管，但其耐腐蚀性却比钢管高出几倍甚至十几倍。球墨铸铁管具有管壁薄、重量轻、弹性好、耐腐蚀性好、使用寿命长、对人体无害、安装方便等特点。同时兼有普通灰铁管的耐腐蚀性和钢管的强度及韧性。

（2）球墨铸铁管在价格上比钢管具有优势，比灰口铸铁管具有相对优势

球墨铸铁管在DN100~DN500的规格中，除DN100以外，单位长度的球墨铸铁管价格均低于钢管价格，且随着管径的增大，与钢管的价格差距越大；球墨铸铁管在DN100~DN500的规格中，价格均比灰口铸铁管高，但随着管径的增大，球墨铸铁管与灰口铸铁管的价格差距在缩小。

（3）球墨铸铁管具有使用安全性和安装方便性

球墨铸铁管对人体无害，采用柔性接口，施工方便，是一种具有高科技附加值的铁制品。

（4）球墨铸铁管具有优良的耐腐蚀性能

球墨铸铁管的耐腐蚀性能优于钢管，与普通铸铁管不相上下。球墨铸铁由于电阻较大，电阻值为$50~70\Omega$，是钢的5倍左右，故不易产生电腐蚀。离心球墨铸铁管由于连接系统使用橡胶密封圈而使其具有很高的电阻，所以一般情况下不需要做阴极防腐保护。即使对于一些需要做阴极防腐保护的地区，只要使用了聚乙烯套保护，也不需要做阴极防腐保护。

（二）球墨铸铁管的连接技术

1.滑入式（T形）连接

滑入式（T形）柔性接口连接的施工步骤如下。

（1）安装前的清扫与检查

仔细清扫承口内表密封面以及插口外表面的沙、土等杂物。仔细检查连接用密封圈，不得粘有任何杂物。仔细检查插口倒角是否满足安装需要。

（2）放置橡胶圈

对较小规格的橡胶圈，将其弯成"心"形放入承口密封槽内。对较大规格的橡胶圈，将其弯成"十"字形。橡胶圈放入后，应施加径向力使其完全放入密封槽内。

（3）涂润滑剂

为了便于管道安装，在安装前对管道及橡胶圈密封面处涂上一层润滑剂。润滑剂不得含有有毒成分；应具有良好的润滑性质，不影响橡胶圈的使用寿命；应对管道输送介质无污染；且现场易涂抹。

（4）检查插口安装线

铸管出厂前已在插口端标志安装线。如在插口没标出安装线或铸管切割后，需要重新在插口端标出。标志线距离插口端为承口深度10 mm。

（5）连接

对于小规格的铸管（一般指小于DN400），采用导链或撬杠为安装工具，采用撬杠作业时，须先在承口垫上硬木块保护。对中、大规格的铸管（一般指大于DN400），采用的安装工具为挖掘机。采用挖掘机须先在铸管与掘斗之间垫上硬木块保护，慢而稳地将铸管推入；采用起重机械安装，须采用专用吊具在管身后两点，确保平衡，由人工扶着将铸管推入承口。

管件安装：由于管件自身重量较轻，在安装时采用单根钢丝绳，容易使管件方向偏转，导致橡胶圈被挤，不能安装到位。因此，可采用双倒链平行用力的方法使管件平行安装，胶圈不致被挤。

（6）承口连接检查

安装完承口、插口连接后，一定要检查连接间隙。沿插口圆周用金属尺插入承插口内，直到顶到橡胶圈的深度，检查所插的深度应一致。

（7）现场安装过程

需切割铸管的，切割后要对铸管插口进行修磨、倒角，以便于安装。

2.机械式（K形）柔性接口连接施工

机械式（K形）柔性接口连接的施工步骤如下。

（1）安装前的清扫与检查

仔细清扫承口内表密封面以及插口外表面的沙、土等杂物。仔细检查连接用密封圈，不得粘有任何杂物。仔细检查插口倒角是否满足安装需要。

（2）装入压兰和橡胶圈

把压兰和橡胶圈套在插口端。注意橡胶圈的方向，橡胶圈带有斜度的一端朝向承口端。

（3）承口、插口定位

将插口推入承口内，完全推入承口端部后再拔出10 mm。

（4）压兰及橡胶圈的安装

将橡胶圈推入承口内，然后将压兰推入顶住橡胶圈，插入螺栓，用手将螺母拧住。检查压兰的位置是否正确然后用扳手按对称顺序拧紧螺母。应反复拧紧，不要一次拧紧。

对于口径较大的管道，在拧紧螺母的过程中，要用吊车将铸管或管件吊起，使承口和插口保持同心。试压完成后，一定要检查螺栓，有必要再拧紧一次。

（5）现场安装

现场安装时需要切管的，切管后应对插口外壁修磨光滑，以确保接口的密封性。

3.球墨铸铁管安装注意事项

（1）内壁的保护

球墨铸铁管（DN80～DN600）内壁均采用3～5 mm厚水泥砂浆内衬涂层作防腐保护层，其若遇大的震动易局部脱落而失去防腐作用。为此，运输装卸时需要专用工具，不得由车上直接滚落，且应做到轻起轻放。管道安装下管就位应缓慢放置，不得用金属工具敲打对口。

（2）接口处理

管道连接多为承插式橡胶"0"形密封圈密封接口，要严格控制其同心度及直线度（同心度不得超出±2mm，直线度不得大于4°），同心度的偏离易造成密封圈的过紧或过松，极易产生渗漏现象，而直线度的偏离除造成密封圈的受压、松弛现象外，还会产生水压轴向力的分压力造成接口的破坏或加大渗漏的产生。为此，在安装施工中一般应在转角处采用混凝土加固措施。

三、高密度聚乙烯管及其连接方式

（一）高密度聚乙烯（HDPE）管的性能

1.高密度聚乙烯（HDPE）管

目前，在给水排水管道系统中，塑料管材逐渐取代了铸铁管和镀锌钢管等传统管材成了主流使用管材。塑料管材和传统管材相比，具有重量轻，耐腐蚀，水流阻力小，节约能源，安装简便迅速，造价较低等显著优势，受到了管道工程界的青睐。同时，随着石油化学工业的飞速发展，塑料制造技术的不断进步，塑料管材产量迅速增长，制品种类更加多样化。而且，塑料管材在设计理论和施工技术等方面取得了很大的发展和完善，并积累了丰富的实践经验，促使塑料管材在给水排水管道工程中占据了相当重要的位置，并形成一种势不可挡的发展趋势。

高密度聚乙烯（HDPE）管由于其优异的性能和相对经济的造价，在欧美等发达国家已经得到了极大的推广和应用。在我国于20世纪80年代首先研制成功，经过近20年的发展和完善，已经由单一的品种发展到完整的产品系列。目前在生产工艺和使用技术上已经十分成熟，在许多大型市政排水工程中得到了广泛的应用。目前国内生产该管材的厂家已达上百家。

高密度聚乙烯（HDPE）是一种结晶度高、非极性的热塑性树脂。原态HDPE的外表呈乳白色，在微薄截面呈一定程度的半透明状。高密度聚乙烯是在1.4 MPa压力，100℃下聚合而成的，又称低压聚乙烯，其密度为0.941～0.955g/cm³；中密度聚乙烯是在1.8～8.0MPa压力，130～270℃温度下聚合而成的，其密度为0.926～0.94g/cm³；低密度聚乙烯是在100～300 MPa压力，180～200℃下聚合而成的，又称高压聚乙烯，其密度为0.91～0.935g/cm³。由于聚乙烯的密度与硬度成正比，故密度越高，刚度越大。聚乙烯管有较好的化学稳定性，因而这种管材不能用黏合连接，而应采用热熔连接。HDPE管具有无毒、耐腐蚀、强度高、使用寿命长（可达50年）等优点，是优良的绿色化学建材，具有广阔的应用前景。

2.高密度聚乙烯（HDPE）管的类型

高密度聚乙烯（HDPE）管是一种新型塑料管材，由于管道规格不同，管壁结构也有差别。根据管壁结构的不同，HDPE管可分为实壁管、双壁波纹管、中空壁缠绕管。给水用HDPE管为实壁管，国家标准《给水用聚乙烯（PE）管材》，用于温度不超过40℃，一般用途的压力输水，以及饮用水的输送。HDPE双壁波纹管和中空壁缠绕管适用于埋地排水系统，双壁波纹管的公称管径不宜大于1200mm，中空壁缠绕管的公称管径不宜大于2500mm。

3.高密度聚乙烯（HDPE）管的特点

同传统管材相比，HDPE管具有以下一系列优点：

（1）水流阻力小

HDPE管具有光滑的内表面，其曼宁系数为0.009。光滑的内表面和非黏附特性保证HDPE管具有较传统管材更高的输送能力，同时也降低了管路的压力损失和输水能耗。

（2）低温抗冲击性好

聚乙烯的低温脆化温度极低，可在-60～40℃温度范围内安全使用。冬季施工时，因材料抗冲击性好，不会发生管子脆裂。

（3）抗应力开裂性好

HDPE管具有低的缺口敏感性、高的剪切强度和优异的抗刮痕能力，耐环境应力开裂性能也非常突出。

（4）耐化学腐蚀性好

HDPE管可耐多种化学介质的腐蚀，土壤中存在的化学物质不会对管道造成任何降解作用。聚乙烯是电的绝缘体，因此不会发生腐烂、生锈或电化学腐蚀现象；此外它也不会促进藻类、细菌或真菌生长。

（5）耐老化，使用寿命长

含有2%～2.5%的均匀分布的炭黑的聚乙烯管道能够在室外露天存放或使用50年，不会因遭受紫外线辐射而损害。

（6）耐磨性好

HDPE管与钢管的耐磨性对比试验表明，HDPE管的耐磨性为钢管的4倍。在泥浆输送领域，同钢管相比，HDPE管具有更好的耐磨性，这意味着HDPE管具有更长的使用寿命和更好的经济性。

（7）可挠性好

HDPE管的柔性使得它容易弯曲，工程上可通过改变管道走向的方式绕过障碍物，在许多场合，管道的柔性能够减少管件用量并降低安装费用。

（8）搬运方便

HDPE管比混凝土管道、镀锌管和钢管更轻，它容易搬运和安装，更低的人力和设备需求，意味着工程的安装费用大大降低。

（9）多种全新的施工方式

HDPE管具有多种施工技术，除了可以采用传统开挖方式进行施工外，还可以采用多种全新的非开挖技术如顶管、定向钻孔、衬管、裂管等方式进行施工，并可用于旧管道的修复因此HDPE管应用领域非常广泛。

（二）高密度聚乙烯管的连接技术

1.连接形式

（1）热熔连接

热熔连接具有性能稳定、质量可靠、操作简便、焊接成本低的优点，但需要专用设备。热熔连接方式有承插式和对接式。热熔承插连接主要用于室内小管径，设备为热熔焊机；而热熔对接适用于直径大于90mm的管道连接，利用热熔对接焊机焊接，首先加热塑料管道（管件）端面，使被加热的两端面熔化，然后迅速将其贴合，在保持一定压力下冷却，从而达到焊接的目的。热熔对接一般都在地面上连接。如在管沟内连接，其连接方法同地面上管道的热熔连接方式相同，但必须保证所连接的管道在连接前必须冷却到土壤的环境温度。

热熔连接时，应使用同一生产厂家的管材和管件，如确需将不同厂家（品牌）的管材、管件连接则应经实验证明其可靠性之后方准使用。

热熔对接机的设备形式多种多样，用户根据焊接管材的规格及能力选用。控制方式分为手动、半自动、全自动三种。

（2）电熔焊

电熔焊是通过对预埋于电熔管件内表面的电热丝通电而使其加热，从而使管件的内表面及管道的外表面分别被熔化，冷却到要求的时间后而达到焊接的目的。电熔焊的焊接过程由准备阶段、定位阶段、焊接阶段、保持阶段四个阶段组成。

（3）机械连接

在塑料管道施工中，经常见到塑料管道与金属管道的连接及不同材质的塑料管道间的相互连接，这时都需使用过渡接口，采用机械连接。主要方式有：钢塑过渡接头连接、承插式缩紧型连接、承插式非缩紧型连接、法兰连接。

承插式缩紧型连接和承插式非缩紧型连接施工中，承口内嵌有密封的橡胶圈，材料为三元乙丙或丁苯橡胶施工连接时，要准确测量承口深度和胶圈后部到承口根部的有效插入长度。

施工时，将橡胶圈正确安装在承口的橡胶圈沟槽区中，不得装反或扭曲，为了安装方便可先用水浸湿胶圈，但不得在橡胶圈上涂润滑剂安装，防止在接口安装时将橡胶圈推出。

承插式橡胶圈接口不宜在−10℃以下施工，管口各部尺寸、公差应符合国家标准的规定，管身不得有划伤，橡胶密封圈应采用模压成型或挤出成型的圆形或异形截面，应由管材厂家提供配套供应。

（4）承插式橡胶圈柔性接口

承插式橡胶圈柔性接口适用于管外径不小于63 mm的管道连接。但承插式橡胶圈接口不宜在−10℃以下施工，橡胶密封圈应采用模压成型或挤出成型的圆形或异形截面，应由管材提供厂家配套供应。接口安装时，应预留接口伸缩量，伸缩量的大小应按施工时的闭合温差经计算确定。

2.HDPE管连接工序

（1）热熔承插连接工序

热熔承插连接时，公称外径大于或等于63mm的管道不得采用手工热熔承插连接而应采用机械装置的热熔承插连接。具体程序如下：①用管剪根据安装需要将管材剪断，清理管端，使用清洁棉布擦净加热面上的污物。②在管材待承插深度处标记号。③将热熔机模头加温至规定温度。④同时加热管材、管件，然后承插（承插到位后待片刻松手，在加热、承插、冷却过程中禁止扭动）。⑤自然冷却。⑥连接后应及时检查接头外观质量。⑦施工完毕经试压，验收合格后投入使用。

（2）热熔对接焊连接工序

①清理管端，使用清洁棉布擦净加热面上的污物。②将管子夹紧在熔焊设备上，使用双面修整机具修整两个焊接接头端面。③取出修整机具，通过推进器使两管端相接触，检查两端面的一致性，严格保证管端正确对中。④在两端面之间插入210℃的加热板，以指定压力推进管子，将管端压紧在加热板上，在两管端周围形成一致的熔化束（环状凸起）。⑤一旦完成加热，迅速移出加热板，避免加热板与管子熔化端摩擦。⑥以指定的连接压力将两管端推进至结合，形成一个双翻边的熔化束（两侧翻边、内外翻边的环状凸起），熔焊接头冷却至少30 min。⑦连接后应及时检查接头外观质量。⑧施工完毕经试压，验收合格后投入使用。

值得注意的是，加热板的温度都由焊机自动控制在预先设定的范围内。但如果控制设施失控，加热板温度过高，会造成熔化端面的PE材料失去活性，相互间不能熔合。良好焊接的管子焊缝能承受十几磅大锤的数次冲击而不破裂，而加热过度的焊缝一拗即断。

（3）电熔焊接头连接工序

①清理管子接头内外表面及端面，清理长度要大于插入管件的长度。管端要切削平整，最好使用专用非金属管道割刀处理。②管子接头外表面（熔合面）要用专用工具刨掉薄薄的一层，保证接头外表面的老化层和污染层彻底被除去。专用刨刀的刀刃成锯齿状，处理后的管接头表面会形成细丝螺纹状的环向刻痕。③如果管子接头刨削后不能立即焊接，应使用塑料薄膜将之密封包装，以防二次污染。在焊接前应使用厂家提供的清洁纸巾对管接头外表面进行擦拭。如果处理后的接头被长时间放置，建议在正式连接时重新制作接头。考虑到刨削使管壁减薄，重新制作接头时最好将原刨削过的接头切除。④管件一般密封在塑料袋内，应在使用前再开封。管件内表面在拆封后使用前也应使用同样的清洁纸巾擦拭。⑤将处理好的两个管接头插入管件，并用管道卡具固定焊接接头以防止对中偏心或震动破坏焊接熔合。每个接头的插入深度为管件承口到内部突台的长度（或管箍长度的一半）。接头与突台之间（或两个接头之间）要留出5～10 mm间隙，以避免焊接加热时管接头膨胀伸长互相顶推，破坏熔合面的结合。在每个接头上做出插入深度标记。⑥将焊接设备连到管件的电极上，启动焊接设备，输入焊接加热时间。开始焊接至焊机设定时间停止加热。通电加热的电压和加热时间等参数按电熔连接机具和电熔管件生产企业的规定进行。⑦焊接接头开始冷却。此期间严禁移动、震动管子或在连接件上施加外力。实际上因PE材料的热传导率不高，加热过程结束后再过几分钟管箍外表面温度才达到最高，需注意避免烫伤。⑧连接后应及时检查接头外观质量。⑨施工完毕经试压，验收合格后投入使用。

（4）橡胶圈柔性接口连接工序

①先将承口内的内工作面和插口外工作面用棉纱清理干净。②将橡胶圈嵌入承口槽内。③用毛刷将润滑剂均匀地涂在装嵌在承口处的橡胶圈和管插口端的外表面上，但不得将润滑剂涂到承口的橡胶圈沟槽内；不得采用黄油或其他油类作润滑剂。④将连接管道的插口对准承口，保持插入管段的平直，用手动葫芦或其他拉力机械将管一次插入至标线。若插入的阻力过大，切勿强行插入，以防橡胶圈扭曲。⑤用塞尺顺承插口间歇插入，沿管周围检查橡胶圈的安装是否正常。

第三章 城市给排水规划设计相关问题研究

第一节 旧城改造工程中城市排水规划

目前，随着城市的发展，水危机与水环境污染问题不断加剧，传统的城市排水体系已经无法满足城市发展需求，必须对城市排水体系进行科学规划。关于城市排水规划，其核心目的是满足城市的排水要求，因此，规划应当符合城市排水专项规划以及城市总体规划的要求，规划内容不仅要包括排水体系建设规划，还要考虑到城市长远发展的需求。基于海绵城市理念的城市排水规划可以完善城市排水体系，同时实现对雨水的回收利用，对于缓解城市水危机，防治和解决城市水环境污染问题具有积极的意义。

一、存在问题

很多城市的排水管网多为早期建设，未形成完善的排水体系，中心城区主截流污水管网仅几十公里，城市内产生的工业废水大部分由企业自主处理，水质合格后排入河流；城市生活污水以及少部分工业废水经截流污水干管排放至城市污水处理厂进行处理；雨水部分经地面排水口流入排水管网或通过排水明渠就近排放进河流，大部分雨水沿地面四处漫流，影响交通。目前，该市排水体制均为合流制，尚未实现雨污分流，雨水回收利用率极低。

从很多城市排水体系的现状来看，主要存在以下几方面问题：

①污水和雨水收集管网不完善。②城市生活污水以及工业废水量不断增加，污水处理厂无法满足实际需求。③污水处理厂较少，城市部分区域距离污水处理厂过远，直接排放污水，造成了严重的水环境污染。④该市污水处理厂的出水标准不高，仅能达到一级B标准，处理后的污水无法回用。

二、排水体制规划

目前，城市排水体系主要有三种，分别是分流制、混流制以及截流式合流制。

①分流制指的是将雨水管网与污水管网分离，污水管网主要负责收集城市生活污水以及工业废水，集中排入城市污水处理厂进行处理；雨水管网主要负责收集雨水，利用一些低影响开发措施实现对雨水的回收利用。

②混流制是目前大部分城市采用的排水体制，根据城市的自然条件、建设情况以及发展规划，因地制宜地选择合流制或者分流制。

③截流式合流制是在排污口设置截流井，并敷设一条截流干管，将所有污水截流到污水处理厂处理，达标后排入水体。截流式合流制工程实施快、投资省，能收集初期雨水避免其污染附近水体，缺陷在于当雨量过大时，混合污水仍会污染城市水环境。

城市排水体制规划直接关系到后续排水系统建设，同时对于城市整体规划以及环境治理等方面也具有一定影响，因此，必须合理确定城市排水体制从水环境保护以及水资源利用方面，城市排水体制选择分流制最为理想网；合流制在雨季时会出现混合污水溢流的情况，可能造成水环境污染。从工程造价方面而言，合流制由于仅需一套排水管网，整体投资较小，但是会导致污水处理规模增加，后期运营以及维护成本较高；分流制需要分开铺设污水管网与雨水管网，初期管网投资规模较大，但是污水处理规模小，后期运营成本较低。从排水系统维护方面而言，合流制排水管网的排水量与水质受天气影响较大，雨天和晴天存在明显差异，会增加污水处理厂运行的复杂性；分流制排水管网排入污水处理厂的污水量与水质相对稳定，受天气因素影响较小，便于污水处理厂管理。

三、城市雨水系统规划

（一）雨水管网规划

按照城市整体规划以及排水体制规划，结合各排水分区的实际情况，对各排水分区雨水管网规划如下：

①排水分区内尚未铺设排水管网的区域铺设雨污分流排水管网，在区内主干道设置雨水截流干管，其余区域铺设支管。

②排水分区尚未铺设排水管网的区域铺设截流式合流制排水管网，保留区内原有溢流管道，雨水通过溢流管道排放至就近水域。

③排水分区内老城区尚未铺设排水管网的区域铺设截流式合流制排水管网，新城区尚未铺设排水管网的区域铺设雨污分流排水管网。

④排水分区内尚未铺设排水管网的区域铺设雨污分流排水管网，在区内主干道设置雨水截流干管，其余区域铺设支管。

⑤排水分区内老城区尚未铺设排水管网的区域铺设截流式合流制排水管网。

⑥排水分区属于新建区域，从长远规划考虑，全部铺设雨污分流排水管网。

规划要充分考虑实际情况以及长远发展需求，结合各排水分区的实际情况，选择雨污分流排水管网与截流式合流制排水管网两种模式。在原有排水管网的基础上，在扩建区域因地制宜地采用截流式合流制与分流制两种排水体制，在新建区域全部采用分流制排水体制，以实现雨污分流，有效提升了雨水收集效率，缩小了污水处理规模。

（二）低影响开发措施

在城市雨水系统规划方面，除规划雨水管网，提高雨水收集率外，还要基于海绵城市理念，采用部分低影响开发措施，以进一步实现雨水的回收利用，提高城市用水资源利用效率，缓解城市水危机问题，具体如下：

1.透水铺装

在城区非机动车道、人行道以及车流量较少的区域采用透水砖、透水沥青混凝土等材料进行铺装，主要作用是缓解雨季时地面径流量，同时在一定程度上补充地下水。

2.生物滞留技术

生物滞留技术主要是在城区内地势较低的区域利用绿化带、公园、绿地等实现雨水的渗透、净化以及回用，其优势在于可以充分利用城市绿化资源，可以实现技术与景观的融合，并且造价相对较低，具有一定实用价值。

3.蓄水池

蓄水池主要是收集和存储雨水资源，通过相应的技术措施对雨水进行净化处理，实现雨水回收利用，以此作为城市供水系统的补充。蓄水池的设立需要考虑区域实际情况，若无雨水回用需求或者采用的是合流制排水体制，则不宜设立蓄水池。

4.植草沟

植草沟主要作用是为雨水提供汇集以及运输的途径，并且兼具沉降、净化的功能，是透水池、蓄水池等设施的补充，部分区域可以与雨水系统配合使用，某种程度上可以代替雨水管网的作用。

第二节　生态城市理念性给排水规划

一、生态城市理念应用于给排水规划的产生背景

（一）水资源相对短缺

尽管在地球上有超过70%的水资源覆盖着地球表面，但其中仅有3%的水资源是淡水，并且这些淡水资源中难以利用的冰川淡水超过了78%，这使人们能够利用的淡水资源极为有限。同时，我国的水资源总量仅为$2.8 \times 10^8 m^3$，位居世界第六，人均淡水资源占有量为2240m^3，仅为世界人均淡水资源占有量的1/4。而且在我国，降水存在时空分布不均、降水季节过于集中，极易出现春旱夏涝的问题，使提升水资源的利用率成为当前环境保护工作的重要内容之一。生态城市理念下通过合理设计、规划排水工程的方式，形成类似于海绵结构的可以对水资源进行吸收再利用的城市排水设施，在实际应用过程中，生态城市能够在降雨、降雪过多的情况下，对水资源进行吸收与储存，并且在城市水资源短缺的情况下，将收集到的水资源应用于城市植被浇灌、道路净化等工作当中，切实解决城市水资源匮乏的问题。

（二）水污染问题严重

对我国水资源实际利用情况进行调查分析后可以发现，一方面我国水资源相对短缺；另一方面受污染问题的影响，我国的淡水生态体系出现了严重的退化，水体自净能力下降，这种情况的出现不仅对人们的正常用水安全造成了威胁，还对农业、工业用水安全造成了极为不利的影响。具体来说，欧美国家农业灌溉用水指数为0.7，我国的农业灌溉用水利用平均系数仅为0.45；美国工业万元产值用水量为$8^3 m^3$，我国万元产值用水量为$10^3 m^3$，严重限制了我国工业的健康可持续发展。此外，在工业用水的重复利用率方面，我国的重复利用率为55%，远低于发达国家的75%~85%，这种情况的出现不仅加剧了水资源的浪费，还对我国用水安全造成了极为不利的影响。现阶段，为解决这一问题，相关工作人员可以在明确生态城市理念的基础上，利用低影响开发技术，在实现雨水流径控制的同时，通过发挥雨水在生态自然环境中的渗透、植被吸收等作用，减缓城市污染问题的影响。

二、生态城市理念下给排水规划设计探讨

（一）路基排水设计

城市道路是重要的交通基础设施，而在设计市政道路部分时，必须重视对道路路基部分的合理设计。结合不同区域路段对交通条件的实际需求，对施工方案加以优化调整。为了解决路面硬化、路基透水性不强的问题，可对路基部分的区域进行换填，通过换填的方式提升路基部分的渗透性能。但是在设计中，不能仅考虑提升路基的排水能力，而忽视路基的稳定性。所以在完成路基换填处理后，还要通过夯实、碾压层施工工艺强化路基。在设计中，应该保证路基土壤渗透系数与饱和重度达到海绵城市施工标准。

（二）人行道设计

人行道会给市政给排水设计带来重大影响，尤其是会影响到整个系统功能的发挥，所以应该将人行道的合理设计作为一项重要工作来抓，结合工程施工建设的要求，改善和提高市政给排水系统功能，彻底变革以往落后的人行道设计思想，用海绵城市理念推动设计创新。设计者应该对城市地形情况进行综合考量，恰当选取科学材料，设计人行道给排水系统，着重促进雨水资源的利用。例如，新型排水系统设计需要随地形变化而发生相应的变化，做好科学化的密度分布。西高东低的城市需要确保设计的给排水系统顺应地形趋势，呈现样态分布特征。东高西低的城市，当然也遵循着这样的规律和地形趋势保持一致。在人行道给排水系统设计中，要注意对新材料的使用，选择性能好、经济安全以及可再生的材料，确保雨水渗透有效性，提高雨水资源的收集效果，并为后续利用打基础。

（三）车行道设计

车行道的设计也是不容小觑的，想要综合提高市政给排水系统的设计效果，也要特别关注车行道设计和海绵城市理念的结合。事实上人行道和车行道在实际设计当中是比较相似的，设计人员需要结合施工现状，做好科学把控，提高整体给排水能力。全面研究车行道使用的特殊性，明确在道路当中车辆行驶速度相对较快，设计者需要结合施工现状确定出相应的密度，维护路面平稳，减少行车中的风险。海绵城市理念要求在车行道给排水系统设计中应该运用优质材料，完善排水功能，改进以往设计当中排水构筑物密度不足的问题。

（四）城市绿化设计

在现代城市的规划建设中，为了改善人们的生活环境，通常会设置专门的绿化区域。在实际开展城市绿化工作时，应加强对水资源的涵养，确保城市水系统的平衡发展，配合市政给排水系统更好地发挥作用。通过将海绵城市理念与市政给排水设计相结合，加强对城市绿化带的设计及建设，可进一步完善城市绿化建设效果。

①充分发挥出雨水的过滤效果。城市地区在降雨量较多的时节通常会出现地面积水的现象，为了实现对雨水的有效利用，需要采取过滤手段，提高雨水的清洁度。在具体设计时，可采用铺筑砾石层等方式达到上述目的，将渗透管安装在适当的位置，以便雨水在经过过滤净化处理后能及时渗透到地下。

②注重控制排水量，提高蓄水性能。设计者在开展绿化带规划设计工作时，需要考虑当地的地形特点，以此为基本参照进行导流系统的设计，确保市政工程在遇到暴雨天气时能实现对地表水的分流。

③为了提高对雨水的收集能力，在设计绿化带时，可以选择透水性较好的路面材料铺设道路，保证

雨水可以渗透地表层，进入下层为其预留的绿化带雨水收集口内。为了满足这一功能要求，必须注意控制绿化带高度，绿化带设计过高，不利于对雨水进行导流收集。因此，在设计绿化带时，绿化带高度应低于道路的表层高度，控制在路面下方15~20cm内，而绿化带外沿高度不能低于绿化带中的土壤高度。让雨水进入地下，可以通过土壤对雨水加以过滤，这样能显著提升地下水的清洁度，防止地下水受到有害物质污染；同时，大量雨水渗入地下，也能补充地下水资源，再通过地下水系供应至更多的区域。在设计时，为了增强雨水的过滤效果，可以在绿化带内先铺设一层种植土，在种植土层上铺设一层砂石层，之后埋设渗透管，通过这种设计增加对雨水的过滤能力。另外，还要注意加入对雨水的导流设计，通过设置滞蓄缓排结构，提高雨水导流能力，进而保证更多的雨水能够渗入地下，提高回收效率。例如，在绿化带区域设计明沟，通过明沟来沉淀雨水，实现对雨水的初步过滤，之后再通过明沟将雨水导流至两端的出水沟渠。

（五）污水处理系统设计

污水处理在城市的可持续发展中占据重要的地位，城市污水处理主要涉及对工业污水、生活污水等的处理工作，通过对污水处理系统进行合理规划设计，有助于改善城市生活环境，优化城市整体面貌。雨污分流是现代城市最重要的排水体制，目前广泛应用于新建和改建市政工程中。"三旧"改造、河涌整治、内涝治理等工作中，海绵城市理念都起到了十分重要的作用。雨污分流能够降低水量对污水处理厂的冲击，也可以降低对污水处理厂设计水质的影响，提高污水处理厂的污水处理效益，避免对河道及地下水造成不必要的污染。

（六）附属设施设计

市政道路附属设施主要包括路缘石和路肩边，路缘石是道路排水系统中的重要组成部分，通常分为立缘石和平缘石两种类型，采用平缘石能够使其同地面的高度成一致，有效规避路面潜在的积水问题，使雨水能够顺利流进雨水口或绿化带中，立缘石比路面高，能够方便雨水向雨水口直接流入。如果路缘石本身无法达到高效汇集雨水的效果，应当科学对路缘石的位置进行选择，展开相应的打孔工作，可以适当选择使用间隔铺设的方法，切实保障雨水向绿化带中的顺利流入。工作人员还应当加强对于雨水净化问题的重视，比如可以采取种植草沟的方式，提升雨水净化率，使雨水能够第一时间进行输送和排放。

（七）城市绿地衔接设计

如果市政道路的附近区域中涉及城市绿地的部分，设计人员在进行市政道路给排水设计的过程中，应当妥善完成城市绿地衔接设计工作，实现对于路面径流的科学分流，真正展现其良好的分流作用。在海绵城市理念的应用下，一般会采用结合地域的实际情况，选择不同的绿地衔接形式。针对水资源比较匮乏的地区，由于有着较高的收集、存储和利用雨水的需求，应当加强对于排水管的应用，将路面中的雨水向湿地中进行引流，并采取相应的净化处理措施，进行存储，达到对水资源的补充效果。

（八）排涝功能设计

在洪涝灾害较多的城市区域，对市政给排水系统进行有效的洪涝设计，可以保护人们的生命财产安全。在排水系统设计时，需要充分考虑洪涝排水措施的有效应用，对排水系统进行优化改进，提高排水系统的合理性以及科学性。在具体设计工作中需要以城市的洪涝情况作为主要依据，分析城市内部的积水问题以及洪涝问题，利用有效的排洪方式对城市内涝进行有效处理，建立完善的城市雨水处理系统。对城市外洪进行处理时，需要重视洪水发生后的治理措施，在洪水发生前做好有效的预防措施，如修建水库、洪堤等。

三、生态城市理念在给排水设计中的应用策略

（一）因地制宜

在实际设计前需要对城市的具体地形条件和地质条件进行科学考察，根据考察结果制订科学可靠的改造方案与建设计划，确保城市人口与自然环境间的协调性，使给排水系统与城市发展过程中的需水量更适应。优化与完善相应的评价标准，尽可能提高水资源的综合利用率。

（二）整合数据资源

相关部门要结合设计要求对数据资料进行全面整合，确保市政给排水体系的功能和结构更满足城市的建设需求。在实际工作中，相关人员要收集各城市在生态城市理念支撑下的设计方案，建立资源共享平台，从而有效分享设计经验。另外，要结合给排水系统功能合理开展数据搜集、分析和存储档案工作。要对系统功能概况进行智能分析判断，根据当地的雨水情况，不断优化系统布局和功能，全面落实各项战略方案，建立优质的城市生态环境。

第三节　城市给排水规划设计中的污水处理

一、城市污水处理的重要性

（一）污水的表层危害

污水的来源是多种多样的，从生活用水到工业污水的排泄，都会对环境产生很大的危害。目前我国水资源十分匮乏，只能采取一定的方法对湖水进行净化，否则会对人的身体和心理造成极大的危害。

目前，居住小区的用水需求较高，节水意识不强，污水排放量较大，对地下水、地表水质造成一定的影响。人们日常所用的化妆品、洗发水等都含有很强的化学物质，会对房子等产生强烈的腐蚀作用，会对建筑材料产生很大的伤害，从而导致建筑结构的安全问题，因此要彻底消除这种污染，必须加强每个人对水的责任感，确保每个环节都能减少污水的排放，未雨绸缪，防患于未然。

（二）污水污染的深层次危害

在建筑工程中，为防止污水的排放，通常都会采取一些措施，比如钢筋混凝土等，钢筋很容易被水腐蚀，混凝土也会因为长期的腐蚀而出现裂缝，所以地基的稳定性是衡量建筑物质量的一个重要指标，如果地基不稳定，会导致地基的腐蚀。许多开发商为节省成本、提高盈利而采用优质防水材料，从而加大施工的安全风险。同时，污染的水源也是疾病、传染病的主要来源，在恶劣的环境下，很容易滋生细

菌，对人民的健康造成极大的危害，所以，城市给排水系统的污水治理是当务之急。

二、城市给排水系统规划设计的原则分析

在城市给排水规划和设计中，要保证水资源的合理利用，要有系统的勘探和勘察，才能进行科学的综合规划。当前我国城市发展中存在着严重的水资源分配不均现象，造成一定程度的水资源浪费，造成城市居民普遍存在的"缺水"现象。在城市给排水规划中，应根据城市的实际情况，结合人口密集地区、工业地区的具体位置，制订相应的给排水系统建设方案，确保水资源的有效利用，实现水资源的循环。

三、城市污水规划处理计划

（一）CCAS处理技术

CCAS工艺的技术要求相对较低，在污水的处理过程中，不需要花费大量的人力和财力来进行预处理。在污水的处理过程中，只要将各种化学成分添加到反应器中，再通过控制氧气供给，就可以让污水在有氧和无氧条件下进行多种化学反应，从而去除污水中的磷等。CCAS技术是一种非常容易实现的技术，我们只需要通过计算机终端来监控反应池中的反应，就可以很好地控制反应。

（二）污泥处理活性

污泥法是目前使用范围最广、得到众多专家认同的一种较为高效的处理工艺，其部分效仿河流的自净原则。所谓的活性污泥法，就是利用淤泥中的微生物，将有机物转化为无机物，而这种无机物大部分都是不溶解的，所以在经过处理之后，有机污染物会被沉淀，然后通过过滤，形成净化的清液。

（三）AB法

与上述两种方法相比，AB法的污水处理要复杂一些。其主要特点是污水处理时无氧化，其处理效果优于CASS、活性污泥。同时，利用微生物的分解、吸附、生物絮凝等方法，达到很好的净化效果。

四、城市给排水规划设计中污水处理系统存在的问题

（一）污水处理不彻底

凡事都有两面性，尽管我们的社会和经济发展加速了城市化进程，人民的生活水平得到极大的提升，但是城市中的工业污水和生活污水越来越多，如果不能对这些污水进行有效的处理，不仅会对城市的水质造成严重的影响，还会对市民的身体造成一定的危害，甚至会引起各种疾病。要从根本上解决这一问题，有关部门和技术人员必须改进污水处理体系，并对其进行优化。但在实际工作中，由于对污水的治理还没有得到充分的重视，其技术水平与世界先进水平相比还很落后，对污水的治理还没有得到很好的解决，对城市的长期发展也是不利的。

（二）雨水的排放不规范

有关的研究报告表明，如果不对雨水进行控制，将会影响到城市给排水系统的污水处理工作。在下

雨的时候，雨水和空气中的污染物混合在一起，造成更严重的污染，给污水的治理带来困难。由于我国很多城市对雨水的排放都太过随意，没有及时采取相应的防治措施，导致一些问题的产生，如果不及时采取相应的治理措施，将会严重地影响到城市的正常工作。例如，在城市给排水系统的规划和设计中，经常会出现管道直径很小的问题，这就造成排水系统的不稳定，如果雨水过多，城市就有可能出现积水，这样的话，污水不仅会对城市的环境造成一定的影响，对城市的经济发展也会造成一定的影响。

（三）给水、排水工程不符合规定

我国目前已出台城市给排水工程建设的有关法规，但在实际工作中仍存在着诸多问题，这些问题将会影响到工程质量。比如，在设计图纸时，如果设计者没有按照工程的实际情况对图纸进行优化，则很可能导致后期的工程质量问题。加之当前相关部门对监测工作重视不够，没有设置专业的质量管理人员，造成工程监管流于形式，在供水管网投入运行后，存在的一些问题暴露出来，严重影响城市的生态环境和居民生活的舒适度。

五、城市给排水工程中的污水处理计划

（一）污水处理厂的规划与设计

随着都市的商业运转，无时无刻不在产生着大量的城市污水，以往的城市污水管理方式大多实行分流，甚至在一些老城区也实行集中处理。在智慧现代化的城市建设项目中，由于污水处理系统需要统一规划，因此化粪池也可通过分流的方式来提高水质和管理效益。在雨天，为避免大量的径流速度水对城市的水源产生污染，可利用建设生态湿地来处理降雨，既可有效地缓解城市土壤地表径流的污染问题，又可有效地改善城市的大气环境。

（二）保证水资源均衡发展

在城市给排水工程的规划和设计中，必须保证区域内的水资源合理使用，使居民能享受到同样的用水体验，在区域水开发的基础上，对城市给排水系统进行设计，既能减少水资源的浪费，又能满足居民、工业、绿化、市政用水等不同领域的用水需求。在进行水资源的规划和使用时，要对各地区的用水进行科学的测算，要充分考虑各方面的用水状况，同时要考虑到一定时期内的用水高峰和用水的低价值，从而达到合理的规划和保证水资源的综合利用。

（三）排水管网规划与设计

城市污水管网是城市供水体系的主要部分，其设计能否科学合理，将直接关系到城市的排水效率和水质。在设计城市的下水道系统时，应该确保下水道和实际城市道路的规划路径相符，如此才可以确保下水道体系的功效最优化。在城市污水管网的规划和设计中，要考虑到管网的深度和具体的排污能力，确保其排水能力能够达到最大值，使其充分利用其优点。

六、城市给排水工程污水治理技术探讨

（一）改善污水处理工艺

传统活性污泥的处理工艺也是目前国内外很多城市污水处理厂使用的主要技术，其基本操作原则都

是通过曝气池和沉降罐来更高效地处置污泥。当污泥流入曝气池时，污泥的负载就可以在曝气池内不断地进行推流，而在经过污泥推进流程时，由于污泥内的有害细菌逐渐被污泥吸收，有机物转变为无机污染物，而传统活性污泥方法则在曝气池的帮助下继续下沉，而最后全部的传统活性污泥方法也都沉入沉淀池，再将经过曝气池处理的废水水质出去。在此处理过程中，传统活性污泥法的含量对污泥的处置效率也有着很重要的影响，因此为保持污泥含量在国家规定的范围内，通过专门的设备，将部分传统活性污泥法投放在曝气池中，以保障曝气池的正常运转。而随着中国污水处理技术的发展，传统活性污泥法的处置技术也有很大的提高，其处置效益也有显著的提升。

（二）加强污水治理的效率

提高污水处理的效率对污水处理的进行有着良好的监管与约束效果，为有效地提升其处理效果，还需要建立健全的监督体系，对有关单位的排污加以严厉的限制与监管。在对城市居民生活污水处理的监管上，目前主要采用下列方法：第一，相关单位应做好对污染危害性的宣传教育工作，让城市居民深刻意识到污水污染对自身生活质量的危害，培养市民节水、科学用水的意识，通过培养市民的思想认识，才能从根源上有效地遏制污染物的生成。第二，提高监督队伍的服务意识，培训并使用符合要求的监督人员，切实提升监督队伍的效率。第三，监督重点排污单位，督促其进行改造，提升产品的生产效率，淘汰落后的生产和运行设施，使污水的排放达到一个合理的水平。第四，要健全监管体系，防止"形式主义""官僚主义"在监管中滋生。通过建立健全的内部人员管理体系，明确各部门的职责，以改善污水监测工作的质量。

（三）利用先进的工艺和原料保证污水的治理

随着科技的进步，污水处理技术也在不断更新，因此，在进行城市给排水系统的设计时，必须充分考虑到先进的工艺和材料。比如在一些重要的输水管上，我们是不推荐便宜的，因为塑料管很容易被腐蚀，而且很容易断裂，所以我们可以选择钢材，或者是其他比较坚固的金属，这样不仅可以增加管道的强度，还可以延长使用寿命，节省维护费用。另外还应引入国外先进的工艺设备，对污水进行处理，并要求部分化工厂将污水经处理后排放，以确保河流和湖泊的清洁，因此在进行城市给排水设计时必须注重采用先进的技术与材料对污水处理起到强有力的保障工作。

（四）合理选择和布置下水道泵站

城市里面的许多污水都是通过污水泵站来进行消化，促进城市的健康发展，是城市的重要基础设施。在进行规划之前，要对城区进行系统的调研，例如：人口密度、城区面积等，科学地选择污水泵站，合理地布置污水泵站，以提高其利用效率，确保周边地区的环境效益，同时满足人们日益增长的用水需求。特别要重视对污水泵站的管理与控制，要有专门的人员来进行，确保其工作的顺利、有序，此外，还要考虑到后期的维护工作，在选定的位置上，要选择交通方便的地方。

（五）污水治理技术的优化

要想更有效地限制污染物的排放量，就需要从源头上抑制污染物的生成，一旦有污染物就要及时处置，以保证处理后的水资源没有污染，在城市给排水的总体规划设计中要采取合适的处理工艺，从根源上削减污染物，以减少对周边环境的污染，从而降低维修成本，采用能耗少、收费低、投入较小的处置技术，对污染物实施无害化处理。比如大雨等灾难，大量的雨水会和城市的污染源接触，形成大量的污水，这些污水会在道路上积滞，对建筑造成负面的影响，所以要对这些问题进行合理解决，以保证工作流程的优化。

（六）严格控制施工质量

城市给排水工程，由建筑工人根据工程设计图样实施，以实现污水的有效使用。在开工前，要全面掌握现场的实际状况，并做好技术培训，以提升施工效率，从而提升工作效率。此外，在选择建材时一定要找到专门的工程技术人员，并对现场的实际状况做出灵活的选择，以保证使用最高的性价比和质量最好的建筑材料，并事先做好严格检查，如果不符合条件也要进行更改，以保证城市供水与排水等工程的顺利实施。

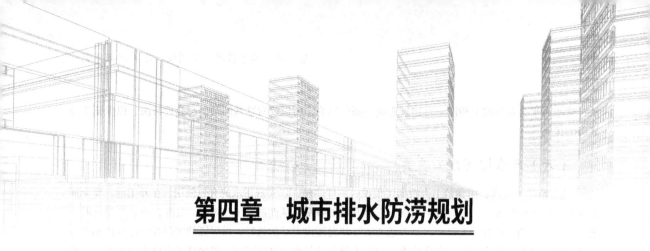

第四章　城市排水防涝规划

第一节　城市排水防涝规划设计中的常见问题

近年来，受全球气候因素的影响，我国中南部地区在进入雨季后，集中性强降雨天气增多，同时由于城市排水系统规划设计上存在问题，导致各地城市内涝现象层出不穷，严重影响了人们的正常生活与出行；内涝带来的泥水、污水等也影响了城市的环境。要想解决这些问题，就需要从城市的排水规划设计方面入手，在充分调查分析的基础上，提出解决方案，从而提升城市的排水防涝能力，营造出良好的城市环境。

一、做好城市排水防涝规划设计的必要性

城市的建设，有赖于各项完善的基础设施建设，才能够满足城市居民的日常生产、生活需求，保持城市内良好的生活环境。其中城市排水防涝系统就是基础设施的重要组成部分，对于城市污水以及雨水的及时排出、避免影响城市环境、污染水资源有着重要的作用。城市人口较为密集，每日所排放的生活污水很多，城市周边的诸多企业也需要排放大量的生产污水，如果不能集中处理，而是随意排放，或者因排水能力不足产生溢流污染，那么必然会影响城市的环境，导致水资源更加紧缺。同时在降水较多的时期，雨水若无法及时排出，在城市内积聚形成内涝，不仅影响居民出行，带来生活上的不便，也会损害城市形象，更会威胁城市居民生命财产安全。因此，必须做好城市的排水防涝规划设计，只有合理的设计才能保证城市污水以及雨水及时排出，从而维护城市内的良好环境，保障城市的正常运转，实现城市的可持续发展。

二、城市排水防涝规划设计的原则与要点

（一）城市排水规划设计原则

1.满足城市整体规划原则

城市排水系统是城市建设中的基础部分，与城市的生产、生活息息相关，因此必须在满足城市整体规划的前提下来开展排水系统的规划与设计，如此才能保证排水系统的合理性与可行性，才能保证城市整体规划的完整性。

2.保护环境与可持续发展的原则

城市排水系统的设计规划，其最终目的就是保护水资源以及城市环境，减少水污染以及环境污染，实现城市的持续性发展。因此，在进行城市排水防涝体系的设计规划时，必须时刻秉承可持续发展的理

念，对城市排水系统进行合理的规划，保证满足城市内污水以及雨水的排放需求。

（二）城市排水规划设计要点

在进行城市排水防涝规划设计时，可按照以下要点来指导设计。第一，保证排水的顺畅与安全。要适当提高设计的标准，并且加强施工过程中的管理，保证排水系统施工的质量，使整个污水以及雨水能够安全排放。第二，注意城市生态环境的保护。在进行排水系统规划设计时，应当尽可能地维护城市原有的山林、水系生态体系，实现生态环境的保护。第三，进行污水的有效处理，污水不得直接排放到流域或者土壤中，必须经过有效处理，因此必须合理设计污水处理厂以及中转站，避免直接排放造成的水体污染与土壤污染。第四，合理预测排水量。根据当前的气候、居民数量、工厂的生产规模等实际情况，来合理预计排水量，根据排水量设计相应的排水系统管渠尺寸、规模结构等，满足各项排水的需求。

三、问题分析

（一）设计理念落后

当前部分城市在进行排水防涝的治理时，都追求以"短、平、快"为设计理念，但是却忽视了其他方面的影响因素。一方面，在进行排水规划设计时，只重视问题段排水管网的建设，没有考虑到海绵城市建设所带来的雨量削减，以及局部管网设计标准提高带来的下游排水量增加，导致下游排水系统压力增大。另一方面，在进行排水时，只考虑到了排水量，而忽视水质的控制。由于缺乏对雨水的治理，导致许多地表污染物跟随降雨过程经冲刷进入雨水管渠系统，造成管网的淤堵、损坏以及水体的污染。

（二）设计方法滞后

我国在进行城市的防水排涝设计时，大多数使用推理公式法来进行相关数据的计算，但是这种方法较为滞后，只能计算出小面积内的汇水、均匀产流等情况，适用于小规模城市的排水设计，因此对于当前大规模的城市排水系统计算并不适用，计算出的结果也并不准确可靠。另外，这种设计方法只能计算出单一流量，而无法反映出管渠系统中流量变化，无法保证排水设计方案的合理性。

（三）设计标准较低

城市的排水防涝设防标准必须进行合理的确定，但是结合我国目前城市排水防涝设计的实际情况来看，大多数城市存在着设计标准明显偏低的问题。这就造成了一旦降水量超出设防标准，地面的雨水就无法及时排出，进而引发城市内涝问题。造成设计标准偏低的原因主要有以下两方面：第一，在城市排水管网建设的初期，我国参考的是苏联的暴雨设防标准，而该地区降水情况与我国相比，降水量很少，因此其标准对于我国来说相对较低，与我国的实际情况并不相符。第二，近年来，受多方因素的影响，我国集中性的暴雨天气增多，降雨量的增多造成原有城市的排水标准变低，无法满足当下的排水需求。

（四）排水管道材质的选择问题

排水管道的材质与质量对于排水的效果有着关键性的影响，如果管道的质量不合格，不仅会影响排水的效率、还会造成污水的渗漏、扩散，造成环境污染，因此必须重视管道的选型与质量问题。早期有些城市在进行排水防涝系统的设计规划时，为了节约成本，通常会选择价格较低的平口钢筋混凝土排水管道，但是该种材质的管道容易被腐蚀，导致在使用过程中容易出现渗漏，甚至管道断裂、坍塌的风险，通常使用寿命较短，需要经常更换。另外也有使用 UPVC 材质的管道，虽然抗腐蚀性能较强，但是该种材质的管道市场上品种多样，管材质量无法保障，导致实际的使用年限并不能达到设计使用年限。

（五）雨污分流问题

虽然我国新建的地区实行了雨污分流，但是一些老城区或城中村仍然沿用雨污合流的模式，污水直接排放到水体当中。这种模式的弊端明显可见，如在旱季与雨季管道内的水质、排水量的变化较大，易对污水厂的污水处理形成冲击，影响出水水质稳定；截流式排水系统中易发生合流污水溢流，造成水体污染；如果降雨量大，会造成雨污混合的污水倒灌入居民屋内，给居民带来生活上的不便以及经济上的损失。在这些城市地区如果进行雨污分流的改造，会受很多条件的限制，例如城市的地下管线已成形，并且许多管道交错复杂；地面住宅分布密集，巷道狭窄；这些因素都导致了进行雨污分流改造的难度非常大。

四、解决对策分析

（一）合理进行规划设计

要想保证城市排水防涝系统规划设计的合理性，必须充分考虑多方面的因素，例如城市的气候、降水量、地势、周边的水域、生活污水以及工业废水的排放量等，同时要结合城市整体的发展速度以及城市规划，来进行排水防涝系统的设计，保证城市内的排水系统具有足够的排水能力以及净化能力，保障排水系统达到较长的使用寿命。另外，在设计城市的防涝系统时，不能仅仅依据提高雨水管渠设计标准来达到雨水排放的目标，还必须考虑到雨水水质的处理和污染控制、内涝防治以及雨水的有效利用等内容。综合上述所有的因素，建设一个集"渗、滞、蓄、净、用、排"功能于一体，符合 LID 设计理念的环境友好型城市。为了实现上述一体化的城市排水防涝系统规划设计，应当将其划分为不同的子系统，实现不同的排水防涝作用。除了常规的健全以排水为主要目的的排水管网以及提升泵站效率外，还应当配套建设地势绿地、植草沟等设施来加速雨水的下渗；修建明渠、湖泊、排水深隧等来实现城市内涝的调节与排放；设置湿地、雨水塘等来实现对地表径流的治理。

（二）创新设计方法

针对城市排水防涝规划设计的方法，除了传统的推理公式法，还应当加强方法上的创新。随着信息技术的发展，其在城市排水防涝规划设计中能够实现较好的应用效果，例如可以利用计算机模拟技术来构建城市的排水模型，该模型能够对某次降雨产生的水量径流进行动态的模拟，根据模拟的结果，能够确定排水管渠尺寸、数量等重要设计参数；还能够模拟城市内的水文循环，判断城市易积水区域范围，并对城市的内涝进行实时监控与分析。可以看出，计算机模拟技术能够实现对传统设计方法的有效补充，

为城市排水防涝系统的设计提供准确可靠的参考信息。当前在国外发达国家应用较多的排水模型主要有SWMM、InfoWorks 等，以及国内使用较多的基于SWMM 开发的鸿业暴雨排水及低影响开发模拟系统，都起到了非常好的作用，后续城市排水防涝设计中也应当进行合理借鉴和应用。

（三）提升设计标准

1.提升排水能力设计标准

为了提升城市内涝防治标准，必须提高相应的雨水管渠设计标准。在标准制定时，可以适当地参考同地区发达国家的标准。为了减少城市内涝的隐患，我国相关标准已经将新建地区的雨水管渠暴雨强度重现期提高到 2～5 年，重点地区最高可达 10 年。在进行新建的城市排水防涝系统设计时，要以此为基准，并结合当地的实际情况适当提升标准，增加城市排水系统的排水能力以及抗涝能力。对于已建成的低标准排水防涝体系，也应当按照新的标准进行逐步改造，结合其他海绵措施建设提升城市面对暴雨时的排水能力以及内涝防治的能力。

2.提升排涝水质的标准

排涝水质也是城市排水防涝系统设计时应当重点考虑的一个问题，在设计时应当按照较高的标准来进行设计，从而实现地表径流污染的有效控制，改善水体污染等问题。对此我国相关标准中只提出了年径流总量系数的控制标准，并没有明确具体的指标，也没有提出相应的径流污染物控制的标准，这就需要设计人员根据城市具体情况，参考国外相关标准、经验，来合理确定相关标准，实现对水质的有效控制。

（四）控制并优化排水管道材质与质量

针对当前城市排水管道应用的混凝土管道以及UPVC 管道在质量上的缺陷，应当大力开发并应用新型材料，来弥补传统排水管道的不足。当前一些新型的材料如 HDPE 排水管、玻璃钢排水管等，整体来说性价比较高，并且防腐性能较强，能够适用于多种土壤环境下。因此在进行城市排水系统的设计时，必须结合实际情况，对所使用的管道材质进行综合对比、合理选择，保证管道系统在设计年限内的正常使用。

（五）开展雨污分流改造

虽然雨污分流改造存在较大的难度，但就目前我国的实际情况来看，雨污分流的改造是必然趋势，只有这样才能缓解当前城市排水系统的压力，也能够避免污水造成的水污染与环境污染。基于整体性改造上存在的难度，可以分步进行雨污分流的改造，具体措施如下：第一，对城市原有的雨污合流排水系统进行综合分析，确定近、远期改造实施计划，按从主到次的原则新建独立雨污水管道，分区逐步完成雨污分流改造。第二，暂不具备改造的地区采用末端污水截流，选择合适截留倍数，使旱季污水进入污水系统。第三，雨污水管道建设完成后，对片区进行管网排查及错混接改造，废除截流设施，彻底实现雨污分流的改造目标。第四，加大对污水排放的整治力度，企业的生产废水必须经过处理，达到相关排放标准后才能进行排放，杜绝未处理的污水直接排放至排污管道体系当中。

第二节　中小山地城市排水防涝规划

近年来，全球气候变化导致大气环流季节性异常，极端天气频发，降雨量增加，特大暴雨甚至百年一遇的特大暴雨时有发生，造成城市排水系统瘫痪。我国平均每年有超过180座城市受淹或发生内涝。

中小山地城市单点暴雨强度大，地形复杂，地表径流汇集快，并且城市建设发展空间有限，在城市建设过程中存在河道行洪空间被侵占、排水设施设计标准偏低等问题，导致内涝问题突出，对城市交通、居民生活、人民财产安全和经济发展影响极大。本书以富民县为例，探讨中小山地城市排水防涝规划体系构建。

一、富民县排水防涝问题分析

富民县隶属于云南省昆明市，位于昆明市西北部，地势南高北低，山峦起伏，属典型的低纬度亚热带高原季风气候，年平均气温为15.8℃，年平均降雨量为717.72mm。2020年，富民县常住人口为14.95万人，实现地区生产总值（GDP）105.73亿元。规划至2030年，富民县中心城区总面积59.08km²，建设用地面积为13.00km²，人口13万人。通过对富民县中心城区进行详细现场调查及资料分析，总结出其排水防涝主要存在以下问题：

（一）地形复杂，地表径流汇集快

富民县中心城区为典型高原坝子，地势四周高、中间低，螳螂川自西南向北贯穿其间。城市建成区所在区域地势较平坦，坡度小于15%，其他区域坡度较大，一半以上坡度大于25%。山体陡峭，地形复杂，降雨径流从四周迅速汇集，涌入城区，导致城区防洪压力大，极易造成内涝。

（二）降雨分布不均，单点暴雨强度大

富民县年平均降雨量为717.72mm，日最大降雨量为122.40mm。5至10月为雨季，雨季降雨量占全年降雨量的86.20%；11月至次年4月为旱季，旱季降雨量占全年降雨量的13.80%；其中降雨量峰值出现在7月，为139.35mm，占全年降雨量的19.42%，此时段与夏季风平均最强时段相对应。多年平均最大24h降雨量在52.15～65.42mm，其中1h、6h、12h降雨量分别占24h降雨量的28%～35%、55%～72%、80%～88%。降雨过程雨峰靠前，雨型急促，降雨历时短，单点暴雨强度大。近年7至9月，富民县均遭遇了强降雨，导致严重内涝。

（三）传统城市建设使水循环系统遭到破坏

传统城市建设方式使城市硬化地面不断增加，河湖等自然水体面积大量减少，加之地下空间的大量开发建设，阻断了原来的自然水循环过程，导致降雨汇流速度加快，径流量增大，加大了排水系统的压力。富民县大营街道随着城市建设区向东北方向迅速扩展，不透水区域大量增加，降雨径流量增大，原有沟渠排水能力严重不足，导致城市被淹。

（四）城市河道防洪标准偏低，河道淤积，过流能力不足

富民县中心城区主要干流为螳螂川，主要支流有大营小河和清水河，部分防洪河道局部河段尚未整治，防洪标准偏低；局部河段虽经整治，但整治时未前瞻性地考虑快速城镇化所导致的洪水量急剧增加，无法满足防洪要求。同时由于管理维护不足，部分河道淤积严重，影响行洪。瓦窑村至永定桥段、东邑村至麦龙闸段，沿河道两岸地势平坦，沿岸基本上都属于自然堤岸，现状有河段防洪标准不足5年一遇。大营小河河床泥沙淤积，河道阻塞，行洪能力严重不足。

（五）用地紧张，河道行洪空间被侵占

富民县中心城区除了干流和主要支流，还有大小沟渠20余条，沿地形地势从四周向中间汇流，是主要的洪涝水行泄通道。受自然地形地势条件影响，城市建设发展空间有限，在城市建设过程中水系规划建设未受到足够重视，存在河道行洪空间被侵占甚至部分排水沟渠被填埋的现象，减小了原有通道的排水能力，阻断了排水路径，造成河道雍水、地块漫水。

（六）排水设施设计标准偏低，改造困难

富民县现状雨水管道总长约26km，合流管渠总长约7.45km，管径1500～1650mm，基本分布于环城南路、环城西路、文昌路、二环西路、富民大道等城市主干道下。富民县现状排水系统不完善，排水管网覆盖率较低，且老城区排水管渠在设计时采用的暴雨重现期多为半年至一年一遇，过流能力小，不同时序开发的片区之间排水管渠衔接性较差。同时因老城区交通量大、道路断面窄，导致开挖路面影响大，且地下建设空间不足，改造困难。

二、规划设计思路和方案

结合富民县现状地形地貌、河流水体及建设情况，规划系统方案采用"两水、一环、多通道"的空间布局，通过"径流控制—管网梳理—内河整治"系统化措施，切实解决城市排水防涝问题。两水：螳螂川、大营小河，主要功能为中心城区排水行泄通道。一环：西渠大沟、南渠大沟和大营沟原为从螳螂川和大营小河取水的灌溉沟渠，随着富民县不断发展，三条沟渠周边将逐步成为居住、商业等城市建设用地，水系功能将由单一的灌溉沟渠转变为兼具防洪涝功能的沟渠。由西渠大沟、南渠大沟、大营沟组成富民县中心城区环状洪水截留通道，主要截留外围建设用地和山地洪水。多通道：城西小河、城南大沟、奎南大沟等射线状排水通道，主要为富民县中心城区外农田、山地区域及城区内洪涝水的排泄通道。

（一）径流控制

基于雨水收集、输送和排放的空间流向，构建全过程的径流控制体系。优先通过低影响开发设施进行雨水的源头、分散控制，从源头上削减城市雨水径流量和径流污染；在雨水输送过程中，结合城市公园、湿地、水体等开放空间，综合考虑竖向、景观等要求规划布局雨水调蓄设施，用以削减向下游排放的雨水洪峰流量，延长排放时间；在雨水管渠末端、排放水体之前通过雨水湿地等设施对雨水进行净化处理。

结合富民县实际情况，以开发后地块外排径流总量不增加为目标，确定富民县年径流总量控制率为80%，对应的设计降雨量为18.5mm。因富民县现状建筑屋顶大多被太阳能设施占用，绿色屋顶在富民县的适用性不强，无法广泛使用。建议结合项目实际情况因地制宜地采用下凹式绿地、透水铺装、雨水花园、雨水罐、雨水湿地、植草沟等低影响开发设施。

在城市内涝易发地区和内涝风险评估的高风险地区，结合近期绿地系统建设，优先利用天然洼地或池塘、公园水池等作为雨水调节池。结合富民县实际情况，考虑将园博园二期水体、行知中学湖体、水利水电学院湖体作为主要调蓄设施，滞流与调蓄超标雨水。城西部分雨水通过管渠汇集，在排入螳螂川前进入富民湿地公园进行滞蓄调节和净化处理，进一步控制径流量和径流污染。

（二）管网梳理

结合富民县实际情况和长远发展，富民县近期新建、改造区域应采用分流制排水体制，远期实现雨污完全分流。雨水管渠规划设计标准采用新建管渠重现期不低于3年，中心城区地下通道和下凹式广场等雨水管渠重现期不低于10年，径流系数按照不考虑雨水控制设施情况下的规定取值，以保障系统运行安全。雨水系统根据城市规划布局，结合竖向规划和城市雨水受纳水体位置，按照就近分散、自流排放的原则进行流域划分和系统布局。根据富民县河道、地势、排水现状将规划范围分为13个排水分区。新建城区按照GB50014-2021《室外排水设计标准》要求进行规划设计，已建城区根据现状排水管网能力评估结果，对不能满足设计标准的管网，结合城市旧城改造和道路建设时序逐步进行改造。重点针对淹水严重的区域，提高排水设施标准，完善雨水排水系统，保证排水畅通。富民县中心城区规划新建雨水管渠91km，改造雨水管渠2.2km，共93.2km。

（三）内河整治

富民县中心城区水系众多，大部分作为富民县雨水排放通道，是城市排涝工程的重要组成部分，在城市基础设施建设中具有重要作用。针对现状水系功能变化、线型走向不畅、过流能力不足等问题，重点从水系梳理、断面控制等方面提出整治措施。

1.水系梳理

随着富民县中心城区不断向外发展，部分农灌沟渠灌溉功能已经弱化，其功能应转变为城市防洪排涝功能。现状防洪排涝沟渠在尽量保留原始线型和流向的基础上，结合区域用地功能布局，对局部迂回曲折的线型进行调整、优化。另外，结合富民县人文景观要求，增加以水体景观功能为主的河道，兼具雨水排放通道作用。根据以上原则，南渠大沟班张村段和旧县村段、西渠大沟、南渠大沟、大营沟、中坝大沟城区段的功能由灌溉调整为防洪排涝。班张沟、西山沟、小西沟、元山大沟下段随着城市建设发展已无灌溉功能，待片区道路排水系统完善后可弃置。优化奎南大沟线型，保证雨洪排泄顺畅。恢复螳螂川老河道，其作为富民县水体景观重要节点兼具雨水排水功能。加强滨水公共开放空间的建设，增强城市活力，改善人居环境，体现城市历史文化特色。

2.断面控制

根据各水系汇水范围，通过水文分析确定河道洪峰流量和断面尺寸。螳螂川、大营小河防洪标准为20年一遇，其余河道防洪标准为10年一遇。尽量采用生态系统模式进行建设，有条件的地方采用复式断面。通过整体水系布局和断面控制，为详细规划阶段的水系规划提供依据，保证在城市建设过程中水系网络完整、行洪畅通。

从2000年至今，富民县城区累计淹水点主要有3处，淹水深度为0.2~2.0m，淹水深度在1m以上的主要集中在大营小河城器墩至行知中学沿线区域，其余淹水点淹水深度在0.2~0.6m。通过现场踏勘、现状管网梳理和模型模拟分析发现，富民县淹水点的淹水原因主要为河道过流断面不足、地势低洼以及排水设施建设标准偏低。根据以上淹水原因，针对每个淹水点提出以下整治措施：对大营小河进行整治，保证下泄通道畅通；随着城器墩棚户区改造，提高片区道路、场地竖向；提升改造旧县路排水管网；完善行知中学及水岸花园小区周边道路市政排水设施等。

第三节　西南地区山地城市排水防涝综合规划中存在的问题

　　近年来，随着城市的发展，气候的变化，单点暴雨的增多，国内各大城市频繁出现了内涝灾害。西南地区由于山地城市较多，地形地貌复杂，坡度大，短时强降雨较多，汇水面积大等特点极易形成内涝。本书以云南省文山州文山市为例，对西南地区山地城市如何进行排水防涝进行了研究和探讨，引导山地城市排水防涝规划的编制。文山市位于云南省的东南部，文山州的西南部。现常住人口为27万人，建设用地规模为28.8km²。

　　文山市规划范围内现状标准高为1242～1828m，最大高差约为586m。年降水量为1121.9mm，全年降水天数为120天，最长降水天数为7天；最长连续降水量为200.8mm，日最大降雨量为91.7mm。根据文山市城市总体规划，文山的城市职能为文山州、市政治、经济、文化中心，滇东南区域重要的中心城市，国内三七的主要加工与集散地。城市性质为世界"三七之都"；云南连接广东、广西、越南的重要节点，滇东南城镇群的核心城市；文山州政治、经济、文化中心；以"山水林"为景观特色的生态宜居城市。到2030年，中心城区规划人口为70万人，建设用地规模为76km²。

一、城市排水防涝现状分析及存在的问题

（一）现状分析

1. 城市水系现状

　　在本次排水防涝的规划中，梳理出与规划范围密切相关的21条水系，总长度为155.5km。在这21条水系中，仅有盘龙河、暮底河及布都河在城市总体规划中预留通道，其余河道在相关规划中均未预留通道。盘龙河作为规划范围内的主要泄洪通道，不仅承担着规划范围内雨水径流及山洪的排泄，还承担着上游3128km²汇水范围内的洪水的转输。规划范围内的小以古大沟、新平大沟、马场大沟等17条河道不仅承担着外围山洪的排放，还承担着建设区雨水的排放。

2.排水管渠现状

　　据文山市地下管线探测资料可知，文山市中心城区排水管渠总长约320.55km。其中雨水管道147.29km，雨水渠3.34km，污水管渠约144.04km，沿河截污管渠约23.68km，合流管渠约2.2km。雨水管网覆盖率为60%，管网密度为5.37km／km²；污水管网覆盖率为64.5%，管网密度为2.33km／km²。范围内排水能力小于1年一遇的管道占全部排水管道的68.37%，小于2年一遇的占72.04%，小于3年一遇的占73.97%，小于5年一遇的占76.52%，仅23.48%管网排水能力大于5年一遇。

3.淹水点现状

　　根据历史淹水点调查及现场走访，文山市近10年累计淹水点多达16处，淹水深度范围0.2～1.5m。淹水原因主要可以从"源""网""汇"三个方面进行分析：

　　（1）"源"：源头雨量。

　　①随着城市硬化面积增加，汇水面积增大，雨量增加，原有设施无法满足排水需求。②由于山地城

市地形起伏较大，局部道路在建设时缺乏系统考虑，导致部分区域地势低洼，加之周边道路坡度较大，雨水汇集至低凹点，无法快速排出。③单点暴雨强度大。

（2）"网"：雨水管网收集系统。

①城市建设的快速发展破坏了原有排水系统，管网系统断头、堵塞，造成淹水。②部分排水管网建设年代久远，设计标准较低，管道过流能力不足。③部分雨水收集设施如雨水篦子设置不合理，过流能力小，造成淹水。

（3）"汇"：管网末端河渠下泄系统。

①地块开发建设过程中，水系被侵占、填埋，造成排水不畅，上游形成淹水；如小以古大沟自上游至下游断面逐渐减小，接入盘龙河前段，在城市开发建设中，将大沟由一根1800mm雨水管替代，从小区中穿过，导致雨量大时，小以古村淹水，最大淹水深度达到1.5m。②渠道排出口标高较低，河道涌水严重，造成上游淹水。

（二）存在的问题

（1）城市化进程对城市水资源、水环境、水安全产生不利影响。随着城市化进程的推进和高强度的开发，城市不透水地面不断增加，导致降雨后径流量增大，汇流加快，不仅加大了排水系统的压力，而且浪费了宝贵的雨水资源；同时，降雨和地表径流的冲刷，将城市不透水地面积累的大量污染物通过排水管渠或直接进入地表水环境，造成了水体的面源污染。

（2）现状。雨水排水系统性差、设计不合理、设计标准偏低；施工时，上下游管底标高衔接性差。雨水排水系统在设计时，无排水专项规划进行指导设计，导致雨水排水系统系统性差。采用的暴雨重现期偏低（设计暴雨重现期普遍采用半年至一年一遇），加以管道施工时，上下游管底标高衔接性差，致使管道过水能力偏小。另外，存在雨水管渠设计不合理情况，例如交叉口及道路沿线雨水口设计偏少，部分雨水口离路沿石较远，导致路面雨水无法及时顺利排入雨水管道，导致部分交叉口和路段积水严重。

（3）城市开发建设过程中，天然河道、水系被侵占、填埋，导致河道、水系排水能力低下。在城市开发建设过程中，大量的天然河道及水系被侵占、填埋，导致河道水系的排涝能力减弱，增大了城市雨水管网的排水负担。近年来，随着城市的快速发展，下垫面硬化的大幅增加，以致雨水下渗量的减少，雨水汇流时间缩短，从而导致河道来水量的大幅增加，防洪河道的原有行洪泄洪能力在保持不变的情况下已不能满足目前的城市防洪要求。

（4）开发建设竖向控制不力，排涝设施建设管理不到位。城市建设过程中缺乏防洪排涝意识，在圩区与低洼区土地开发时，为了节省投资，致使新建小区地坪标高达不到规划控制要求，极易形成内涝；对排涝设施的建设重视不够，不能够按规范、标准建设和管理，使得建成的排涝设施达不到设计标准，造成雨水排涝困难；小区绿地被硬化作为停车场等现象时有发生，或者城市改造造成管道服务的汇水面积增加、径流系数增大，原有排水系统不能满足需求，造成新的淹水点；排水设施在施工中存在未严格控制排水管道标高和坡向的情况，在后期维护管理中存在雨水口堵塞、部分沟渠被垃圾阻塞等情况。

（5）管理体系不完善，存在管理分散、权属不清等问题。长期以来，城市防洪、排涝管理体系不健全、不完善，城市排水管网日常的管理、维护工作滞后，存在管理分散、权属不清等问题。

二、规划对策探讨

（一）规划理念

本规划基于排水模型的先进规划方法，通过"上截—中疏利用—下泄"一体化整治，人工与自然多方式调控的手段，实现雨水利用与城市发展过程相结合，雨水管渠规划、建设和管理的统一协调。规划过程中，为达到减少径流量、增大输送能力、保证排水通畅的目的，通过分析城市地表下垫面构成、雨水管网及泵站等排水设施能力、受纳水体等，综合考虑内涝防治、雨水资源化利用、水环境保护，全面协调城市和流域的关系、城市各片区的关系，统筹实施"源头"到"末端"的全过程控制，以总体优化各类排水设施的能力规模及空间位置，进行文山城市排水防涝综合规划。

（二）系统方案

根据降雨、气象、土壤、水资源等因素，结合文山市区域地形、地势、水体和规划用地布局，综合采用蓄、滞、渗、净、用、排多种措施组合，包括工程性措施和非工程性措施，通过山洪截流、源头控制、排水管网完善、城镇涝水行泄通道建设和优化运行管理等综合措施防治城市内涝。

1.上截

山洪的特点是洪水暴涨暴落、历时短暂、水流速度快、冲刷力强、破坏力大，为了避免城市外围山洪进入城市建设区，对城市雨水排水系统带来较大压力，影响城市防洪排涝安全，在城市外围设置截洪沟，在下雨时截留从山坡流下的雨水，将夹杂泥沙的水导引至天然沟道，保护下部城市用地、田地或设施免遭冲刷。规划针对外围山体雨洪汇水范围，根据地形图，平行等高线或近平行等高线上规划截洪沟，控制城市外围山体雨洪径流，将其就近引至水体，防止山洪进入城市，保障城市防洪排涝安全。

2.中疏利用

（1）源头控制利用。分散式的源头控制措施是径流控制的根本，结合规范要求，对新建区域和有条件的既有地区，要求采取分散式的源头控制措施，从源头上削减城市雨水径流量。针对新建区域，对不同类型的新开发地块以及道路、广场、绿地等提出具体的径流控制指标和策略，要求其控制性详细规划、修建性详细规划批复中的绿地为下凹式绿地、绿色屋顶、透水铺装、狭义下凹式绿地、植草沟等径流控制措施、硬化路面中透水铺装不应低于一定比例，以确保土地的开发。虽然会一定程度上改变下垫面特征，但是地块外排径流总量和峰值流量能得以控制，从而保证下游已建管网收集的径流总量不会随城市化进程逐年急剧增加。针对有条件的城市建成区，分散式的源头控制在一定程度上同样适用，但应结合城区改造同步进行，对于近期管道改造困难、内涝风险较高的区域，优先实施径流控制措施，以避免出现"大管接小管"问题，满足区域内涝控制目标。

（2）排水管网完善。根据《室外排水设计规范》（GB50014—2006）要求的雨水管渠最新设计标准，对排水设施系统进行完善，提高排水能力。针对新建区域，严格采取雨污分流，按照《规范》要求的最新雨水管渠设计标准进行雨水管渠及附属设施规划和建设，以保证排水设施能力；针对城市建成区，城市土地的开发利用现状在短期内不会发生大的改变，利用模型进行现状评估，在此基础上对经评估不能满足排水能力需求且存在内涝淹水问题的局部干管结合区位条件、地形地势、用地情况等提出具有可操作性的改造方案，可结合老旧小区改造、道路大修等项目同步实施，而对于内涝严重区域优先进行改造。

（3）下泄。在满足相应防洪标准的基础上，本规划重点针对内河，对于顶托严重或者排水出路不畅的地区，提出内河整治和排水出路拓展措施，保证排水通畅。而当降雨超过城市内涝防治标准时，设计采用内河、沟渠、经设计预留的道路、道路两侧局部区域等为雨水行泄通道；当地表排水无法实施时，如因城市建设导致原有承担排涝作用的支流沟渠过水能力大幅度减小的地区，可考虑建设雨水调蓄池和大型管渠。

（4）采用水力模型，进行城市现状排水防涝系统能力评估，在此基础上，基于上述原则进行规划方案设计，并利用模型，对城市排水防涝方案进行系统比选和优化，以最终满足规划目标。

（5）除提出工程性措施外，非工程性措施包括建立内涝防治设施的运行监控体系、预警应急机制以及相应法律法规等。

（三）城市雨水径流控制与资源化利用

规划结合文山实际情况，依据降雨资料统计，对应的设计降雨量为21.0mm。通过对地块建设情况以及开发建设强度的分析，将规划区域主要分为已建成区、旧城改造区和新城建设区三大类，各类区域的径流控制标准如下：①以已建成区为主的分区，其低影响开发措施以滞、蓄为主，年径流总量控制率为60%~70%。②以旧城改造为主的分区，其低影响开发措施以渗、滞、蓄为主，年径流总量控制率为70%~80%。③以新城建设为主的分区，严格按照海绵城市建设标准进行建设，年径流总量控制率不低于80%。根据《国务院办公厅关于推进海绵城市建设的指导意见》要求因地制宜采用雨水调蓄与收集利用，规划近期文山市中心城区雨水资源化利用率为3%，规划远期雨水资源化利用率为5%。根据文山市水资源紧缺程度、降雨特征，结合雨水资源化利用技术特点，确定文山市雨水资源化利用以下渗回补地下水为主，绿化浇洒和补充景观水体为辅。入渗回补地下水主要通过道路绿化和道路两侧设置下凹式绿地、渗透铺装、植草沟、渗透渠、渗透沟、渗排一体化系统等实现。绿化浇洒优先收集屋顶的雨水径流作为小区绿化浇洒用，若小区内设置有景观水体，可提高屋顶雨水径流收集量，同时作为小区绿化浇洒与景观水体补水之用。

（四）城市排水（雨水）管网系统规划排水体制

近期，新建、改造区域必须采用分流制排水体制，随着城市的发展及老城区的改造逐步将截流式合流制排水系统改造为完全分流制系统；远期，文山市规划范围内完全实现雨污分流。设计重现期：规划范围内新建管渠重现期不低于3年，中心城区地下通道和下凹式广场等雨水管渠重现期不低于10年。排水分区：遵循受纳水体（城市河道或排涝水渠）为纲，主干道路为领，结合地形地势，对规划范围进行雨水分区，共分为15个排水分区。雨水管网系统规划方案：针对各排水分区，根据现排水管网能力评估结果，规划道路竖向，结合淹水点分布情况和现各河道雨水系统的主管雨水管网布局，对不能满足设计标准的管网，结合城市旧城改造的时序和安排，提出改造方案。新建城区可以按照新的标准进行规划设计，已建城区在保证远期目标的前提下，协调城市排水的系统性和城市建设的时序性，近远期相结合，分期实施，逐步提高城市排水管网标准。重点针对城市影响面广的易涝区段，优先提高标准，进行排水设施的改造与建设。结合淹水点分布和现各河道雨水系统的主管雨水管网布局，按照3年一遇重新核定雨水主干管管径，满足3年一遇的主干不列入近期改造计划，待以后随道路改造时一起进行改造，不满足的按照3年一遇的流量需要对各河道雨水系统内的雨水主干管网进行扩容改造。

（五）城市防涝系统规划

文山中心城区洪水防治标准为50年一遇，山洪防治标准为20年一遇。通过计算断面与现断面进行对比，将不满足过流能力的断面进行整治。各条沟渠过流量包含外围汇水区内的山洪流量及规划建设区内的雨水流量，在断面整治中，外围沟渠尽量保持现状，城内段则进行相应的整治。根据地形地势、灾害程度、水系布局与涝水总量平衡地表径流系统"泄"与"蓄"的相对关系。规划雨水调蓄设施11处，包括人工湖、天然湖及水库。

（六）管理体制规划

通过明晰设施边界、厘清产权归属；完善技术、审批体系；明确建设、管养维护责任主体；统一标准，强化监管；以稳定的公共服务合同关系实现专业化服务和市场化运营维护管理机制，全面提高城市排水综合管理、保障服务能力，构建"一城一头一网"城市排水管理模式，即在文山市建立一个以市为主、以区为辅的管理体制，整个城市的排水管网包括新建、管养、维护交由排水公司负责，从而避免多头管理、责任不明、处置不力的现象。

西南地区山地城市的排水防涝是个系统工程，由于地形地势、单点暴雨雨量大等原因，导致在城市建设区范围内极易出现内涝灾害，在规划设计过程中需因地制宜，科学、合理地制订系统方案，在保证防洪安全的前提下，结合海绵城市的建设，有针对性地采用不同的规划策略来解决山地城市内涝问题。

第五章　海绵城市给排水规划研究

第一节　海绵城市理念下市政工程给排水规划

目前，在满足现代化城市可持续发展需要的同时，要高度重视节能环保理念的渗透，保持现代化城市的生态平衡。为了实现这一目标，将海绵城市的理念渗透到市政给水及排水规划中是十分重要的。在目前的现代化城市里，海绵城市的发展是十分有利于城市资源的整合，节约能源，降低消耗，使得生态环境的污染和破坏减少。为此，在海绵城市理念下，如何加强市政给排水规划要点的研究，具有特别重要的必要性。由于市政道路给排水系统承担着排放污水和雨水的任务，提高给排水规划的整体水平至关重要。海绵城市理念指导下的给排水系统规划，可以有效发挥其作用和影响，进而解决短期供水和道路积水问题。

一、海绵城市理念概述

虽然我国部分地区市政给排水管网已基本成形，但由于缺乏科学合理的规划建设，遇到雨季和强降雨时，道路会出现积水，造成城市内涝。因此，需要以海绵城市的理念进行优化，加强现代技术的应用，在实际建设过程中充分注意地下管线的保护，与市政工程的电缆、管线等同步进行规划建设，改进传统单一的市政给排水处理系统，避免问题的发生。海绵城市是一个创新的概念，但由于发展迅速，可以结合不同城市的需求进行应用，在当前的市政给排水建设中可以起到很好的作用。海绵是一个科学概念，将海绵城市概念应用于市政给水、排水建设，可以提高整个城市的防洪抗旱能力以及确保城市生态的和谐发展，也可以达到涵养水资源和修复生态环境的目的。此前，我国基本是以可持续发展为基本的核心，以改善现代化城市地区生态环境和有效利用资源为开发和建设的主要内容。基于海绵城市理念的城市规划建设，可以有效降低雨水径流对城市地表的侵蚀作用，将天然雨水降雨径流控制在40%以内，实现雨水的收集利用，从而保护城市自然生态环境，为后续发展奠定坚实基础。

二、海绵城市理念下市政道路给水、排水规划的重要性

海绵城市的概念是把目前的现代化城市想象成巨大的海绵，根据现代城市的需求，自动实现蓄水、排水、水资源的综合储备和合理化的利用，满足现代城市居民生产和生活的需求。海绵城市的概念在城市给水和排水工程规划中打破了传统的给排水概念。目前采取草坪沟渠、侵蚀绿地及雨水庭院等措施，控制水资源的吸收和排水，积极动员城市道路的各系统，收集、净化、储存和合理利用雨水。有利于改善城市浸水和干旱问题，降低城市水资源开发利用成本，提高水资源利用效率，创造出和谐的环境。首先，海绵城市的概念为城市市政道路的给水、排水等规划提供了理论支持。所谓的海绵就是指把城市市政的给水、排水系统改建成具有海绵弹性的功能型。在现代化城市给水、排水的运行当中，不仅可以吸

收道路上的大量积水，而且可以通过排水系统有效地排出蓄积的水，这样可以有效地促进城市水系统的有效循环，使城市水污染程度得以减轻。这一理念将促进市政道路及给水、排水系统建设部门及相关企业、单位，在将来的现代化城市规划建设过程中始终秉持生态环境优先的基本原则。其次，有利于传统城市市政道路的供水，排水系统的改善。近年来，由于气候条件的变化，我国大部分地区降水及分布特征变化十分的巨大。由于运营年限以及自然条件等变化的综合性作用，现有的城市市政道路的给排水系统，均不同程度地受到渍水以及水资源流失问题等影响，给居民的生产和生活带来了极大的不便，特别是洪涝灾害高发地区，给居民的生命财产等安全带来了十分严重威胁。若要把海绵城市的概念应用到城市市政给水与排水规划及建设之中，需要将蓄水和防渗结合起来，使道路成为雨水资源利用的载体，从而涵养区域内的地下水源，达到美化城市、改善市民生活环境的效果。在市政给排水规划建设中采用海绵城市的理念，不仅可以全面改善城市的给排水系统，还可以防止雨水过多造成的洪涝灾害，在城市水资源得以调节的同时能有效地利用。最后，改善城市环境，在新的时代背景下，随着我国经济建设的快速发展，城市污染问题越来越明显。如何保持生态质量已成为国内城市建设的关键问题。海绵城市对人的生活环境要求更高，内容提到吸收性和弹性。海绵城市推出后，我国相关部门给予了高度重视，因为这一理念可以为未来城市建设提供发展建议，确定明确的发展目标，使得城市建设与生态环境保护密不可分。

三、海绵城市理念下市政给排水的规划要点

（一）绿化带排水规划的要点

城市绿化地带的排水规划是海绵城市规划中的重点，其具有收集雨水、过滤等方面的功能，值得特别关注。例如，雨水通过地表直接流进道路的绿化地带，在通过道路的绿化地带的植物以及土壤等系统来滞留、渗透、净化雨水。绿化地带所储存的雨水通过雨水出口流进绿化地带的雨水系统，再流向下游。为了保证雨水集水的顺利收集和减少水资源的浪费，应该合理规划出泄水口之间的间隔距离，泄水口的高度应与绿化地带的最大含水高度需两者之间相互匹配不得高于绿化地带的倾斜高度。雨水落在地面上，必须进行过滤，以确保雨水的清洁度。因此，过滤雨水可以通过在绿化地带铺上硕石层以及种植土层来实现，雨水渗入地下就可以补充到自然水体中，以满足城市道路水资源的开发再利用需求。在城市建设的过程中，除了道路和建筑的规划之外，城市周围还有很多相连的绿地。这些区域不仅旨在为城市注入生态元素，还旨在提高市政道路的雨水储存能力。目前，我国一些城市的连接绿地规划存在诸多不合理之处，使得城市绿地的连接部分难以发挥应有的作用。因此，需要保持规划的科学性和合理性，满足当地的实际需求，提高市政道路的雨水调蓄水平。在阴雨天气，可以通过分流的方式减少城市道路的雨水堆积问题，道路畅通，不会给人们的交通带来严重的负面影响。在规划工作的初始阶段，可以选择源渗透技术来排放植被缓冲区或下沉式绿地中的积水。中途渗滤技术可以利用渗渠、调节塘和种植草沟来收集雨水。这样城市道路就可以和城市绿化带连接起来，共同承担城市排水任务。根据实际情况，选择科学合理的手段，保证雨水净化率，提高雨水二次利用率；减少雨水中的污染物，保护城市地下水质量。

（二）排水系统顶层规划要点

因为海绵城市项目建设是一项复杂的工程，需要花费大量的时间和资金支持，相关部门要高度重视，完善配套的给排水基础设施，有充足的资金支持。城市海绵顶层的创新规划需要结合本地区的实际情况，吸收和借鉴发达国家的给排水规划经验，总结出适合我国城市给排水工程规划和施工的标准与样

本。为了保证海绵城市的顺利建设，应优化现有的给排水系统，提高城市现代化的效果。此外，还应注意排水缓慢和滞蓄的问题，设置导流系统，使雨水通过道路径流进入海绵城市设施。同时，要完善市政毛细管网，使多余的雨水流向城市排水管。在此基础上，对车行道和人行道的排水规划进行优化，降低路面积水的可能性，从而营造舒适便捷的城市环境。

（三）海绵城市分层规划要点

海绵城市的规划以及建设要因地制宜，需要整体的进行规划，具体包括城市水系、城市绿地、城市排水防涝、城市道路多个环节。应当符合当地城市总体的开发建设、布局规划范畴，符合当地城市的天然水资源的保护及利用，推进城市发展的紧凑性。可在城市的公园道路、停车场以及人行道的绿地铺设透水铺装。城市年降雨量超过800ml的，要按照1.5%的道路路面进行规划，要全部规划全透水结构来确保路面的透水性。同时，还可以设置雨水花园、抛物线形草沟渠等，利用土壤和植物来对雨水进行渗透和净化。特别需要注重入渗管道的选择，在输送雨水的同时，可以使部分雨水得以渗入地下，补充地下水。另外，还应建造下沉式的绿地，下沉范值在100～200mm，使雨水满溢之后直接流入植草沟，最终流向雨水花园之中。因地制宜的城市规划建设，需要结合不同的城市系统特点及要求，规划出不同的系统建设方案，包括污水处理系统、给水系统以及排水系统等，合理的规划可以减少水资源的极度浪费。

（四）人行道和行车道规划

在以往的城市道路建设过程中，规划师通常使用透水性差的材料来铺设人行道和行车道。当出现强降雨时，由于降雨量的快速增加，这些道路的路面会变得非常湿滑，给城市居民的交通带来不便。而且路面会阻止雨水渗入地下，使城市的温度越来越高，给人带来潮湿闷热的感觉。为了减少出现这种情况的概率，相关的规划工作应该在海绵城市的理念指导下进行。足够重视人行道和行车道的规划，保证整体规划水平和质量，提高铺装材料质量。这样雨水可以快速渗透到地层中，不会大量滞留在路面上，可以很好地调节城市的温度，也可以补充城市的地下水。尤其是在行车道的规划和施工过程中，相关人员需要保证所选用的沥青、混凝土等路面施工原材料具有良好的透水性，因为行车道上会停满无数的车辆。比如春夏季节容易出现阴雨天气，经常出现大量降水。在这种情况下，城市路面会变得潮湿，减少了轮胎与路面的摩擦力，行驶中容易打滑。如果车行道内有大量积水，不仅会增加行车的危险性，还会影响人们对路况的判断。因此，有必要选择透水性优良的铺装材料，加强人行道和车道的规划。

（五）路基排水规划

为了提高市政给排水规划的整体水平，规划人员需要在工作开始前充分了解这座城市道路的路基。重视市政道路路基规划，使路基规划和建设满足当前城市建设需求；并根据市政道路运营的实际情况，对现行路基规划方案进行优化和完善。如果市政道路路基渗水不足，要及时制订有效的解决方案，保证城市道路路基的排水能力。如采用换填施工技术综合处理市政道路路基，解决透水性不足的问题。如果施工区域位于软土层，土质可采用堆载预压或真空处理。在改善市政道路路基排水性能时，还应注意其稳定性，避免对路基稳定性产生不利影响，进而影响城市道路的安全使用。

（六）辅助设施的规划

路缘石以及露肩槽均包含在市政道路的配套规划中。其中，路缘石是城市市政道路排水的重要设施之一，可以避免路面大量积水，保证雨水流向绿地和雨水出水口的能力。一般情况下，路缘石会比路面高一点，便于控制雨水。如果路缘石难以有效收集雨水，可以考虑在路缘石上钻孔，铺设时保持一定间隔，让雨水流向绿化带。在路肩沟渠的规划和施工阶段，通常会对混凝土进行严格的检查，以确保施工后混凝土不会堵塞，并且更加美观。这样既能提高雨水的净化率和回收率，又能很好地输送和排放雨水，保持市政道路给排水的作用。为了保证市政给水、排水设施能够达到预期的效果，必须更加注重配套设施的规划及建设。在路肩沟渠的材料选择上，要注意材料的抗渗性和净化作用，避免雨水排入沟渠后携带泥沙，通过材料提高雨水净化功能，使收集的雨水涵养周边植物或地下水。路缘石的规划要求与路面高度一致，使路面雨水能直接流入绿化带或雨水口，而路缘石要求高于路面，雨水口的设置距离需要合理控制，并做好打孔规划，保证雨水能沿路缘石流入雨水口，提高整体排水效率。

第二节　海绵城市理论下的山地城市水系规划路径

目前，海绵城市的规划理论已经得到了广泛的实践证明，但是，对于具有复杂地形地貌的山地城市来说，海绵城市还处于探索阶段。山地城市水系在资源特点、空间特征、生态服务和灾害防治等方面都有区别于平原城市水系的特性，本节以海绵城市理论为支撑，针对山地城市水系特性和关键性问题，提出山地城市水系规划系统框架，分尺度、分重点地指导山地海绵城市的建设与实施。

一、山地城市水系特性

（一）资源特点——水文特征独具山地特色

受起伏变化的地形地貌及山地气候的影响，山地城市水系在水位、流量以及季节性变化上都表现出明显的山地特色。顺应地形的高差变化水系水位落差大，水流速度快，容易形成山涧、瀑流等特色水系；地势陡峭、坡度较大，地表径流流速快，缩短了暴雨时期主干河流洪峰时期，表现出水位涨幅大、流量大的特征。山地水系还表现出明显的季节性特征，随着枯水期到丰水期的过渡，河流生态系统和水系景观表现出不同的状态，最具有代表性的是山地城镇消落带的空间特征。

（二）空间特征——流域空间和形态结构复杂多变

在城市规划领域，根据流域管理与评估的范围，可以将流域空间单元分为五个等级，即流域、子流域、流域单元、子流域单元、集在一个流域空间里。相同等级的流域管理单元在空间上是并列关系，而相邻两个等级的流域管理单元在空间上则是包含关系。在自然水系的汇水过程中，山地水系表现出明显的多层级流域空间特性，子流域面积大小不一，形态特征各异，若以子流域中的次级河流出口断面及分水岭为界则可划分流域单元，再至子流域单元、集水区、多层级的汇水结构衍生出复杂多变的水网结构，山地河流也因此表现出河道形态蜿蜒曲折，收放不一的特征。

（三）生态服务——生态功能地位突出

河流廊道自身具有提供水源、调节小气候，维持生物多样性、净化环境等生态服务功能，山地城市因其独特的地理环境与地质条件，水系在生态调节、水土保持、生态环境维护等生态服务功能上较为突

出。河流廊道的生态功能主要体现在河岸植被带上，不同宽度的河岸带发挥不同的功能效益

（四）自然灾害——灾害破坏力度大

快速集聚的大量地表径流作用于地质条件松弛的河岸、沟谷、山坡，会引发山洪、滑坡、泥石流等破坏力度大的雨洪灾害。这一类灾害在后续发展过程中会侵蚀河道，增加水系泥沙含量，造成河床受损、河道淤堵，继而引发二次灾害。

二、山地城市水系的关键性问题与规划诉求

（一）山地城市水泵的关键性问题

1.河湖堵塞、系统破碎

山地城市水系统破碎化主要表现在两个方面。一是山地城市湖库系统复杂多样。上游区域河流性水库及坑塘虽然在一定程度上提高了河湖调蓄功能，但是也加剧了水系统的片段化，导致下游河道脱水、水量不足，影响水系纵向连通度。二是城市化的发展对自然水系的破坏，尤其是用地局促的山地城市，许多径流通道，湖库坑塘被改道、截弯取直，封闭化甚至是填埋，造成系统破碎、阻碍水系连通，减小流动补水、破坏水质，影响水生态环境。

2.关联区用地割裂

水系关联区是对水系产生最直接影响的空间。山地城市受地形条件的限制，城市用地被山脉、江河所分割，建设用地结构呈有机分散的布局模式。由于雨水的冲刷，以冲沟为地貌特征的山地城市用地被割裂，影响城市土地的集约利用与功能之间的衔接。

3.河岸生态功能不足

一方面，山地城市为了满足建设发展的需求，河岸用地蚕食、湖库坑塘围筑现象严重，防洪护岸工程多以硬质化建设为主；另一方面，山地城市河岸空间极易受到暴雨、洪水的侵蚀，脆弱性较明显。山地城市水系河岸带呈现出生态脆弱、侵占过度，防护僵硬的特征，生态功能严重不足。

（二）城市水泵的规划诉求

城市水系规划的实质是对城市中自然和人工的水系统进行再认识的过程，并在这一过程中梳理水系统结构、组织水系功能、保护水生态空间、控制影响水系健康发展的河岸用地开发建设。由此可见，开展城市水系规划不但能够缓解城市当前所面临的水问题，还能够提高城市生态文明，指导海绵城市的系统建设。

1.水系规划是解决水系问题的基本路径

一直以来城市水系都面临着水污染、水灾害、水生态环境恶化等困境，由城市各主管部门指导编制的相关规划，如水环境整治规划水景观规划等，往往存在系统分散、目标单一、空间局限、平衡失调等问题。城市水系规划，必须协同相关管理单位，以水生态、水安全、水景观、水文化、水环境复合型目标为导向，对不同自然条件下的城市水系，提出具有针对性的策略，才能从根源上解决城市水系问题。

2.水系规划是促进生态文明的重要举措

生态文明建设是人类可持续发展的必然趋势，党的十八大将生态文明建设提上新的高度，提出"美丽中国"的宏伟目标，坚持绿色发展，自然恢复，要求建设自然积存、自然渗透、自然净化的海绵城市。水系规划的总体目标是构建以水为核心的生态安全格局，是促进生态文明的重要举措。

3.水系规划是建设海绵城市的系统方法

海绵城市是城市建设理念的重大转变，海绵城市的规划理论与方法已经成功地应用于各大城市的生态基础设施建设当中。构建具有"弹性"的"海绵系统"，是当前海绵城市创建的核心框架。城市水系规划是一个巨型"海绵系统"。城市水系规划的过程是运用系统的方法组织海绵体的构建，实现整个城市水系空间的弹性控制。

三、山地城市水系规划的系统框架

山地城市水系规划可以从城市空间、关联区空间以及河岸带三个层面构建系统框架，分别研究河网系统、环境协调土地利用以及生态保护与设施建设的相关内容。

（一）城市空间——河网系统的构建

在城市空间范围内研究水生态系统组成与构建，梳理并组织河湖坑塘系统、自然—人工排水系统、水景观系统等子系统，完善水系功能划分，保护水安全生态格局，建立水系"点、线、面"的三维空间结构模型。

（二）关联区空间——环境协调与土地利用

在水系关联区即小流域范围内，研究环境要素与建设用地之间相互制约和相互作用的机制，以自然生态保护为准则，合理布局城市用地，优化和控制土地开发、提高关联区域水环境绩效。

（三）河岸带——生态保护与设施建设

在河段和湖泊河岸带的范围内，研究生态保护与控制的问题，重点提出河岸带整体要素控制、生态修复、植被保护以及生态基础设施建设的方法。

山地城市水系规划系统框架：以城市空间尺度下的水系格局为系统指导，以关联区空间尺度下的用地协调为控制依据，以河岸带空间尺度下的生态建设为时间途径，实现山地城市水系规划的总体目标。

四、山地城市水系规划路径

（一）系统组织：城市空间水系统梳理与体系搭建

水不是人类创造出来的，水系规划也不是传意义上的"规划"，而是在充分认识水系自然运动过程的基础上，对其进行"再组织"的过程。一方面要对自然水系进行良性引导，减小社会活动的干扰，另一方面要提高水系在城市中的社会、经济、文化、生态效益。水系规划应着力在城市空间层面，结合水系与城市生态格局、绿地系统等环境要素的关系，共建"水—城—绿"一体化的城市空间格局。

1.梳理系统结构，恢复河湖连通性

良好的河湖连通性，保障了物质流、信息流和物种流的畅通。首先，需要对规划区内水结构进行一定的认知和梳理，找到水网脉络的"断点"。这些症结往往是由于自然河道被建闸、加盖所产生的，也有的是自然状态下的泥沙堆积而成。水系就城市而言就像人体的血液，长期淤堵就会失去活力，并逐渐沼泽化。从城市规划的角度恢复河湖连通性的主要方式是保护现状水系，清除河道行洪障碍，连通、疏浚。

增加河网与湖泊的联系。值得一提的是，需要保护的水系除了等级高、流量大的水系通道外，还应保护具有重要生态功能的潜在地表径流通道。例如，在眉山市由民东新区境内常年有水的河流不多，大部分水系是就势而生的潜在地表径流通道，这一类水系呈现出明显的季节性特征，分布于小流域的汇水区域，不易感知和察觉，潜在地表径流通道分布分散，时空变化率大，但对于连通规划区水网具有极大的作用，是增加河湖连通性、疏通区域水网、提高城市水系弹性的必要组成部分，2014年推出的《海绵城市建设技术指南》提倡优先利用自然排水系统，实现城市径流雨水源头减排的目标。水网系统梳理正是基于对自然水文运动的认知，以恢复河湖连通性为原则，提出水系保护对象的过程。

2.构建水生态板块，提高生态调蓄功能

海绵城市的核心价值是构建具有雨洪调蓄能力的城市水系统。城市中大大小小独立散落的水生态斑块，如水库湿地等，是常年蓄水的主体空间，是水系统中重要的"海绵体"。增加城市水生态、斑块的含有量，不仅可以减缓暴雨时期径流速度，调节雨洪、加强水系统弹性，还可以提高城市水面率，为城市提供生态、景观等服务功能。构建水生态斑块，需结合水网系统整体考量，根据不同的空间功能需求，利用现状或潜在的地表坑塘，构建不同等级规模的坑塘体系。例如，重庆市璧山区水系规划，构建"一河三湖九湿地"的水系格局，划定河、库、湖、堰、溪、泽的保护控制线，重点保护具有重要生态功能的现状或潜在坑塘，既能提高其丰水期的蓄水能力，又能在枯水期补充水源。另外，在建设区外围有目的地构建具有调蓄和净化功能的湿地系统，不但能提高水系的生态服务功能，还能提升城市景观品质。

3.组织搭建各级体系，完善水系整体框架

（1）生态廊道构建

水系生态廊道不能简单理解为河流或滨河绿化，而应该是种多功能复合型的廊道，具有自然和人工双重内涵。城市水生态廊道是由河流生态廊道、城市绿道、农林生态廊道等相关的因子叠加而成的复合型生态廊道网络，具有整体性、系统性和高度关联性。城市水生态廊道可以根据现状生态条件和生态功能需求划分不同的等级，如重庆市渝北区水系结合周边公园用地、组团隔离带、自然林地等生态要素形成等级明了、宽度不一的水生态廊道系统。

（2）整体功能布局

城市水系功能布局主要基于水体在不同区域所承担的主体功能类别来划分，城市水系功能大多是复合型的，包括饮用、运输、生态、景观、防洪等。城市水系功能划分主要是在系统组织的基础上，强调上游利防洪、中游趋景观、下游重净化的整体布局。

（3）景观特色组织

城市空间尺度下的水系景观特色组织是指导城市不同河段、不同区域的水景观风貌建设的系统依据。水系景观按水系关联空间的类型可以分为商业类、生活休闲类、文化类、近自然类水系，山地城市水系随季节变化的特征还可以分为常年有水型景观、季节性有水型景观和干旱型水景观。

（4）安全体系保障

维系城市水系可持续发展，还需要对水源和排水系统提出安全保障措施。水源保护主要包括饮用水源及其涵养区域的保护、城市景观用水保障、水利设施规划等，雨水排放系统是保障城市水安全的另一重要措施。海绵城市建设的一大目标就是提高城市排水防涝水平，这就需要将地表雨水径流系统与工程排水系统进行空间上的衔接，如福州市通过人工干预，加强自然与人工河道之间的沟通，如香港、台北等地，在内涝地区设置蓄水池、雨水花园等生态设施，以减轻工程排水系统的负荷。

（二）土地优化：联动关联建设区与环境区的整体用地考量

理想地讲，城市地区最好有两种系统。一种是按自然的演进过程保护的开放空间系统，另一种是城市发展的系统。如果这两种系统结合在一起，就可以为全体居民提供满意的开放空间。城市发展改变了自然状态下的汇水单元，研究城市水系必须辑合汇水单元内的建设用地与非建设用地，维护完整的生态空间单元。

1.关联区土地利用特征

将建设区内的公园绿地、防护绿地等环境用地与非建设区内的森林、草地等都纳入环境区的大类中，则水系关联区主要可以分为环境区和建设区两大类。

2.关联环境区土地优化利用

关联环境区的土地利用方法主要是通过环境区生态敏感性分析，保护区域地形地貌以及重要的自然生态斑块，结合城市水生态廊道系统，组织环境区廊道保护与生态建设。可以利用现植物群落，构建农田林网、植被缓冲带等生态设施；还可结合城市绿地系统规划，构建内外统一的水绿网络格局，引导城市生态良性循环，提高城市景观品质。

3.关联建设区土地优化利用

关联建设区主要分为生产类用地和生活类用地，水系关联的生产类用地包括码头、港口、工业、仓储等建设用地。其中，港口、码头等交通类的建设用地都有其独特的用地选址和规划要求，水系规划研究关联区生产类用地优化主要是通过滨水工业用地的转移、工业遗址的更新和利用、减少污染、改善滨水用地类型来实现；水系关联的生活类用地则以居住、商业、娱乐等用地为主。城市规划往往将这些用地划分为独立的用地片区，如居住区、商业区等。因此，生活类用地需要通过优化土地利用类型、丰富土地使用形态、控制地块开发强度、提高土地利用生态效能、加强公共空间的利用来实现关联空间土地的控制与优化利用。

（三）生态建设：河岸带生态保护与海绵系统建设

1.明确河岸带生态保护宽度

河岸带具有四维结构特征，即纵向、横向、垂直方向和时间变化。非河岸带横向结构又分为三个部分，即近岸地带、中间地带、外部地带，河岸带对流域水文、地貌和生态均有较大的影响。保护河岸带须清楚不同河岸带宽度的景观功能特征，明确保护河段的水系主导功能，进一步确定其保护宽度。

2.空间分解与工作重心

横向分解河岸带系统空间并明确各空间层次生态保护重点是实现河岸带整体保护与控制的有效途径。近岸地带的工作重点是河道的自然修复，主要包括对截弯取直的河道进行自然恢复、对河岸渠化的近自然修复等。中间地带的工作重点是保护河岸自然植被，选择正确的河岸植被搭配方式，提升河岸带的生态景观功能。外部地带是河岸带与城市建设区的过渡区域，工作重点是过滤城市生活给河岸带带来的环境压力，同时又能提供城市休闲娱乐空间，利用城市绿道系统、公共空间体系，结合生态基础设施布局，形成综合型河岸带空间。

3.构建城市水生态基础设施

《海绵城市建设技术指南》为海绵城市建设提出一个总体目标值，而通过不同水生态基础设施的组合来实现海绵城市目标的途径则很多，因此城市水生态基础设施又被称为"海绵系统"。河岸带生态空间是水生态基础设施布局的重要区域，尤其是位于下游的河岸生态空间是海绵系统中的末端空间，具有调节和控制总体径流及其污染物的重要功能。水生态基础设施的构建原则是选取具有重要生态功能的河段、节点，选择适应河段保护宽度和关联区土地利用发展的水生态基础设施实施，以求达到生态效益的最大化。

第三节　海绵城市建设与市政给排水策略探讨

　　我国大部分城市属于工业化城市。近年来，工业化发展速度日益增快，随之引发的问题也日益增多，较为突出的问题之一则为严重缺乏水资源，对人们生活质量造成严重影响。海绵城市理念的引入，使更多的人认识到合理利用和分配水资源的重要性。海绵城市是将城市建造成犹如海绵一样，降雨时存蓄雨水、浸透、就地吸收；干旱时则将降雨时存蓄的雨水量吐出，达到循环利用的目的，如冲洗城市道路、灌溉绿化，达到降低水资源使用量和城市维护的开支。相比传统市政给排水设计，海绵城市理念占据更大的优势。

一、海绵城市设计理念的意义

（一）让城市水资源得到充分利用

　　目前，人们日常生活和生产中所使用的重要资源之一则为水资源，但随着经济发展和城市市政建设的扩大，城市水资源已出现短缺的现象。因此，在城市建设过程中需加大对水资源的重视力度。以往在设计城市市政给排水系统时，未充分考虑到利用雨水资源，海绵城市理念问世后，则有望彻底改变城市无法充分利用雨水的缺陷。此属于新型雨水处理方式，以满足现代化城市发展的新要求。海绵城市主要指合理利用城市市政建设中给排水设计，达到雨水渗透、蓄积、净化等目的，充分利用雨水资源，不仅可避免在降雨时城市发生内涝，也可避免发生地下水资源短缺的状况。在此理念下，在进行城市建设市政给排水设计方案中要合理设计给排水系统，提升城市蓄积雨水的能力，高效利用水资源，建设成新型自然给排水系统，强化城市给排水运行功能。

（二）降低干旱与城市内涝压力

　　海绵城市理念的影响和实施，有利于缓解城市中发生干旱、内涝问题。目前，我国部分城市，特别是南方，雨季时发生内涝的概率非常大，发生雨水集中、强降雨状况时，城市排水系统面临着较大压力，甚至会造成城市内涝，严重影响城市居民生产、生活，对人们造成危害。此外，针对部分城市发生干旱的状况，基于海绵城市理念，可利用雨水再利用的优势，缓解干旱状况，进一步提升城市功能性，满足社会生产和人民生活等需求。

（三）改善生态环境及水污染

　　近年来，我国社会经济发展日益增快，自然生态环境问题也日益突出，已对人们正常生产和生活造成影响，甚至危及其生命健康。其中，水资源浪费、水环境污染问题非常突出，海绵城市理念的加入，对城市环境有了优化效果，缓解了人们在生产生活中对自然生态所产生的影响。引入海绵城理念，能改善水污染状况，提升城市污水治理能力和水资源净化能力，提升市政建设给排水建设质量，确保城市水体环境良好，达到城市健康且可持续发展的目的。

二、我国市政给排水设计中存在的主要问题

（一）现阶段我国市政给排水设计系统较为落后

传统的给排水系统无法满足现行排水需求，且无法按照城市发展状况，及时进行更新。较为突出的问题则表现在，排水管道施工质量差和容易出现管道坍塌，如出现较大降雨量，城市给排水系统可能会出现超载的状况，导致城市发生内涝。此外，大部分老城镇区域，市政工程所设计的给排水系统存在参数不合理、管道老化的问题，无法满足现代化排水需求，为城市给排水设计建设带来较大隐患。

（二）气候因素的影响

城市市政给排水设计方案易受城市实际环境的影响，特别是气候因素。受地理条件的影响，各城市气候因素均有所不同，其降雨量也存在较大差异，对市政给排水系统设计质量有直接性影响。设计人员需考虑气候因素带来的影响，最大限度地提升雨水资源和水资源的利用率，发挥城市给排水功能的效果。

三、海绵城市理念在城市给排水系统设计中的具体应用状况

（一）将海绵城市理念应用到车行道设计中

将海绵城市理念融入城市市政给排水系统建设方案设计中，需结合城市实际状况和设计内容，将设计位置整体质量做出进一步优化，才可将海绵城市理念所具备的优势发挥至最大。在优化设计车行道时，采用海绵城市理念，有利于将城市建设中的给排水系统所具备的性能进一步提高。我国大部分城市在设计城市道路工程选择材料时均存在一定忽略性，采用透水性较差的材料，则会造成补给地下水的效果不理想。而利用海绵城市理念后，可让设计者在设计时认识到此点缺陷，进而选择具有较好渗透性的材料，确保在降雨时，可更好地补充地下水。此外，在车行道施工时，需确保所选用的混凝土沥青具有较好的透水性，其目的在于避免此后降水量较大的状况下严重损害路面，对人们出行造成影响。在建设车行道时，选用透水性较好的材料可提升雨水循环利用率，让雨水顺着排水系统或绿化带流入地下，避免直接浪费雨水。因此，融入海绵城市理念后，可在一定程度上提升城市车行道给排水设计效果。

（二）将海绵城市理念应用到人行道设计中

在进行人行道设计时，融入海绵城市理念，可提升市政给排水系统功能。同时在施工材料选择时，需加强监控施工质量，多次测验，确保施工材料质量达标，满足规范要求。传统人行道路面所采用的材料不具有良好的渗透性，一旦出现暴雨天气，路面湿滑，安全隐患问题突出。而融入海绵城市理念后，在设计人行道时，则选择较好渗透性的材料进行施工，在连续暴雨的状况下，也不会发生路面雨水聚集的状况，避免路面湿滑，雨水渗透至地下，有利于后期调整人行道的路面湿度和温度。一般来说，在设计人行道时，所采用的材料非常复杂，使用透水性较好的材料可增强给排水功能。此外，也需对水泥混凝土配置加大重视，需按照实际状况进行配置，合理添加骨料，确保内部空隙均匀，提升内部混凝土的孔隙率，发挥人行道排水系统的效果。现大部分道路均为灰色间色，具有硬化务实的效果，经多次测验，其基本不具有透水性能，下雨时，地表雨水出现径流，在最低处进行汇集，水流速快且水量大，若最低点部位的聚水能力较低，发生内涝的危险性非常大。大部分硬化路面均无法对多余雨水做出后续处理，排放雨水的方式仍采用从一个地方流至另一个地方，存在治标不治本的问题。有效解决城市给排水

问题，从现在实施项目、建设蓄水设施、降低地表径流、加大生态功能等，属于有效可行的方式。

（三）海绵城市理念融入雨水净化系统中的应用

在设计城市市政给排水系统时，设计工作人员需提升市政工程建设质量，则需更好地融入海绵城市理念。现大部分城市市政的给排水系统和净化雨水的系统，功能较差，若存储的雨水量不足，会影响城市生产活动和人们日常生活。为避免发生此状况，设计人员需采用相应方式，提升雨水净化功能，改善雨水净化程度，确保可循环利用雨水资源，缓解城市存在水资源匮乏的状况，融入海绵城市理念后，在雨水净化方面可解决缺乏水资源的状况，为城市健康、可持续发展奠定基础。

（四）生物滞留带设计

依据城市市政建设各项功能不同，可将生物滞留带划分为人行道绿带、非机动车及机动车隔绿带、立交桥下绿化带三部分。城市市政道路工程，多涉及人行道绿带、非机动车与机动车隔绿带两个部门，主要用于处理被路面污染的雨水，顺着收水侧进入凹结构绿带。为发挥净化雨水的效果，此部位增加了卵石过滤带。雨水进入此部位后，会滤除所携带的大量漂浮物和泥沙，净化后的雨水被植被和土壤吸收，进而下渗至积水层。按照目前蓄水池蓄水状况评估持续储水能力，若达到上限，此部门雨水则从溢流口排放。此设计方案要求滞留带高度最低为15cm，按照道路分布状况，控制最高滞留带为20cm。此外，下凹部分深度控制在相应范围中，让其与车行道路之间高度差为20~25cm，进而确保雨水可流至滞留带。考虑到受环境影响，滞留带易被破坏，因此在设计时可在路基和绿化带之间铺设土工膜，把保护膜铺设在距离地表<1m的部位。

（五）溢流雨水口设计

在平坦地势上，根据溢流雨水口间距低于40m的标准控制雨水溢流排放。此项功能可在雨水储备功能不足时自动启用。根据道路排水需求，分别为非机动车、机动车分隔带和人行道滞留带设置溢流水口，前者为A型口，圆形外观，形状类似于钟罩，后者为B型口，控制雨水溢流，铺设溢流井盖。此水口可节省雨水口布设和水连管，降低材料用量。A型口的抗堵塞能力非常强，相比于传统溢流设施，明显改善了其流通性。

（六）附属设施

在城市道路系统中，附属设施也发挥着较大作用，在实际设计时，需加强城市排水设计，也需做好与附近环境相关的调研工作，确保设计的合理性。基于海绵城市的概念，进一步优化方案，确保施工材料选择的合理性，增强附属功能，满足城市给排水系统需求。如可采用草植沟方式，让混凝土材料得到替代，进而增强附属设施吸水能力。

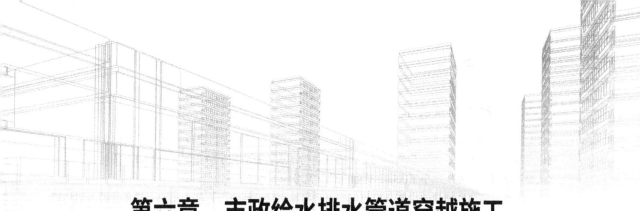

第六章　市政给水排水管道穿越施工

第一节　管道穿越河流

给排水管道可采用河底穿越与河面跨越两种形式通过河流。以倒虹管作河底穿越的施工方法可采用顶管；围堰，河底开挖埋置；水下挖泥、拖运、沉管铺筑等方法。河面跨越的施工方法可采用沿公路桥附设，管桥架设等方法。

一、管道过河方式的选择

（1）当城镇输配水管道穿越江河流域时，应将施工方案报经河道管理部门、环保部门等相关单位，经同意后方可实施。在确定方案时应考虑河道的特性（如河床断面、流量、深度、地质等）、通航情况，管道的水压、材质、管径、施工条件、机械设备等情况，并经过技术经济比较分析后确定。

（2）管道过河方法的选择应考虑河床断面的宽度、深度、水位、流量、地质等条件；过河管道水压、管材、管径；河岸工程地质条件；施工条件及作业机具布设的可能性等。

（3）穿越河道的方式有：倒虹吸管河底穿越；设专用管桥或桥面设有管道专用通道；桁架式、拱管式等河面跨越。

（4）顶管法穿越，适用河底较高，河底土质较好，过河管管径较小的情况，施工方便，节省人力、物力，但安全性较差。

（5）围堰法穿越，适用于河面不太宽，水流不急且不通航的情况，施工技术条件要求较高，钢管、铸铁管、预（自）应力钢筋混凝土管过河均可，易被洪水冲击，工作量较大。

（6）沉浮法穿越，适用于河床不受水流影响的任何情况，一般河流均可采用，不影响通航与河水正常流动，但沉浮法穿越时，水下挖沟与装管难度较大，施工技术要求高。

（7）沿公路桥过河，要求公路桥具有永久性，简便易行，节省人力、物力，但应采取防冻措施。

（8）管桥过河，适用于河面不太宽，两岸土质较好的情况，施工难度不大，能在无公路桥的条件下架设过河，但比较费时、费力。

二、水下铺筑倒虹管

（一）倒虹管的概念

倒虹管是指遇到河流、山涧、洼地或地下构筑物等障碍物时，不能按原有的坡度埋设，而是按下凹的折线方式将给排水管道从障碍物下通过，形成的凹近U形式管道。

（二）倒虹管铺筑要求

（1）为保证不间断供水，给水管道从河底穿过铺设时，过河段一般设置双线，其位置宜设在河床、河岸不受冲刷的地段；两端设置阀门井、排气阀与排水装置。为了防止河底被冲刷而损坏管道，不通航河流管顶距河底高差应不小于0.5m；通航河流其高差应不小于1.0m。

（2）排水管道河底埋管的设施要求与施工方法与给水管道河底埋管基本相同，排水管道的倒虹管一般采用钢筋混凝土管，也可采用钢管。

（3）确定倒虹管的路线时，应尽可能与障碍物正交通过，以缩短倒虹管的长度，并应选择在河床和河岸较稳定、不易被水冲刷的地段及埋深较小的部位铺设。

（4）穿过河道的倒虹管管顶与河床底面的垂直距离一般不小于0.5m，其工作管线一般不少于两条。当排水量不大，不通达到设计流量时，其中一条可作为备用。如倒虹管穿过的是旱沟、小河和谷地时，也可单线铺设。通过构筑物的倒虹管，应符合与该构筑物相交的有关规定。

（5）由于倒虹管的清通比一般管道困难得多，因此必须采取各种措施防止倒虹管内污泥的淤积，在设计时，可采取提高流速、做沉泥槽、设置防沉装置等措施。

（6）倒虹管施工方法主要有顶管施工、围堰施工、沉浮法施工三种。

三、架空管过河

跨越河道的架空管通常采用钢管，有时亦可采用铸铁管或预应力钢筋混凝土管。跨越区段较长时，应设置伸缩节，并于管线高处设自动排气阀；为了防止冰冻与震害，管道应采取保温措施，设置抗震柔口；在管道转弯等应力集中处应设置管道镇墩。

（一）支柱式架空管

设置管道支柱时，应事前征得有关航运部门、航道管理部门及农田水利部门的同意，并协商确定管底高程、支柱断面、支柱跨距等。管道宜选择河面较窄、两岸地质条件较好的老土地段。

连接架空管和地下管之间的桥台部位，通常采用S弯部件，弯曲曲率为45°～90°。若地质条件较差，可于地下管道与弯头连接处安装波形伸缩节，以适应管道不均匀沉陷的需要。若地处强震区地段，可在该处加设抗震柔口，以适应地震波引起管道沿轴向波动变形的需要。

（二）沿桥敷设施工

当管道与桥梁平行时，可沿桥敷设管道，利用桥梁梁体或墩台过河。

沿桥敷设施工要点如下：

（1）支、吊、托架的制作。应符合设计要求，制作合乎规范。

（2）支、吊、托架的安装。

①依据设计定出纵横位置，然后在桥上凿埋孔，安装位置应正确。

②支、吊、托架插入埋孔，埋设应平整、牢固、砂浆饱满，但不应突出墙面。

（3）安装管道。

①管道可在地面上焊起一部分，吊在桥上，放入支、吊、托架后再对接。

②安装时，要注意管道与托架接触紧密。

③滑动支架应灵活，滑托与滑槽间应留有3～5mm的间隙，并留有一定的偏移量。

（4）固定管道。依次旋紧支、吊、托架螺钉，个别管道与托架间有空隙处，应用铁楔插入，用电焊焊于管架上。

（三）斜拉管跨河

当河面较宽，不宜采用倒虹吸形式，也没有桥梁可敷设管线时，可采用斜拉管方式跨越河道，斜拉管跨河方式的跨径较大。作为一种新型的过河方式，斜拉索架空管道是采用高强度钢索或粗钢筋及钢管本身作为承重构件，可节省钢材。

1.盘索运输

（1）成盘运输可盘绕成不小于30倍直径的特制钢圆盘上。

（2）直接萦绕成圆圈，其直径一般为2.5～4m。

（3）若有超高、超宽问题应先征得交通部门同意。

2.直索运输

（1）一般在工地现场编制，在送到施工部位时，不宜先做刚性护套。

（2）做完刚性护套后用多台手拉葫芦将整索均匀吊起，要避免局部过小半径的弯曲。

（3）平放在多台连接在一起的人力或动力拖车上，拖车间距小于5m，用连杆固定，拉索护套外应再包麻布临时保护。

3.安装

（1）将下端锚具装入梁体的预埋钢管，并旋紧螺母，使之固定。

（2）用卷扬机钢丝绳拴住上端锚具并通过转向滑轮将索徐徐拉近塔身，施车配合，徐徐送索，并将上锚具装入预埋钢管，旋紧螺母，使之固定。

（3）安装穿心式千斤顶，使之与张拉锚具连接准备张拉。

（4）接由低向高的顺序施工安装。

（四）拱管过河施工

拱管过河是利用钢管自身成拱作支承结构，起到了一管两用的作用。由于拱是受力结构，钢材强度较大，加之管壁较薄，成本经济，因此适用于跨度较大的河流。

1.拱管的弯制

（1）先接后弯法。先将长度适当大于拱管总长的几根钢管焊接起来，然后在现场操作平台上采用卷扬机进行弯管。

弯管所用的模具与弯管的弧度正确与否有着极大关系，弯管作业时一定要做到牢固、准确，弯管的管子向模具靠紧时速度要均匀，不宜过快。

为防止放松卷扬机钢丝绳之后管子回弹量过大，可在拉紧钢丝绳时，在拱管内侧用氧烘烤到管壁发红后即可放松钢丝绳。由于拱管内侧由高温降至低温时开始收缩（收缩方向与回弹方向相反），待管壁温度降至常温时，回弹量得以减少。

（2）先弯后接法。先按拱管设计尺寸将管线分为适宜的几段，通常分为单数段（拱顶部分为一段，左右两个半跨对应分段），然后以分段的弧度及尺寸选择钢管，便可弯管焊制，钢管弯管可采用冷弯或热弯。采用冷弯时，管子尚有一定回弹量。因此，在顶弯管子时，应当使管子的矢高较实际的矢高偏大，偏大多少应视不同管径与不同跨度通过试验决定。

拱管弧形管段弯成之后，按设计要求在平整的场地上进行预装，经测量合格之后方可焊接，焊完后应再进行测量，应当保证拱管管段中心轴线在同一个平面上，不得出现扭曲现象。

2.拱管的安装

（1）立杆安装法。当管径较小，跨度较短时，立杆安装可采用两根扒杆，河岸两边各一根，其中一根为独脚扒杆，另一根是摇头扒杆。起吊前，先将拱管摆置在两个管架的中间，吊装时两根扒杆同时起吊。

扒杆或悬臂将拱管提起之后，即送至两个管架上就位，由于管架上的水平托架已经焊死，因而拱管左右位置不致产生偏差，而前后位置以两端托架为准，用扒杆或悬臂加以调正，而拱管的垂直程度，则可用经纬仪在两端观测，用风绳予以校正。

自拱管两个托架安装并校正后，随即进行焊接。如发现托架与管身之间有空隙，可用铁片嵌入后予以焊接。

（2）履带式吊车安装法。这种方法适用于水面较窄的河流。与立杆安装法相比，该法可以免去管子位移及立装扒杆等一些准备工作，加快施工速度，其安装作业过程和要求与立杆安装法基本相同。

3.拱管安装注意事项

（1）拱管控制的矢高跨度比为1/6～1/8，一般采用1/8；

（2）拱管由若干节短管焊接而成，每节短管长度为1.0～1.5m，各节短管焊接要求较高，必须进行充气或油渗试验；

（3）吊装时为避免拱管下垂变形或开裂，应在拱管中部加设临时钢索固定；

（4）拱管安装完毕，应做通水试验，并观测拱管轴线与管架变位情况，必要时应进行纠偏。

四、穿越公路与铁路

（一）穿越公路

当管网通过主要交通干道或繁忙街道时，应考虑管道除满足规定埋深外，还应加设比安装管道管径大一至二级的钢制或钢筋混凝土套管。施工方案尽可能选用顶管施工，以减小施工对交通的影响。

（二）穿越铁路

管线穿越铁路时，其穿越地点、方式和施工方法必须征得铁路有关部门的同意，并遵循有关穿越铁路的技术规范。管线穿越铁路时，一般应在路基下垂直穿越，铁路两端应设检查井，井内设阀门和泄水装置，以便检修。穿越铁路的水管应采用钢管或铸铁管。钢管应采取较强的防腐措施，铸铁管应采用青铅接口。管道穿越非主要铁路或临时铁路时，一般可不设套管。防护套管管顶（无防护套管时为水管管顶）至铁路轨底的深度不得小于1.2m。

第二节　沉管与桥管施工

一、沉管施工

（一）沉管施工方法的选择

（1）应根据管道所处河流的工程水文地质、气象、航运交通等条件，周边环境、建（构）筑物、管线，以及设计要求和施工技术能力等因素，经技术经济比较后确定。

（2）水文和气象变化相对稳定，水流速度相对较小时，可采用水面浮运法。

（3）水文和气象变化不稳定、沉管距离较长、水流速度相对较大时，可采用铺管船法。

（4）水文和气象变化不稳定，水流速度相对较大、沉管长度相对较短时，可采用底拖法。

（5）预制钢筋混凝土管沉管工程，应采用浮运法，管节浮运、系驳、沉放、对接施工时水文和气象等条件宜满足：风速小于10m/s、波高小于0.5m、流速小于0.8m/s、能见度大于1000m。

（二）沉管施工

（1）水面浮运法。水面浮运法可采取下列措施：

①整体组对拼装、整体浮运、整体沉放。

②分段组对拼装、分段浮运，管间接口在水上连接后整体沉放。

③分段组对拼装、分段浮运，沉放后管段间接口在水下连接。

（2）铺管船法的发送船应设置管段接口连接装置、发送装置；发送后的水中悬浮部分管段，可采用管托架或浮球等方法控制管道轴向弯曲变形。

（3）底拖法的发送可采取水力发送沟、小平台发送道、滚筒管架发送道或修筑牵引道等方式。

（4）预制钢筋混凝土管沉放的水下管道接口，可采用水力压接法柔性接口、浇筑钢筋混凝土刚性接口等形式。

（5）利用管道自身弹性能力进行沉管铺设时，管道及管道接口应满足相应的力学性能要求。

（三）沉管工程施工方案

沉管工程施工方案应包括以下主要内容：

（1）施工平面布置图及剖面图。

（2）沉管施工方法的选择及相应的技术要求。

（3）陆上管节组对拼装方法；分段沉管铺设时管道接口的水下或水上连接方法；铺管船铺设时待发送管与已发送管的接口连接及质量检验方案。

（4）水下成槽、管道基础施工方法。

（5）稳管、回填方法。

（6）船只设备及管道的水上、水下定位方法。

（7）沉管施工各阶段的管道浮力计算，并根据施工方法进行施工各阶段的管道强度、刚度、稳定性验算。

（8）管道（段）下沉测量控制方法。

（9）施工机械设备数量与型号的配备。

（10）水上运输航线的确定，通航管理措施。

（11）施工场地临时供电、供水、通信等设计。

（12）水上、水下等安全作业和航运安全的保障措施。

（13）预制钢筋混凝土管沉管工程，还应包括临时干坞施工、钢筋混凝土管节制作、管道基础处理、接口连接、最终接口处理等施工技术方案。

（四）沉管基槽浚挖

沉管基槽浚挖应符合下列规定：

（1）水下基槽浚挖前，应对管位进行测量放样复核，开挖成槽过程中应及时进行复测。

（2）根据工程地质和水文条件因素，以及水上交通和周围环境要求，结合基槽设计要求选用浚挖方式和船舶设备。

（3）基槽采用爆破成槽时，应进行试爆确定爆破施工方式，并符合下列规定：

①炸药量计算和布置，药桩（药包）的规格、埋设要求和防水措施等，应符合国家相关标准的规定和施工方案的要求。

②爆破线路的设计和施工、爆破器材的性能和质量、爆破安全措施的制定和实施，应符合国家相关标准的规定。

③爆破时，应有专人指挥。

（4）基槽底部宽度和边坡应根据工程具体情况进行确定，必要时进行试挖；基槽底部宽度和边坡应符合下列规定：

①河床岩土层相当稳定、河水流速度小、回淤量小，浚挖施工对土层扰动影响较小时，底部宽度可按式（5-1）确定：

$$B \geqslant D_o + 2b + 1000 \qquad (5-1)$$

式中：B——管道基槽底部的开挖宽度（mm）；

D_o——管外径（mm）；

b——管道外壁保护层及沉管附加物等宽度（mm）。

②在回淤较大的水域或河床岩土层不稳定、河水流速度较大时，应根据试挖实测情况确定浚挖成槽尺寸，必要时沉管前应对基槽进行二次清淤。

（5）基槽浚挖深度应符合设计要求，超挖时应采用砂或砾石填补。

（6）基槽经检验合格后应及时进行管基施工和管道沉放。

（五）沉管管基处理

沉管管基处理应符合下列规定：

（1）管道及管道接口的基础，所用材料和结构形式应符合设计要求，投料位置应准确。

（2）基槽宜设置基础高程标志，整平时可由潜水员或专用刮平装置进行水下粗平和细平。

（3）管基顶面高程和宽度应符合设计要求。

（4）采用管座、桩基时，施工应符合国家相关标准、规范的规定，管座、基础桩位置和顶面高程应符合设计和施工要求。

二、桥管施工

（1）桥管管道施工应根据工程具体情况确定施工方法，管道安装可采取整体吊装、分段悬臂拼装、在搭设的临时支架上拼装等方法。

桥管的下部结构、地基与基础及护岸等工程施工和验收应符合桥梁工程的有关国家标准、规范的规定。

（2）桥管工程施工方案。

桥管工程施工方案应包括以下内容：

①施工平面布置图及剖面图。

②桥管吊装施工方法的选择及相应的技术要求。

③吊装前地上管节组对拼装方法。

④管道支架安装方法。

⑤施工各阶段的管道强度、刚度、稳定性验算。

⑥管道吊装测量控制方法。

⑦施工机械设备数量与型号的配备。

⑧水上运输航线的确定，通航管理措施。

⑨施工场地临时供电、供水、通信等设计。

⑩水上、水下等安全作业和航运安全的保证措施。

（3）桥管管道安装铺设前准备工作。

桥管管道安装铺设前准备工作应符合下列规定：

①桥管的地基与基础、下部结构工程经验收合格，并满足管道安装条件。

②墩台顶面高程、中线及孔跨径，经检查满足设计和管道安装要求，与管道支架底座连接的支承结构、预埋件已找正、合格。

③应对不同施工工况条件下临时支架、支承结构、吊机能力等进行强度、刚度及稳定性验算。

④待安装的管节（段）应符合下列规定：钢管组对拼装及管件、配件、支架等经检验合格；分段拼装的钢管，其焊接接口的坡口加工、预拼装的组对满足焊接工艺、设计和施工吊装要求；钢管除锈、涂装等处理符合有关规定；表面附着污物已清除。

⑤已按施工方案完成各项准备工作。

（4）施工中应对管节（段）的吊点和其他受力点位置进行强度、稳定性和变形验算，必要时应采取加固措施。

（5）管节（段）移运和堆放，应有相应的安全保护措施，避免管体损伤；堆放场地平整夯实，支承点与吊点位置一致。

（6）管道支架安装。

管道支架安装应符合下列规定：

①支架安装完成后方可进行管道施工。

②支架底座的支承结构、预埋件等的加工、安装应符合设计要求，连接牢固。

③管道支架安装应符合下列规定：支架与管道的接触面应平整、洁净；有伸缩补偿装置时，固定支

架与管道固定之前，应先进行补偿装置安装及预拉伸（或压缩）；导向支架或滑动支架安装应无歪斜、卡涩现象；安装位置应从支撑面中心向反方向偏移，偏移量应符合设计要求，设计无要求时宜为设计位移值的1/2；弹簧支架的弹簧高度应符合设计要求，弹簧应调整至冷态值，其临时固定装置应待管道安装及管道试验完成后方可拆除。

（7）管节（段）吊装。

管节（段）吊装应符合下列规定：

①吊装设备的安装与使用必须符合起重吊装的有关规定，吊运作业时必须遵守有关安全操作技术规定。

②吊点位置应符合设计要求，设计无要求时应根据施工条件计算确定。

③采用吊环起吊时，吊环应顺直；吊绳与起吊管道轴向夹角小于60°时，应设置吊架或扁担使吊环尽可能垂直受力。

④管节（段）吊装就位、支撑稳固后，方可卸去吊钩；就位后不能形成稳定的结构体系时，应进行临时支承固定。

⑤利用河道进行船吊起重作业时应遵守当地河道管理部门的有关规定，确保水上作业和航运的安全。

⑥按规定做好管节（段）吊装施工监测，发现问题及时处理。

（8）桥管采用分段拼装。

桥管采用分段拼装时应符合下列规定：

①高空焊接拼装作业时应设置防风、防雨设施，并做好安全防护措施。

②分段悬臂拼装时，每管段轴线安装的挠度曲线变化应符合设计要求。

③管段间拼装焊接应符合下列规定：接口组对及定位应符合国家现行标准的有关规定和设计要求，不得强力组对施焊；临时支承、固定措施可靠，避免施焊时该处焊缝出现不利的施工附加应力；采用闭合、合龙焊接时，施工技术要求、作业环境应符合设计及施工方案要求；管道拼装完成后方可拆除临时支承、固定设施。

④应进行管道位置、挠度的跟踪测量，必要时应进行应力跟踪测量。

（9）钢管管道外防腐层在涂装前基面处理及涂装施工应符合设计要求。

第三节　管道交叉处理

在埋设给水排水管道时，经常出现互相交叉的情况，排水管埋设一般要比其他管道深，给水排水管道有时与其他几种管道同时施工，有时是在已建管道的上面或下面穿过。为了保证各类管道交叉时下面的管道不受影响和便于检修，上面管道不致下沉破坏，必须对交叉管道进行必要的处理。

一、交叉处理原则

（1）给水管应设在污水管上方。当给水管与污水管平行设置时，管外壁净距不应小于1.5m。

（2）当给水管设在污水管侧下方时，给水管必须采用金属管材，并应根据土壤的渗透水性及地下水位情况，妥善确定净距。

（3）生活饮用水给水管道与污水管道或输送有毒液体管道交叉时，给水管道应铺设在上面且不应有接口重叠；当给水管铺设在下面时，应采用钢管或钢套管，套管伸出交叉管的长度每边不得小于3m，套管两端应采用防水材料封闭。

（4）给水管道从其他管道上方跨越时，若管间垂直净距大于等于0.25m，一般不予处理；否则应在管间夯填黏土，若被跨越管回填土欠密实，尚需自其管侧底部设置墩柱支撑给水管。

二、交叉处理

（一）排水、给水管道同时施工时交叉处理

混凝土或钢筋混凝土排水管道与其上方的给水钢管或铸铁管同时施工且交叉时，若钢管或铸铁管的内径不大于400mm，宜在混凝土管两侧砌筑砖墩支撑；若钢管或铸铁管道已建成，应在开挖沟槽时加以妥善保护，并砌筑砖墩支撑。

砖墩可采用黏土砖和水泥砂浆砌筑，其长度应不小于钢管或铸铁管道的外径300mm；2m以内时，宽240cm；以后每增高1m，宽度也相应增加125cm；顶部砌筑座的支撑角不小于90°。对铸铁管道，每一管节不少于两个砖墩。混凝土或钢筋混凝土排水管道与给水钢管或铸铁管道交叉时，顶板与其上方管道底部的空间，宜采用下列措施：

（1）净空不小于70mm时，可在侧墙上砌筑砖墩以支撑管道；在顶板上砌筑的砖墩不能超过顶板的允许承载力。

（2）净空小于70mm时，可在顶板与管道之间采用低强度等级的水泥砂浆或细石混凝土填实，其支撑角不应小于90°。

（二）给水管道与构筑物交叉处理

当构筑物埋深较浅时，给水管道可以从构筑物下部穿越。施工时，应给构筑物基础下面的给水管道增设套管。若构筑物后施工，应先将给水管及其套管安装就绪后再修筑构筑物。

当构筑物埋深较大时，给水管道可从其上部跨越，并保证给水管底与构筑物顶之间高差不小于0.3m；给水管顶与地面之间的覆土深度不小于0.7m；对冰冻深度较深的地区而言，还应按冰冻深度要求确定管道最小覆土深度，此外，在给水管道最高处应安装排气阀并砌筑排气阀井。

（三）管道高程一致时交叉处理

当给水管与排水干管的过水断面交叉时，若管道高程一致，在给水管道无法从排水干管跨越施工的条件下，亦可使排水干管保持管底坡度及过水断面面积不变的前提下，将圆管改为沟渠，以达到缩小高度的目的。给水管设置于盖板上，管底与盖板间所留0.05m间隙中填置砂土，沟渠两侧填夯砂夹石。

（四）给水管道在排水管道下方时交叉处理

无论是圆形还是矩形的排水管道，在与下方给水钢管或铸铁管交叉施工时，必须为下方的给水管道加设套管或管廊。

加设的套管可采用钢管、铸铁管或钢筋混凝土管；管廊可采用砖砌或其他材料砌筑的混合结构，其内径不应小于被套管道外径30mm；长度应不小于上方排水管道基础宽度与管道交叉高差的3倍且不小于基础宽度加1m，套管或管廊两端与管道之间的孔隙应封堵严密。

（五）排水管道与其上方电缆管块交叉处理

当排水管道与其上方的电缆管块交叉时，应在电缆管块基础以下的沟槽中回填高强度等级的混凝土、石灰土或砌砖，沿管道方向的长度不应小于管块基础宽度300mm。

（1）排水管道与电缆管块同时施工时，可在回填材料上铺一层中砂或粗砂，其厚度不小于100mm。

（2）若电缆管块已建成，采用混凝土回填时，混凝土应回填到电缆管块基础底部，其间不得有空隙；若采用砌砖回填，砖砌体的顶面宜在电缆管块基础底面以下不小于200mm，再用低强度等级的混凝土填至电缆管块基础底部，其间不得有空隙。

对任何一个城镇而言，按照总体规划要求，街道下设置有各种地下工程，应使交叉的管道与管道之间或管道与构筑物之间保持适宜的垂直净距及水平净距。各种地下工程在立面上重叠铺设是不允许的，这样不仅会给维修作业带来困难，而且极易因应力集中而发生爆管现象，甚至产生灾害。

第七章　市政给水排水管道不开槽施工

地下管道不开槽施工具有不影响交通、土方开挖量小等优点，不受季节性施工的影响，有很好的经济效益。地下管道不开槽施工是指不在地面全线开挖，只在管线特定部位开挖，以完成管线的铺设、更换、修复、检测和定位的工程施工技术。在大多数情况下，尤其是在繁华市区和管线埋层较深的地段，不开槽施工更具有明显的优势；在某些特殊情况下，如无破坏性地穿越公路、铁路、河流、建筑物等，不开槽施工是唯一经济可行的施工方法。

第一节　工作井施工

一、地下不开槽施工

（一）顶管顶进方法的选择

（1）顶管顶进方法的选择，应根据工程设计要求、工程水文地质条件、周围环境和现场条件，经技术经济比较后确定，并应符合下列规定：

①采用敞口式（手掘式）顶管机时，应将地下水位降至管底以下不小于0.5m处，并应采取措施，防止其他水源进入顶管的管道。

②周围环境要求控制地层变形，无降水条件时，宜采用封闭式的土压平衡或泥水平衡顶管机施工。

③穿越建（构）筑物、铁路、公路、重要管线和防汛墙等时，应制定相应的保护措施。

④小口径的金属管道，无地层变形控制要求且顶力满足施工要求时，可采用一次顶进的挤密土层顶管法。

（2）盾构机选型，应根据工程设计要求（管道的外径、埋深和长度），工程水文地质条件，施工现场及周围环境安全等要求，经技术经济比较后确定。

（3）浅埋暗挖施工方案的选择，应根据工程设计（隧道断面和结构形式、埋深、长度），工程水文地质条件，施工现场和周围环境安全等要求，经技术经济比较后确定。

（4）定向钻机的回转扭矩和回拖力确定，应根据终孔孔径、轴向曲率半径、管道长度，结合工程水文地质和现场周围环境条件，经过技术经济比较综合考虑后确定，并应有一定的安全储备；导向探测仪的配置应根据定向钻机类型、穿越障碍物类型、探测深度和现场探测条件选用。

（5）夯管锤的锤击力应根据管径、钢管力学性能、管道长度，结合工程地质、水文地质和周围环境条件，经过技术经济比较后确定，并应有一定的安全储备。

（6）工作井宜设置在检查井等附属构筑物的位置。

（二）管节要求

（1）管节的规格及其接口连接形式应符合设计要求。

（2）钢管制作质量应符合有关规定及设计要求，焊缝等级应不低于Ⅱ级；外防腐结构层满足设计要求，顶进时不得被土体磨损。

（3）双插口、钢承口钢筋混凝土管钢材部分制作与防腐应按钢管要求执行。

（4）玻璃钢管质量应符合国家有关标准的规定。

（5）衬垫的厚度应根据管径大小和顶进情况选定。

（三）设备要求

（1）施工设备、主要配套设备和辅助系统安装完成后，应经试运行及安全性检验，合格后方可掘进作业。

（2）操作人员应经过培训，掌握设备操作要领，熟悉施工方法、各项技术参数，考试合格方可上岗。

（3）管（隧）道内涉及的水平运输设备、注浆系统、喷浆系统以及其他辅助系统应满足施工技术要求和安全、文明施工要求。

（4）施工供电应设置双路电源，并能自动切换；动力、照明应分路供电，作业面移动照明应采用低压供电。

（5）采用顶管、盾构、浅埋暗挖法施工的管道工程，应根据管（隧）道长度、施工方法和设备条件等确定管（隧）道内通风系统模式；设备供排风能力、管（隧）道内人员作业环境等还应满足国家有关标准规定。

（6）采用起重设备或垂直运输系统时，应符合下列规定：

①起重设备必须经过起重荷载计算。

②使用前应按有关规定进行检查验收，合格后方可使用。

③起重作业前应试吊，吊离地面100mm左右时，应检查重物捆扎情况和制动性能，确认安全后方可起吊；起吊时工作井内严禁站人，当吊运重物下井距作业面底部小于500mm时，操作人员方可近前工作。

④严禁超负荷使用。

⑤工作井上、下作业时必须有联络信号。

（7）所有设备、装置在使用中应按规定定期检查、维修和保养。

（四）盾构管片要求

（1）铸铁管片、钢制管片应在专业工厂中生产。

（2）现场预制钢筋混凝土管片时，应按管片生产的工艺流程，合理布置场地、管片养护装置等。

（3）钢筋混凝土管片的生产，应进行生产条件检查和试生产检验，合格后方可正式批量生产。

（4）管片堆放的场地应平整，管片端部应用枕木垫实。

（5）管片内弧面向上叠放时不宜超过三层，侧卧堆放时不得超过四层，内弧面不得向下叠放，否则应采取相应的安全措施。

（6）施工现场管片安装的螺栓连接件、防水密封条及其他防水材料应配套存放，妥善保存，不得混用。

（五）水平定向法

水平定向法施工时，应根据设计要求选用聚乙烯管或钢管；夯管法施工采用钢管，管材的规格、性能还应满足施工方案要求。此外还应符合下列规定：

（1）钢管接口应焊接，聚乙烯管接口应熔接。

（2）钢管的焊缝等级应不低于Ⅰ级；钢管外防腐结构层及接口处的补口材质应满足设计要求，外防腐层不应被土体磨损或增设牺牲保护层。

（3）定向钻施工时，轴向最大回拖力和最小曲率半径的确定应满足管材力学性能要求，钢管的管径与壁厚之比不应大于100，聚乙烯管标准尺寸比宜为SDR11。

（4）夯管施工时，轴向最大锤击力的确定应满足管材力学性能要求，其管壁厚度应符合设计和施工要求；管节的圆度不应大于0.005管内径，管端面垂直度不应大于0.001，管内径且不大于1.5mm。

二、工作井施工

（一）基本要求

（1）工作井的结构必须满足井壁支护以及顶管（顶进工作井）、盾构（始发工作井）推进后坐力作用等施工要求，其位置选择应符合下列规定：宜选择在管道井室位置；便于排水、排泥、出土和运输；尽量避开现有构（建）构筑物，减小施工扰动对周围环境的影响；顶管单向顶进时宜设在下游一侧。

（2）工作井围护结构应根据工程水文地质条件、邻近建（构）筑物、地下与地上管线情况，以及结构受力、施工安全等要求，经技术经济比较后确定。

（3）工作井施工应遵守下列规定：编制专项施工方案；应根据工作井的尺寸、结构形式、环境条件等因素确定支护（撑）形式；土方开挖过程中，应遵循"开槽支撑、先撑后挖、分层开挖、严禁超挖"的原则进行开挖与支撑；井壁应保证稳定和干燥，并应及时封底；井底封底前，应设置集水坑，坑上应设有盖；封闭集水坑时应进行抗浮验算；在地面井口周围应设置安全护栏、防汛墙和防雨设施；井内应设置便于上下的安全通道。

（4）顶管（顶进工作井）、盾构（始发工作井）的后背墙施工应符合下列规定：

①后背墙结构强度与刚度必须满足顶管盾构最大允许顶力和设计要求。

②后背墙平面与掘进轴线应保持垂直，表面应坚实平整，能有效地传递作用力。

③施工前必须对后背土体进行允许抗力的验算，验算通不过时应对后背土体加固，以满足施工安全、周围环境保护要求。

（5）顶管的顶进工作井后背墙还应符合下列规定：上、下游两段管道有折角时，还应对后背墙结构及布置进行设计；装配式后背墙宜采用方木、型钢或钢板等组装，底端宜在工作坑底以下且不小于500mm；组装构件应规格一致、紧贴固定；后背土体壁面应与后背墙贴紧，有孔隙时应采用砂石料填塞密实；无原土作后背墙时，宜就地取材设计结构简单、稳定可靠、拆除方便的人工后背；利用已顶进完毕的管道作后背时，待顶管道的最大允许顶力应小于已顶管道的外壁摩擦阻力；后背钢板与管口端面之间应衬垫缓冲材料，并应采取措施保护已顶入管道的接口不受损伤。

（6）工作井尺寸应结合施工场地、施工管理、洞门拆除、测量及垂直运输等要求确定，并应符合下列规定：

①顶管工作井应符合下列规定：应根据顶管机安装和拆卸、管节长度和外径尺寸、千斤顶工作长度、后背墙设置、垂直运土工作面、人员作业空间和顶进作业管理等要求确定平面尺寸；深度应满足顶管机导轨安装、导轨基础厚度、洞口防水处理、管接口连接等要求；顶混凝土管时，洞圈最低处距底板顶面距离不宜小于600mm；顶钢管时，还应留有底部人工焊接的作业高度。

②盾构工作井应符合下列规定：平面尺寸应满足盾构安装和拆卸、洞口拆除、后背墙设置、施工车架或临时平台、测量及垂直运输要求；深度应满足盾构基座安装、洞口防水处理、井与管道连接方式要求，洞圈最低处距底板顶面距离宜大于600mm。

③浅埋暗挖竖井的平面尺寸和深度应根据施工设备布置、土石方和材料运输、施工人员出入、施工排水等的需要以及设计要求进行确定。

（7）工作井洞口施工应符合下列规定：

①预留进出洞口的位置应符合设计和施工方案的要求。

②洞口土层不稳定时，应对土体进行改良，进出洞施工前应检查改良后的土体强度和渗漏水情况。

③设置临时封门时，应考虑周围土层变形控制和施工安全等要求。封门应拆除方便，拆除时应减小对洞门土层的扰动。

④顶管或盾构施工的洞口应符合下列规定：洞口应设置止水装置，止水装置联结环板应与工作井壁内的预埋件焊接牢固，并用胶凝材料封堵；采用钢管做预埋顶管洞口时，钢管外宜加焊止水环；在软弱地层，洞口外缘宜设支撑点。

⑤浅埋暗挖施工的洞口影响范围的土层应进行预加固处理。

（8）顶管（顶进工作井）内布置及设备安装、运行应符合下列规定：

①导轨应采用钢质材料，其强度和刚度应满足施工要求；导轨安装的坡度应与设计坡度一致。

②顶铁应符合下列规定：顶铁的强度、刚度应满足最大允许顶力要求；安装轴线应与管道轴线平行、对称；顶铁在导轨上滑动平稳且无阻滞现象，以使传力均匀和受力稳定；顶铁与管端面之间应采用缓冲材料衬垫，并宜采用与管端面吻合的U形或环形顶铁；顶进作业时，作业人员不得在顶铁上方及侧面停留，并应随时观察顶铁有无异常现象。

③千斤顶、油泵等主顶进装置应符合下列规定：千斤顶宜固定在支架上，并与管道中心的垂线对称，其合力的作用点应在管道中心的垂线上；千斤顶对称布置且规格应相同；千斤顶的油路应并联，每台千斤顶应有进油、回油的控制系统；油泵应与千斤顶相匹配，并应有备用油泵；高压油管应顺直、转角少；千斤顶、油泵、换向阀及连接高压油管等安装完毕，应进行试运转；整个系统应满足耐压、无泄漏要求，千斤顶推进速度、行程和各千斤顶同步性应符合施工要求；初始顶进应缓慢进行，待各接触部位密合后，再按正常顶进速度顶进；顶进中若发现油压突然增高，应立即停止顶进，检查原因并经处理后方可继续顶进；千斤顶活塞退回时，油压不得过高，速度不得过快。

（9）盾构始发工作井内布置及设备安装、运行应符合下列规定：

①盾构基座应符合下列规定：钢筋混凝土结构或钢结构，并置于工作井底板上；其结构应能承载盾构自重和其他附加荷载；盾构基座上的导轨应根据管道的设计轴线和施工要求确定夹角、平面轴线、顶面高程和坡度。

②盾构安装应符合下列规定：根据运输和进入工作井吊装条件，盾构可整体或解体运入现场，吊装时应采取防止变形的措施；盾构在工作井内安装应达到安装精度要求，并根据施工要求就位在基座导轨上；盾构掘进前，应进行试运转验收，验收合格方可使用。

③始发工作井的盾构后座采用管片衬砌、顶撑组装时，应符合下列规定：后座管片衬砌应根据施工

情况确定开口环和闭口环的数量，其后座管片的后端面应与轴线垂直，与后背墙贴紧；开口尺寸应结合受力要求和进出材料尺寸确定；洞口处的后座管片应为闭口环，第一环闭口环脱出盾尾时，其上部与后背墙之间应设置顶撑，确保盾构顶力传至工作井后背墙；盾构掘进至一定距离、管片外壁与土体的摩擦力能够平衡盾构掘进反力时，为提高施工速度可拆除盾构后座，安装施工平台和水平运输装置。

④工作井应设置施工工作平台。

（二）工作坑的分类

由于工作坑的作用不同，其称谓也有所不同，一般可以分为单向坑、双向坑、交汇坑、转向坑和多向坑等。工作坑一般多为单管顶进，有时两条或三条管道在同一工作坑内同时或先后顶进。

（三）工作坑位置的确定

工作坑位置应根据地形、管线设计、地面障碍物情况等因素确定。一般按下列条件进行选择：

（1）据管线设计情况确定，如排水管线可选在检查井处。

（2）单向顶进时，应选在管道下游端，以利排水。

（3）考虑地形和土质情况，有无可利用的原土后背等。

（4）工作坑要与被穿越的建筑物有一定的安全距离。

（5）便于清运挖掘出来的泥土和有堆放管材、工具设备的场所。

（6）距水、电源较近。

（四）工作坑的尺寸

工作坑应有足够的空间和工作面，不仅要考虑管道的下放、各种设备的进出、人员的上下以及坑内操作等必要的空间，还要考虑弃排土的位置等，因此其平面形状般采用矩形。

（1）工作坑的宽度。工作坑的宽度与管道的外径与坑深有关。一般对于较浅的坑，施工设备放在地面上；对于较深的坑，施工设备都要放在井下。

$$浅工作坑 \qquad B=D+S \qquad\qquad (7-1)$$

$$深工作坑 \qquad B=3D+S \qquad\qquad (7-2)$$

式中：B——工作坑底宽度（m）；

D——被顶进管子外径（m）；

S——操作宽度，一般可取2.4～3.2m。

（2）工作坑的长度。

$$L=L_1+L_2+L_3+L_4+L_5 \qquad\qquad (7-3)$$

式中：L——矩形工作坑的底部长度（m）；

L_1——工具管长度（m）。当采用管道第一节管作为工具管时，钢筋混凝土管不宜小于0.3m，钢管不宜小于0.6m；

L_2——管节长度（m）；

L_3——运土工作间长度（m）；

L_4——千斤顶长度（m）；

L_5——后背墙的厚度（m）。

（3）工作坑的深度。

$$H_1 = h_1 + h_2 + h_3 \qquad (7\text{-}4)$$

$$H_2 = h_1 + h_3 \qquad (7\text{-}5)$$

式中：H_1——顶进坑地面至坑底的深度（m）；

H_2——接受坑地面至坑底的深度（m）；

h_1——地面至管道底部外缘的深度（m）；

h_2——管道外缘底部至导轨底面的高度（m）；

h_3——基础及其垫层的厚度，但不应小于该处井室的基础及垫层厚度（m）。

（五）工作坑施工方法

工作坑施工方法有两种：一种方法是采用钢板桩或普通支撑，用机械或人工在选定的地点，按设计尺寸挖成，坑底用混凝土铺设垫层和基础；另一种方法是利用沉井技术，将混凝土井壁下沉至设计高度，用混凝土封底。前者适用于土质较好、地下水位埋深较大的情况，顶进后背支撑需要另外设置；后者与之相反，混凝土井壁既可以作为顶进后背支撑，又可以防止塌方，矩形工作坑的四角应加斜撑。当采用永久性构筑物做工作坑时，方可采用钢筋混凝土结构等，其结构应坚固、牢靠，能全方面地抵抗土压力、地下水压及顶进时的顶力。

（六）质量验收标准

1.主控项目

（1）工程原材料、成品、半成品的产品质量应符合国家相关标准规定和设计要求。

检查方法：检查产品质量合格证、出厂检验报告和进场复验报告。

（2）工作井结构的强度、刚度和尺寸应满足设计要求，结构无滴漏和线流现象。

检查方法：观察并按有关规定逐座进行检查，检查施工记录。

（3）混凝土结构的抗压强度等级、抗渗等级符合设计要求。

检查数量：每根钻孔灌柱桩、每幅地下连续墙混凝土为一个验收批，抗压强度、抗渗试块应各留置一组；沉井及其他现浇结构的同一配合比混凝土，每工作班且每浇筑100m³为一个验收批，抗压强度试块留置不应少于一组；每浇筑500m³混凝土抗渗试块留置不应少于一组。

检查方法：检查混凝土浇筑记录，检查试块的抗压强度、抗渗试验报告。

2.一般项目

（1）结构无明显渗水和水珠现象。

检查方法：按有关规定逐座观察。

（2）顶管（顶进工作井）、盾构（始发工作井）的后背墙应坚实、平整；后座与井壁后背墙联系紧密。

检查方法：逐个观察，检查相关施工记录。

（3）两导轨应顺直、平行、等高，盾构基座及导轨的夹角符合规定；导轨与基座连接应牢固可靠，不得在使用中产生位移。

检查方法：逐个观察、量测。

第二节　顶管施工

一、顶管施工工序

顶管施工的基本程序是：在铺设管道前，应事先在管的一端建造一个工作坑（也称竖井）。在工作坑内的顶进轴线后方布置后背墙、千斤顶，将铺设的管道放在千斤顶前面的导轨上，管道的最前端安装工具管。当管道高程、中心位置调整准确后开启千斤顶，使工具管的刃角切入土层，此时，工人可进入工作面挖掘刃角切入土层的泥土，并随时将弃土通过运土设备从顶进坑吊运至地面。

当千斤顶达到最大行程后缩回，放入顶铁，继续顶进。如此不断加入顶铁，管道不断向土中延伸。当坑内导轨上的管道几乎全部顶入土中后，缩回千斤顶，吊去全部顶铁，将下一节管段吊下坑，安装在管段的后面，接着继续顶进。

二、顶进施工工艺方式

（一）基本要求

（1）顶进施工应根据工程具体情况采用下列技术措施：

①一次顶进距离大于100m时，应采用中继间技术。

②在砂砾层或卵石层顶管时，应采取管节外表面融蜡措施、触变泥浆技术等减少顶进阻力和稳定周围土体。

③长距离顶管应采用激光定向等测量控制技术。

（2）计算施工顶力时，应综合考虑管节材质、顶进工作井后背墙结构的允许最大荷载、顶进设备能力、施工技术措施等因素。施工最大顶力应大于顶进阻力，但不得超过管材或工作井后背墙的允许顶力。

（3）施工最大顶力有可能超过允许顶力时，应采取减少顶进阻力、增设中继间等施工技术措施。

（4）顶进阻力计算应按当地的经验公式或式（6-6）计算：

$$F_P = \pi D_o L f_k + N_F \tag{7-6}$$

式中：F_P——顶进阻力（kN）；

D_o——管道的外径（m）；

L——管道设计顶进长度（m）；

f_k——管道外壁与土的单位面积平均摩阻力（kN/m²），通过试验确定；

N_F——顶管机的迎面阻力（kN）。

（5）开始顶进前应检查下列内容，确认条件具备时方可开始顶进。

①全部设备经过检查、试运转。

②顶管机在导轨上的中心线、坡度和高程应符合要求。

③防止流动性土或地下水由洞口进入工作井的技术措施。

④拆除洞口封门的准备措施。

（6）顶管进、出工作井时应根据工程地质和水文地质条件、埋设深度、周围环境和顶进方法，选择技术经济合理的技术措施，并应符合下列规定：

①应保证顶管进、出工作井和顶进过程中洞圈周围的土体稳定。

②应考虑顶管机的切削能力。

③洞口周围土体含地下水时，若条件允许可采取降水措施或注浆等措施加固土体以封堵地下水；在拆除封门时，顶管机外壁与工作井洞圈之间应设置洞口止水装置，防止顶管施工时泥水渗入工作井。

④工作井洞口封门拆除应符合下列规定：钢板桩工作井，可拔起或切割钢板桩露出洞口，并采取措施防止洞口上方的钢板桩下落；工作井的围护结构为沉井工作井时，应先拆除洞圈内侧的临时封门，再拆除井壁外侧的封板或其他封填物；在不稳定土层中顶管时，封门拆除后应将顶管机立即顶入土层。

⑤拆除封门后，顶管机应连续顶进，直至洞口及止水装置发挥作用为止。

⑥在工作井洞口范围可预埋注浆管，管道进入土体之前可预先注浆。

（二）顶进施工工艺

（1）土压平衡式机头。土压平衡式机头的密封舱设置在工具管的前方，舱内装有刀盘、压力传感器、螺旋输送器、观测孔等装置。土压平衡就是将刀盘切削下来的土、砂中注入流动性和不透性水的"作泥材料"，然后在刀盘强制转动、搅拌下，使切削下来的土变成流动性的、不透水的特殊土体使之充满密封舱。工作人员可在密封舱外，借助观测孔、压力传感器和仪表通过操作电控开关来控制刀盘切削和顶进速度。

螺旋输送器的出土量和顶进速度，应与刀盘的切削速度相配合，以保持密封舱内的土压力与开挖面的土压力始终处于平衡状态。另外，该机头常用于含水量较高的黏性、砂性土以及地面隆陷值要求控制较严格的地区。

（2）水力切削式机头。水力切削式机头主要有三铰式和套筒式两种类型。

①三铰式水力切削机头由三段组成，常用于管径1200～3000mm饱和软土层顶管施工。首段位于机头的前方，设有一密封舱，舱内装有高压水枪、刃角、格栅、泥浆吸口、输泥管等。前段与中段之间设一对水平铰，可通过上下纠偏油缸的伸缩使工具管上下转动；中段与后段之间设一垂直铰，可通过左右油缸的伸缩使工具管左右转动，因此该工具管使用时，上下纠偏与左右纠偏是分开的，彼此互不干扰且纠角明确。它适用于不同土层顶管，因为首段的铰链可以拆卸，可按土层不同更换首段。

②套筒式水力切削机头由两段组成，在第一段与第二段之间放一套筒，使两段连接在一起。套筒与第一段之间，在上下方向布置纠偏千斤顶，水平方向设置铰链，依靠上下方向千斤顶的伸缩实现高低方向的纠偏，依靠水平方向千斤顶的伸缩实现左右方向的纠偏。机头的首段与三铰式水力切削机头首段的构造相同。

（3）泥水平衡式机头。泥水平衡式机头常用于控制地面变形小于3cm，工作面位于地下水位以下，渗透系数大于10^{-1}cm/s的黏性土、砂性土、粉砂质土的作业条件。其特点是挖掘面稳定，地面沉降小，可以连续出土，但因泥水量大，弃土的运输和堆放都比较困难。

泥水平衡式机头和土压平衡式机头一样，都是在机头前方设有密封舱、刀盘、压力传感器、螺旋输送器等设备。施工时，随着工具管的推进，刀盘不停地转动，进泥管不断地进泥水，而抛泥管则不断地将混有弃土的泥水抛出密封舱。在密封舱内，常采用护壁泥浆来平衡开挖面的土压力，即保持一定的泥水压力，以此来平衡土压力和地下水压力。

（4）手掘式工具管。手掘式工具管有无纠偏装置和有纠偏装置两类。施工时，工人可以直接进入工作面挖掘，并随时观察土层与工作面的稳定状态，遇有障碍物、偏差时，易于采取应变措施及时处理，造价低廉、便于掌握；其缺点是效率低下，必须将地下水水位降至管基以下0.5m后方可施工。根据管径的大小和土体的稳定程度，工具管的刃口又分为有格栅和无格栅两种，一般管径较大时，应有格栅，以防坍塌。

在土质比较稳定的情况下，首节管可以不带前面的管帽，直接由首节管作为工具管进行顶管施工，也是常用的一种顶管施工方法。

（5）机械式开挖工具管。机械式开挖工具管一般适用于无地下水干扰、土质稳定的黏性土或砂性土层。在工具管的前方装有由电动机驱动的刀盘。刀盘径向转动的叫径向切削机头，纵向转动的叫纵向切削机头，被挖下来的土体由皮带运输机运出。

（6）挤压式工具管。挤压式工具管一般适用于大中口径的管道，对潮湿、可压缩的黏性土、砂性土较为适宜。它是将工作面用胸板隔开后，在胸板上留有一喇叭口形的锥筒，当顶进时将土体挤入喇叭口内，土体被压缩成从锥筒口吐出的条形土柱。待条形土柱达到一定长度后，再用钢丝将其割断，由运土工具吊运至地面。

（7）挤密土层式工具管。挤密土层式工具管可分为锥形和管帽形，工具管安装在被顶管道的前方，顶进时，工具管借助千斤顶的顶力将管子直接挤入土层里，管子周围的土层被挤密实，常引起地面较大的变形。

挤密土层式工具管只应用在潮湿的黏土、砂土、粉质黏土，顶距较短的小口径钢管、铸铁管，对地面变形要求不高的地段上。另外，与挤密土层施工原理相似但工艺原理不同的有牵引法施工和气动冲孔法施工。

三、顶管系统

管道顶管中的顶管系统包括导轨、顶铁、千斤顶（油泵）、后背及后背墙。

（一）导轨

导轨用工字钢或槽钢做成，也可以采用滚轮式导轨。导轨起导向的作用，它支托未入土的管段和顶铁。这种导轨的优点是可以调节导轨的两轨中距，适用不同的管径，而且可以减小导轨对管子的摩擦。

（二）顶铁

顶铁是为了弥补千斤顶行程不足而设置的。顶铁要传递顶力，所以顶铁两面要平整，厚度要均匀，受压强度要高，刚度要大，以确保工作时不会失稳。

顶铁是由各种型钢拼接制成的，有U形、弧形和环形几种。其中U形顶铁一般用于钢管顶管，使用时开口向上，弧形内圆与顶管的内径相同；弧形顶铁使用方式与U形相似，一般用于钢筋混凝土管顶管；环形顶铁是直接与管段接触的，它的作用是将顶力尽量均匀地传递到管段上。

（三）千斤顶和油泵

千斤顶宜固定在支架上，并与管道中心的垂线对称，其合力的作用点应在管道中心的垂直线上；千斤顶合力作用点除与管道中心的垂线对称外，其高提的位置，一般位于管子总高1/4～1/5处，若高提值过大则促使管节越顶越低。

油泵宜设置在千斤顶附近，油管应顺直、转角少；油泵应与千斤顶相匹配，并应有备用油泵。油泵安装完毕，应进行试运转；顶进开始时，应缓慢进行，待各接触部位密合后，再按正常顶进速度顶进；顶进中若发现油压突然增高，应立即停止顶进，检查原因并经处理后方可继续顶进。千斤顶活塞退回时，油压不得过大，速度不得过快。

（四）后背及后背墙

后背是指千斤顶与后背墙之间设置木板、方木等传力构件，使其顶力均匀地传给后背墙，千斤顶的支撑结构是后背墙，在管子顶进过程中所受到的全部阻力，可通过千斤顶传递给后背及后背墙。后背墙的强度和刚度应满足传递最大顶力的需求。

后背墙最好依靠原土加排方木修建。据以往经验，当顶力小于400t时，后背墙后的原土厚度不小于7.0m就不致发生大位移现象（墙后开槽宽度不大于3.0m）。当无原土作后背墙时，应设计结构简单、稳定可靠、就地取材、拆除方便的人工后背墙。利用已顶进完毕的管道作后背时，待顶管道的顶力应小于已顶管道的顶力；后背钢板与管口之间应衬垫缓冲材料；采取措施保护已顶入管道的接口不受损伤。在未保留原土的情况下，利用已修好的管道作后墙时，可以修筑跨在管道上的块石挡土墙作为人工后背墙。

四、其他设备

（一）吊装设备

为了便于工作坑内材料和机械的垂直运输，一般在顶管现场需要设置吊装设备。施工中常用的除轮式起重机外，还有起重桅杆和门式吊车。起重桅杆一般适用于管径较小、顶管规模不大的顶管施工；门式吊车由于吊装方便，操作安全而使用范围较广。

（二）出泥设备

大口径顶管在顶进过程中，需要不断地排除进入管中的泥土。由于泥土有不同的状态，排除的方法也各不相同。当地下水位埋深较大，顶管采用不受地下水影响的人工掘进顶管法和机械掘进顶管时，如果距离短，土方量小时，可以用手推车运土；如果距离长，土方量大时，可以用绞车牵引有轨或无轨矿车运土。如果顶管受地下水影响或采用水力掘进顶管法时，排除的是泥浆，这时可以采用水力吸泥机或泥浆泵。

（三）通风设备

对于长距离和超长距离顶管，管道内通风是必要的，操作人员在地下作业要不断地补充新鲜空气，作业中的废气需要及时排除。地下作业通风的最低标准是每人每小时30m³，相当于0.5m³/min的耗量。管内通风通常采用鼓风机，并配上塑料材料制成的软鼓风管，距离较远时再在沿途增设轴流风机接力通风，这种方法的设备简单，成本低，常被采用。

五、顶管施工

根据口径的不同，管道可以分为小口径、中口径和大口径三种。小口径是指内径小于800mm且不适宜人进入操作的管道；中口径管道的内径为800~1800mm；大口径管道是指内径不小于1800mm且操作人员进出比较方便的管道。通常来说，人们所说的顶管法施工主要是针对大口径管道而言。管道顶进作业的操作要求根据所选用的工具管和施工工艺的不同而不同。

（一）大口径顶管

（1）人工掘进顶管。由人工负责管前挖土，随挖随顶，挖出的土方由手推车或矿车运到工作坑，然后用吊装机械吊出坑外。这种顶进方法工作条件差，劳动强度大，仅适用于顶管不受地下水影响、距离较短的场合。

（2）机械掘进顶管法。除了掘进和管内运土不同外。机械掘进顶管法与手工掘进顶管法大致相同，它是在顶进工具管内安装了一台小型掘土机，把掘出来的土装在其后的上料机上，然后通过矿车、吊装机械将土直接排弃到坑外。该法不受地下水的影响，可适用于较长距离的施工现场。

（3）水力掘进顶管法。水力掘进顶管法是利用管端工具管内设置的高压水枪喷出高压水，将管前端的水冲散，变成泥浆，然后用水力吸泥机或泥浆泵将泥浆排除出去。管道顶进工作应连续进行，除非管道在顶进过程中，工具管前方遇到障碍，后背墙变形严重，顶铁发生扭曲现象，管位偏差过大且校正无效，顶力超过管端的允许顶力，油泵、油路发生异常现象，接缝中漏泥浆等情况时，应暂停顶进，并应及时处理。顶管过程中，前方挖出的土可用卷扬机牵引或电动、内燃的运土小车及时运送，并由起重设备吊运到工作坑外，避免管端因堆土过多而下沉或改变工作环境。

（二）小口径顶管

小口径顶管是指内径小于800mm的管道。常用的小口径顶管管材有无缝钢管、有缝钢管、混凝土管（包括钢筋混凝土管）和可铸铁管。这种小口径管道一般不易进入或者无法进入，不可能进行管内操作，因此与大口径管道顶管相比有其特殊性。

小口径顶管常用的施工方法可以分为挤压类、螺旋钻输类和泥水钻进类三种。

（1）挤压类。挤压类施工法常适用于软土层，如淤泥质土、砂土、软塑状态的黏性土等，不适用于土质不均或混有大小石块的土层。其顶进长度一般不超过30m。

挤压类顶管管端的形状有锥形挤压（管尖）和开口挤压（管帽）两种。锥形挤压类顶管正面阻力较大，容易产生偏差，特别是土体不均和碰到障碍时更容易产生偏差。管道压入土中时，管道正面挤土并将管轴线上的土挤向四周，无须排泥。

为了减少正面阻力，可以将管端呈开口状，顶进时土体挤入管内形成土塞。当土塞增加到一定长度时，土塞不再移动。如果仍要减少正面阻力，必须在管内取土，以减少土塞的长度。管内取土可采用干出泥或水冲法。

（2）螺旋钻输类。螺旋钻输类顶管是指在管道前端管外安装螺旋钻头，钻头通过管道内的钻杆与螺旋输送机连接。随着螺旋输送机的转动，带动钻头切削土体，同时将管道顶进，就边顶进、边切削、边输送，将管道逐段向前铺设。这类顶管法适用于砂性土、砂砾土以及呈硬塑状态的黏性土，顶进距离可达100m左右。

（3）泥水钻进类。泥水钻进顶管法是指采用切削法钻进，弃土排放用泥水作为载体的一类施工方法，常适用于硬土层、软岩层及流砂层和极易坍塌的土层。

由于碎石型泥水掘进机具有切削和破碎石块的功能，故而常采用碎石型泥水掘进机顶进管道，一次可顶进100m以上，偏差很小。顶进过程中产生的泥水，一般由送水管和排泥管构成流体输送系统来完成。

扩管也是小口径顶管中常用的一种工艺，它是先把一根直径比较小的管道顶好，然后在这根管道的末端安装上一只扩管器，再把所需管径的管道顶进去，或者把扩管器安装在已顶管子的起端，将所需的管道拖入。

六、测量与偏差

（一）测量

顶管施工中的测量，应建立地面与地下测量控制系统，控制点应设在不易扰动、视线清楚、方便校核、利于保护处。在管道顶进的全部过程中应控制工具管前进的方向，并应根据测量结果分析偏差产生的原因和发展趋势，确定纠偏的措施。

在管道顶进过程中，应对工具管的中心和高程进行测量。测量工作应及时、准确，以便管节正确地就位于设计的管道轴线上。

一般情况下，高程测量可用水准仪测量；轴线测量可用经纬仪监测；转动常用垂球进行测量。如采用较先进的测量方法，可采用激光经纬仪测量。测量时，在工作坑内安装激光发射器，按照管线设计的坡度和方向将发射器调整好，同时管内装上接收靶，靶上刻有尺度线。当顶进的管道与设计位置一致时，激光点直射靶心，说明顶进质量良好，没有偏差。

全段顶完后，应在每个管节接口处测量其轴线位置和高程；有错口时，应测出相对高差。测量记录应完整、清晰。

（二）纠偏

管道在顶进过程中，由于工具管迎面阻力分布不均匀，管壁周围摩擦力不均和千斤顶顶力的微小偏移等都可以导致工具管前进的方向出现偏移或旋转。

（1）衬垫校正法。对于在淤泥或流砂地段施工的管子，因地基承载力较弱，经常出现管子低头现象，这时应在管底或管子一侧添加木楔，使管道沿着正确的方向顶进。

（2）挖土校正法。即通过采用在不同部位增减挖土量的办法以达到校正的目的，其校正误差范围一般不要大于10~20mm。该法多用于黏土或地下水位以上的砂土中。

根据施工部位的不同，可分为管内挖土纠偏和管外挖土纠偏两种。当采用管内挖土纠偏时，开挖面一侧保留土体，另一侧开挖，顶进时土体的正面阻力移向保留土体的一侧，管道向该侧纠偏。如采用管外挖土纠偏，则管内的土被挖净，并挖出刃口，管外形成洞穴。洞穴的边缘，一边在刃口内侧，一边在刃口外侧，顶进时管道顺着洞穴方向移动。

（3）强制校正法。当偏差大于20mm时，用挖土法已不易校正，可用圆木或方木顶在管子偏离中心的一侧管壁上，另一端装在垫有钢板或木板的管前土壤上，支架稳固后，利用千斤顶给管子施力，使管子得到校正。

如管道在弱土层或流砂层内顶进时，很容易出现下陷的情况；如管道前端堆土过多外运不及时时，也容易下陷；此外错口现象也时有发生。当出现此类现象时，可采用强制校正法进行校正。

七、顶管施工质量要求

（一）顶管管道

1.主控项目

（1）管节及附件等工程材料的产品质量应符合国家有关标准的规定和设计要求。

检查方法：检查产品质量合格证明书、各项性能检验报告，检查产品制造原材料质量保证资料；检查产品进场验收记录。

（2）接口橡胶圈安装位置正确，无位移、脱落现象；钢管的接口焊接质量应符合相关规定，焊缝无损探伤检验符合设计要求。

检查方法：逐个接口观察；检查钢管接口焊接检验报告。

（3）无压管道的管底坡度无明显反坡现象；曲线顶管的实际曲率半径符合设计要求。

检查方法：观察；检查顶进施工记录、测量记录。

（4）管道接口端部应无破损、顶裂现象，接口处无滴漏。

检查方法：逐节观察，其中渗漏水程度检查按有关规定。

2.一般项目

（1）管道内应线形平顺，无突变、变形现象；一般缺陷部位应修补密实、表面光洁；管道无明显渗水和水珠现象。

（2）管道与工作井出、进洞口的间隙连接牢固，洞口无渗漏水。

检查方法：观察每个洞口。

（3）钢管防腐层及焊缝处的外防腐层及内防腐层质量验收合格。

检查方法：观察。

（4）有内防腐层的钢筋混凝土管道，防腐层应完整、附着紧密。

检查方法：观察。

（5）管道内应清洁，无杂物、油污。

检查方法：观察。

（二）垂直顶升管道

1.主控项目

（1）管节及附件的产品质量应符合国家相关标准的规定和设计要求。

检查方法：检查产品质量合格证明书、各项性能检验报告，检查产品制造原材料质量保证资料；检查产品进场验收记录。

（2）管道直顺，无破损现象；水平特殊管节及相邻管节无变形、破损现象；顶升管道底座与水平特殊管节的连接符合设计要求。

检查方法：逐个检查，检查施工记录。

（3）管道防水、防腐蚀处理符合设计要求；无滴漏和线流现象。

检查方法：逐个观察；检查施工记录，渗漏水程度检查。

2.一般项目

（1）管节接口连接件安装正确、完整。

检查方法：逐个观察；检查施工记录。

（2）防水、防腐层完整，阴极保护装置符合设计要求。

检查方法：逐个观察，检查防水、防腐材料技术资料、施工记录。

（3）管道无明显渗水和水珠现象。

检查方法：逐节观察。

第三节　盾构法施工

盾构是集地下掘进和衬砌为一体的施工设备，广泛应用于地下给水排水管沟、地下隧道、水下隧道、水工隧洞、城市地下综合管廊等工程。

一、盾构分类

盾构施工根据切削环与工作面的关系，可分为气压盾构、土压平衡式盾构、泥水加压式盾构、挤压式盾构、手掘式盾构、半机械式盾构等。

（一）气压盾构

气压盾构是在机械式盾构的切口环和支撑环之间装上隔板，使切口环部分形成一个密封舱，舱中通入压缩空气，以平衡开挖面的土压力。由于某些技术问题尚待解决，故目前各地应用不多。

（二）土压平衡式盾构

土压平衡式盾构是最新型的一种盾构，它的前端有一个全断面切削刀盘，中心或下部有长筒形螺旋运输机进土口，其出土口则在密闭舱外。

（三）泥水加压式盾构

泥水加压式盾构的配套设备比较多，不仅要有一套自动控制和泥水输送的系统，还要有专门的泥水处理系统。它是通过在局部气压密封舱内通入泥水（泥浆），利用泥水压力来支撑开挖面，借以克服盾尾的漏气问题。刀盘切削下来的土，可利用泥水通过管道输送到地面上。

（四）挤压式盾构

挤压式盾构仅适用于松软可塑的黏性土层，适用范围比较小，可以分为全挤压及半挤压两种。全挤压盾构是将手掘式盾构的开挖工作面用胸板封闭起来，把土层挡在胸板外，这样就比较安全可靠，没有水、砂涌入及土体坍塌的危险，并省去了出土工序。半挤压盾构则是在封闭胸板上局部开孔，当盾构推进时，土体从孔中挤入盾构，装车外运，省去了人工开挖，劳动条件比手掘式盾构大为改善，效率也成倍提高。

（五）手掘式盾构

手掘式盾构的正面是敞开的，施工人员可以随时观察地层变化情况，及时采取应对措施；当在地层中遇到桩、孤石等地下障碍物时，比较容易处理；还可以向需要方向超挖，容易进行盾构纠偏，也便于在隧道的曲线段施工，造价低，结构设备简单，易制造。其主要缺点是在含水地层中，当开挖面出现渗水、流砂时，必须辅以降水、气压或地层加固等措施；若工作面发生塌方，易危及人身及工程的安全，劳动强度大，效率低、进度慢，在大直径盾构中尤为突出。但由于其简单易行，目前在地质条件较好的工程中仍广泛应用。

（六）半机械式盾构

半机械式盾构的适用范围与手掘式盾构基本一样，它是在手掘式盾构正面安装上挖土机械来代替人工开挖的。根据地层条件，可以安装反铲挖土机或螺旋切削机；如果土质坚硬，也可安装软岩掘进机的切削头。其特点除可减轻工人劳动强度外，其余均与手掘式盾构相似。

二、盾构选择

由于盾构的机动性，盾构法施工可以实现曲线顶进。选择盾构形式时，要考虑到掘进地段的土质、施工段长度、地面情况、管廊形状、管廊用途、工期等因素。如安装不同的掘进机构，盾构可在岩层、砂卵石层、密实砂层、黏土层、流砂层和淤泥层中掘进。

（一）盾构结构

盾构是一个钢质的筒状壳体，它是由切削环、支撑环、盾尾三部分组成的，其内部设有挖掘、推进、拼装拱环等机构。

切削环位于盾构壳体的前部，其前面为挖土工作面，对工作面具有支撑作用；同时，切削环也可作为一种保护罩，在环内安装挖土设备，或者由工人在切削环内进行挖土和出土施工。支承环位于壳体的中部，环内常安装液压千斤顶等推进装置；衬砌环位于盾尾，用于衬砌砌块。盾尾一般由盾构外壳钢板延长构成，主要用于掩护管道衬砌块的安装工作。盾尾末端设有密封装置，以防止水、土及注浆材料从盾尾与衬砌块之间进入盾构内；盾壳外径与衬砌外径间的建筑空隙，在满足盾构纠偏要求的前提下应尽量减小。盾尾密封装置要将经常变化的空隙加以密封，因此材料要富有弹性，构造形式要求耐磨损、耐撕裂。

（二）盾构外径

盾构外壳厚度可按弹性圆环设计。盾构外径 D 可由式（7-7）确定：

$$D=d+2（h+x+t）\qquad（7\text{-}7）$$

式中：d——管端竣工内径；

h——一次衬砌和二次衬砌的总厚度；

x——衬砌块与盾壳间的空隙量；

t——盾构的外壳厚度。

空隙量 x 是在盾构曲线顶进时或掘进过程中校正盾构位置所必需的，它与衬砌环遮盖部分的长度、砌块环外径有关，如式（7-8）所示：

$$x=ML/D_o\qquad（7\text{-}8）$$

式中：M——衬砌环遮盖部分的衬砌长度；

L——砌块环上顶点能转动的最大水平距离；

D_o——砌块环外径。

在实际制作时，r值常取$0.008 \sim 0.010 D_o$，故盾构的外径为：

$$D = (1.008 - 1.010 D_o) + 2t \qquad (7\text{-}9)$$

（三）盾构的长度

盾构是由切削环、支承环和衬砌环三部分组成的，故盾构的长度也应是这三部分长度的总和。盾构全长L为：

$$L = L_1 + L_2 + L_3 \qquad (7\text{-}10)$$

式中：L_1——切削环长度；

L_2——支承环长度；

L_3——衬砌环长度。

（1）切削环长度。切削环长度主要取决于工作面开挖时，为了保证土方按其自然倾斜角坍塌而使操作安全所需的长度，即：

$$L_1 = D / \tan\alpha \qquad (7\text{-}11)$$

式中：α——土坡与地面所成的夹角，通常情况下夹角为45°。

大直径手挖盾构一般设有水平隔板，其切削环长度为：

$$L_1 = H / \tan\alpha \qquad (7\text{-}12)$$

式中：H——平台高度，即工人工作需要的高度，通常不大于2000mm。

（2）支承环长度。支承环长度为：

$$L_2 = W_1 + C_1 \qquad (7\text{-}13)$$

式中：W_1——千斤顶长度；

C_1——余量，通常取$200 \sim 300$mm.

（3）衬砌环长度。衬砌环长度应保证在其内组装衬砌块的需要，还要考虑到损坏砌块的更换、修理千斤顶以及顶进时所需的长度：

$$L_3 = KW + C_2 \qquad (7\text{-}14)$$

式中：K——系数，取1.5；

W——砌块的宽度；

C_2——余量，通常取$100 \sim 200$mm。

衬砌环处盾壳厚度可按经验公式计算确定，如式（7-15）：

$$t = 0.02 + 0.01(D - 4) \qquad (7\text{-}15)$$

式中：D——盾构外径（m）。

大直径手挖盾构的机动性以机动系数K表示：

$$K = L / D \qquad (7\text{-}16)$$

式中：D——盾构外径；

L——盾构全长。

实践中，对于外径为6～12m的大型盾构，机动系数为0.75；对于外径为3～6m的中型盾构，机动系数为1.0；对于外径为2～3m的小型盾构，机动系数为1.5。

三、盾构法施工

（一）一般规定

（1）盾构法施工应根据设计要求和工程具体情况确定盾构类型、施工工艺，布设管片生产及地下、地面生产辅助设施，做好施工准备工作。

（2）钢筋混凝土管片生产应符合有关规定和设计要求，并应符合下列规定：

①模具、钢筋骨架按有关规定验收合格。

②经过试验确定混凝土配比，普通防水混凝土坍落度不宜大于70mm；水、水泥、外掺剂用量偏差应控制在±2%；粗、细骨料用量允许偏差应为±3%。

③混凝土保护层厚度较大时，应设置防表面混凝土收缩的钢筋网片。

④混凝土振捣密实，不得碰伤钢模芯棒、钢筋钢模及预埋件等；外弧面收水时应保证表面光洁，无明显收缩裂缝。

⑤管片养护应根据具体情况选用蒸汽养护、水池养护或自然养护。

（3）在脱模、吊运、堆放等过程中，应避免碰伤管片。

（4）管片应按拼装顺序编号排列堆放。管片粘贴防水密封条前应将槽内清理干净；粘贴时应牢固、平整、严密，位置准确，不得有起鼓、超长和缺口等现象；粘贴后应采取防雨、防潮、防晒等措施。

（5）盾构进、出工作井施工应符合下列规定：

①土层不稳定时需对洞口土体进行加固，盾构出始发工作井前应对经加固的洞口土体进行检查。

②出始发工作井拆除封门前应将盾构靠近洞口，拆除后应将盾构迅速推入土体内，缩短正面土层的暴露时间；洞圈与管片外壁之间应及时安装洞口止水密封装置。

③盾构出工作井后的50～100环内，应加强管道轴线测量和地层变形监测；并应根据盾构进入土层阶段的施工参数，调整和优化下阶段的掘进作业要求。

④进接收工作井阶段应降低正面土压力，拆除封门时应停止推进，确保封门的安全拆除；封门拆除后盾构应尽快推进和拼装管片，缩短进接受工作井时间；盾构到达接收工作井后应及时对洞圈间隙进行封闭。

⑤盾构进接收工作井前100环应进行轴线、洞门中心位置测量，根据测量情况及时调整盾构推进姿态和方向。

（6）盾构法施工及环境保护的监控内容应包括：地表隆沉、管道轴线监测，以及地下管道保护、地面建（构）筑物变形的量测等。有特殊要求时还应进行管道结构内力、分层土体变位、孔隙水压力的测量。施工监测情况应及时反馈，并指导施工。

（7）盾构法施工中对已成形管道轴线和地表变形进行监测应符合相关规定。穿越重要建（构）筑物、公路及铁路时，应连续监测。

（8）盾构法施工的给排水管道应按设计要求施做现浇钢筋混凝土二次衬砌。现浇钢筋混凝土二次衬砌前应隐蔽验收合格，并应符合下列规定：

①所有螺栓应拧紧到位，螺栓与螺栓孔之间的防水垫圈无缺漏。

②所有预埋件、螺栓孔、螺栓手孔等进行防水、防腐处理。

③管道如有渗漏水，应及时封堵处理。

④管片拼装接缝应进行嵌缝处理。

⑤管道内清理干净，并进行防水层处理。

（9）现浇钢筋混凝土二次衬砌应符合下列规定：

①衬砌的断面形式、结构形式和厚度，以及衬砌的变形缝位置和构造符合设计要求。

②衬砌分次浇筑成型时，应按"先下后上、左右对称、最后拱顶"的顺序分块施工。

③下拱式非全断面衬砌时，应对无内衬部位的一次衬砌管片螺栓手孔封堵抹平。

（10）全断面的钢筋混凝土二次衬砌，宜采用台车滑模浇筑，其施工应符合下列规定：

①组合钢拱模板的强度、刚度，应能承受泵送混凝土荷载和辅助振捣荷载，并应确保台车滑模在拆卸、移动、安装等施工条件下不变形。

②使用前模板表面应清理并均匀涂刷混凝土隔离剂，安装应牢固，位置正确；与已浇筑完成的内衬搭接宽度不宜小于200mm，另一端面封堵模板与管片的缝隙应封闭；台车滑模应设置辅助振捣。

③钢筋骨架焊接应牢固，符合设计要求。

④采用和易性良好、坍落度适当的泵送混凝土，泵送前应不产生离析。

⑤衬砌应一次浇筑成型，并应符合下列要求：泵送导管应水平设置在顶部，插入深度宜为台车滑模长度的2/3，且不小于3m；混凝土浇筑应左右对称，高度基本一致，并应视情况采取辅助振捣；泵送压力升高或顶部导管管口被混凝土埋入超过2m时，导管可边泵送边缓慢退出；导管管口至台车滑模端部时，应快速拔出导管并封堵；混凝土达到规定的强度方可拆模；拆模和台车滑模移动时不得损伤已浇筑混凝土；混凝土缺陷应及时修补。

（二）盾构掘进

1.盾构掘进的一般规定

（1）应根据盾构机类型采取相应的开挖面稳定方法，确保前方土体稳定。

（2）盾构掘进轴线按设计要求进行控制，每掘进一环应对盾构姿态、衬砌位置进行测量。

（3）在掘进中逐步纠偏，并采用小角度纠偏方式。

（4）根据地层情况、设计轴线、埋深、盾构机类型等因素确定推进千斤顶的编组。

（5）根据地质、埋深、地面的建筑设施及地面的隆沉值等情况，及时调整盾构的施工参数和掘进速度。

（6）掘进中遇有停止推进且间歇时间较长时，应采取维持开挖面稳定的措施。

（7）在拼装管片或盾构掘进停歇时，应采取防止盾构后退的措施。

（8）推进中盾构旋转角度偏大时，应采取纠正的措施。

（9）根据盾构选型、施工现场环境，合理选择土方输送方式和机械设备。

（10）盾构掘进每次达到1/3管道长度时，对已建管道部分的贯通测量不少于1次；曲线管道还应增加贯通测量次数。

（11）应根据盾构类型和施工要求做好各项施工、掘进、设备和装置运行的管理工作。

（12）盾构掘进中遇有下列情况之一，应停止掘进，查明原因并采取有效措施：盾构位置偏离设计轴线过大；管片严重碎裂和渗漏水；盾构前方开挖面发生坍塌或地表隆沉严重；遭遇地下不明障碍物或意外的地质变化；盾构旋转角度过大，影响正常施工；盾构扭矩或顶力异常。

2.始顶

盾构的始顶是指盾构在下放至工作坑导轨上后，自起点井开始至完全没入土中的这一段距离。它常需要借助另外的千斤顶来进行顶进工作。

盾构千斤顶是以已砌好的砌块环作为支承结构来推进盾构的，在始顶阶段，尚未有已砌好的砌块环，在此情况下，常常通过设立临时支撑结构来支撑盾构千斤顶。一般情况下，砌块环的长度为30~50m。在盾构初入土中后，可在起点井后背与盾构衬砌环内，各设置一个其外径和内径均与砌块环的外径和内径相同的圆形木环。在两木环之间砌半圆形的砌块环，而在木环水平直径以上用圆木支撑，作为始顶段的盾构千斤顶的支承结构。随着盾构的推进，第一圈永久性砌块环用黏结料紧贴木环砌筑。

在盾构从起点井进入土层时，由于起点井井壁挖口的土方很容易坍塌，因此必要时可对土层采取局部加固措施。

3.顶进

（1）确保前方土体的稳定，在软土地层，应根据盾构类型采取不同的正面支护方法。

（2）盾构推进轴线应按设计要求控制质量，推进中每环测量一次。

（3）纠偏时应在推进中逐步进行。

（4）推进千斤顶应根据地层情况、设计轴线、埋深、胸板开孔等因素确定。

（5）推进速度应根据地质、埋深、地面的建筑设施及地面的隆陷值等情况调整盾构的施工参数。

（6）盾构推进中，遇有需要停止推进且间歇时间较长时，必须做好正面封闭、盾尾密封并及时处理。

（7）在拼装管片或盾构推进停歇时，应采取防止盾构后退的措施。

（8）当推进中盾构旋转时，应采取纠正的措施。

（9）根据盾构选型，施工现场环境，选择土方输送方式和机械设备。

4.挖土

在地质条件较好的工程中，手工挖土依然是最好的一种施工方式。工人挖土在切削环保护罩内接连不断地挖土，工作面逐渐呈现锅底形状，其挖深应等于砌块的宽度。为减少砌块间的空隙，贴近盾壳的土可由切削环直接切下，其厚度为10~15cm。如果是在不能直立的松散土层中施工，可将盾构刃脚先行切入工作面，然后由工人在切削环保护罩内施工。

对于土质条件较差的土层，可以支设支撑，进行局部挖土。局部挖土的工作面在支设支撑后，应依次进行挖掘。局部挖掘应从顶部开始，当盾构刃脚难以先切入工作面，如砂砾石层，可以先挖后顶，但必须严格控制每次掘进的纵深。

（三）管片拼装

1.管片拼装应符合的有关规定

（1）管片下井前应进行防水处理，管片与连接件等应有专人检查，配套送至工作面，拼装前应检查管片编组编号。

（2）千斤顶顶出长度应满足管片拼装要求。

（3）拼装前应清理盾尾底部，并检查拼装机运转是否正常；拼装机在旋转时，操作人员应退出管片拼装作业范围。

（4）每环中的第一块拼装定位准确，自下而上，左右交叉对称依次拼装，最后封顶成环。

（5）逐块初拧管片环向和纵向螺栓，成环后环面应平整；管片脱出盾尾后应再次复紧螺栓。

（6）拼装时保持盾构姿态稳定，防止盾构后退，变坡变向。

（7）拼装成环后应进行质量检测，并记录填写报表。

（8）防止损伤管片、防水密封条、防水涂料及衬垫；有损伤或挤出、脱槽、扭曲时，及时修补或调换。

（9）防止管片损伤并控制相邻管片间环面平整度、整环管片的圆度、环缝及纵缝的拼接质量，所有螺栓连接件应安装齐全并及时检查复紧。

2.管片安装

（1）盾构顶进后应及时进行衬砌工作，其使用的管片通常采用钢筋混凝土或预应力钢筋混凝土砌块，其形状有矩形、中缺形等。预制钢筋混凝土管片应满足设计强度及抗渗规定，并不得有影响工程质量的缺损。管中应进行整环拼装检验，衬砌后的几何尺寸应符合质量标准。

（2）根据施工条件和盾构的直径，可以确定每个衬砌环的分割数量。矩形砌块形状简单，容易砌筑，产生误差时容易纠正，但整体性差；梯形砌块的衬砌环的整体性要比矩形砌块好。为了提高砌块环的整体性，也可采用中缺形砌块，但安装技术水平要求高，而且产生误差后不易调整。

（3）砌块有平口和企口两种连接形式，可根据不同的施工条件选择不同的连接。企口接缝防水性好，但拼装不易；有时也可采用黏结剂进行连接，只是连接较宜偏斜，常用黏结剂有沥青胶或环氧胶泥等。

（4）管片下井前应编组编号，并进行防水处理。管片与联结件等应有专人检查，配套送至工作面；千斤顶顶出长度应大于管片宽度20cm。

（5）拼装前应清理盾尾底部，并检查举重设备运转是否正常；拼装每环中的第一块时，应准确定位；拼装次序应自下而上，左右交叉对称安装，前后封顶成环。拼装时应逐块初拧环向和纵向螺栓；成环后环面平整时，复紧环向螺栓。继续推进时，复紧纵向螺栓。拼装成环后应进行质量检测，并记录、填写报表。

（6）对管片接缝，应进行表面防水处理。螺栓与螺栓孔之间应加防水垫圈，并拧紧螺栓。当管片沉降稳定后，应将管片填缝槽填实，如有渗漏现象，应及时封堵，注浆处理。拼装时，应防止损伤管片防水涂料及衬垫；如有损伤或衬垫挤出环面时，应进行处理。

（7）随着施工技术的不断进步，施工现场常采用杠杆式拼装器或弧形拼装器等砌块拼装工具，不但可以提高施工速度，也使施工质量得到大大提高。为了提高砌块的整圆度和强度，有时也采用彼此间有螺栓连接的砌块。

（四）注浆

盾构衬砌的目的是使砌块在施工过程中，作为盾构千斤顶的后背，承受千斤顶的顶力；在施工结束后作为永久性承载结构。

为了在衬砌后，可以用水泥砂浆灌入砌块外壁与土壁间留的空隙部分，砌块应留有灌注孔，直径应不小于86mm。一般情况下，每隔3～5环应砌一灌注孔环，此环上设有4～10个灌注孔。

衬砌脱出盾尾后，应及时进行壁后注浆。注浆应多点进行，压浆量需与地面测量相配合，宜大于环形空隙体积的50%，压力宜为0.2～0.5MPa，使空隙全部填实。注浆完毕后，压浆孔应在规定时间内封闭。

常用的填灌材料有水泥砂浆、细石混凝土、水泥净浆等；灌浆材料不应产生离析，不丧失流动性、灌入后体积不减少，早期强度不低于承受压力。灌入顺序应当自下而上，左右对称地进行，防止砌块环周的孔隙宽度不均匀。浆料灌入量应为计算孔隙量的130%～150%，灌浆时应防止料浆漏入盾构内。

在一次衬砌质量完全合格的情况下，可进行二次衬砌，常采用浇灌细石混凝土或喷射混凝土的方法。对在砌块上留有螺栓孔的螺栓连接砌块，也应进行灌浆。

第四节　浅埋暗挖与定向钻及夯管

一、浅埋暗挖

（一）开挖前施工准备

（1）按工程结构、水文地质、周围环境情况选择施工方案。

（2）按设计要求和施工方案做好加固土层和降排水等开挖施工准备。

（3）超前小导管加固土层应符合下列规定：

①宜采用顺直，长度为3~4m，直径为40~50mm的钢管。

②沿拱部轮廓线外侧设置，间距、孔位、孔深、孔径符合设计要求。

③小导管的后端应支承在已设置的钢格栅上，其前端应嵌固在土层中，前后两排小导管的重叠长度不应小于1m。

④小导管外插角不应大于15°。

（4）超前小导管加固的浆液应依据土层类型，通过试验选定。

（5）水玻璃、改性水玻璃浆液与注浆应符合下列规定：

①应取样进行注浆效果检查，未达要求时，应调整浆液或调整小导管间距。

②砂层中注浆宜定量控制，注浆量应经渗透试验确定。

③注浆压力宜控制为0.15~0.3MPa，最大不得超过0.5MPa，每孔稳压时间不得小于2min。

④注浆应自一端起跳孔顺序注浆，并观察有无串孔现象，如发生串孔时应封闭相邻孔。

⑤注浆后，根据浆液类型及其加固试验效果，确定土层开挖时间；通常4~8h后方可开挖。

（6）钢筋锚杆加固土层应符合下列规定：

①稳定洞体时采用的锚杆类型、锚杆间距、锚杆长度及排列方式，应符合施工方案的要求。

②锚杆孔距允许偏差：普通锚杆±100mm；预应力锚杆±200mm。

③灌浆锚杆孔内应砂浆饱满，砂浆配比及强度符合设计要求。

④锚杆安装经验收合格后，应及时填写记录。

⑤锚杆试验要求：同批每100根为一组，每组3根，同批试件抗拔力平均值不得小于设计锚固力值。

（二）土方开挖要求

（1）宜用激光准直仪控制中线和隧道断面仪控制外轮廓线。

（2）按设计要求确定开挖方式，对于内径小于3m的管道，宜用正台阶法或全断面开挖。

（3）每开挖一榀钢拱架的间距，应及时支护、喷锚、闭合，严禁超挖。

（4）土层变化较大时，应及时控制开挖长度；在稳定性较差的地层中，应采用保留核心土的开挖方法，核心土的长度不宜小于2.5m。

（5）在稳定性差的地层中停止开挖，或停止作业时间较长时，应及时喷射混凝土封闭开挖面。

（6）相向开挖的两个开挖面相距约2倍管（隧）径时，应停止一个开挖面作业，进行封闭；由另一开挖面做贯通开挖。

（三）初期衬砌施工要求

（1）混凝土的强度符合设计要求，宜采用湿喷方式。

（2）按设计要求设置变形缝，变形缝间距不宜大于15m。

（3）支护钢格栅、钢架以及钢筋网的加工、安装符合设计要求；运输、堆放应采取防止变形措施；安装前应除锈并抽样试拼装，合格后方可使用。

（4）喷射混凝土施工前应做好下列准备工作：

①钢格栅、钢架及钢筋网安装检查合格。

②埋设控制喷射混凝土厚度的标志。

③检查管道开挖断面尺寸，清除松动的浮石、土块和杂物。

④作业区的通风、照明设置符合规定。

⑤做好排、降水；疏干地层的积、渗水。

（5）喷射混凝土原材料及配合比应符合下列规定：

①宜选用硅酸盐水泥或普通硅酸盐水泥。

②细骨料应采用中砂或粗砂，细度模数宜大于2.5，含水率宜控制为5%～7%；采用防粘料的喷射机时，砂的含水率宜为7%～10%。

③粗骨料应采用卵石或碎石，粒径不宜大于15mm。

④应使用非碱活性骨料；使用碱活性骨料时，混凝土的总含碱量不应大于3kg/m³。

⑤速凝剂质量合格且用前应进行试验，初凝时间不应大于5min，终凝时间不应大于10min。

⑥应控制水灰比。

（6）干拌混合料应符合下列规定：

①水泥与砂石质量比宜为1:4.0～1:4.5，砂率宜取45%～55%；速凝剂掺量应通过试验确定。

②原材料按重量计，其称量允许偏差：水泥和速凝剂均为±2%，砂和石均为±3%。

③混合料应搅拌均匀，随用随拌；掺有速凝剂的干拌混合料的存放时间不应超过20min。

（7）喷射混凝土作业应符合下列规定：

①工作面平整、光滑、无干斑或流淌滑坠现象；喷射作业分段、分层进行，喷射顺序由下而上。

②喷射混凝土时，喷头应保持垂直于工作面，喷头距工作面不宜大于1m。

③采取措施减少喷射混凝土回弹损失。

④一次喷射混凝土的厚度：侧壁宜为60～100mm，拱部宜为50～60mm；分层喷射时，应在前一层喷混凝土终凝后进行。

⑤钢格栅、钢架、钢筋网的喷射混凝土保护层不应小于20mm。

⑥应在喷射混凝土终凝2h后进行养护，时间不小于14d；冬期不得用水养护；混凝土强度低于6MPa时不得受冻。

⑦冬期作业区环境温度不低于5℃；混合料及水进入喷射机口温度不低于5℃。

（8）喷射混凝土设备应符合下列规定：

①输送能力和输送距离应满足施工要求。

②应满足喷射机工作风压及耗风量的要求。

③输送管应能承受0.8MPa以上压力，并有良好的耐磨性能。

④应保证供水系统喷头处水压不低于0.15～0.20MPa。

⑤应及时检查、清理、维护机械设备系统，使设备处于良好状况。

（9）操作人员应穿着安全防护衣具。

（10）初期衬砌应尽早闭合，混凝土达到设计强度后，应及时进行背后注浆，防止土体扰动造成土层沉降。

（11）大断面分部开挖应设置临时支护。

（四）施工监控量测

（1）监控量测包括下列主要项目：

①开挖面土质和支护状态的观察。

②拱顶、地表下沉值。

③拱脚的水平收敛值。

（2）测点应紧跟工作面，离工作面距离不宜大于2m，宜在工作面开挖以后24h测得初始值。

（3）量测频率应根据监测数据变化趋势等具体情况确定和调整；量测数据应及时绘制成时态曲线，并注明当时管（隧）道施工情况，以分析测点变形规律。

（4）监控量测信息及时反馈，指导施工。

（五）防水层施工

（1）应在初期支护基本稳定且衬砌检查合格后进行。

（2）防水层材料应符合设计要求，排水管道工程宜采用柔性防水层。

（3）清理混凝土表面，剔除尖、突部位，并用水泥砂浆压实、找平，防水层铺设基面凹凸高差不应大于50mm，基面阴阳角应处理成圆角或钝角，圆弧半径不宜小于50mm。

（4）初期衬砌表面塑料类衬垫应符合下列规定：

①衬垫材料应直顺，用垫圈固定，钉牢在基面上；固定衬垫的垫圈，应与防水卷材同材质，并焊接牢固。

②衬垫固定时宜交错布置，间距应符合设计要求；固定钉距防水卷材外边缘的距离不应小于0.5m。

③衬垫材料搭接宽度不宜小于500mm。

（5）防水卷材铺设时应符合下列规定：

①牢固地固定在初期衬砌面上；采用软塑料类防水卷材时，宜采用热焊固定在垫圈上。

②采用专用热合机焊接；双焊缝搭接，焊缝应均匀连续，焊缝的宽度不应小于10mm。

③宜环向铺设，环向与纵向搭接宽度不应小于100mm。

④相邻两幅防水卷材的接缝应错开布置，并错开结构转角处，错开距离不宜小于600m。

⑤焊缝不得有漏焊、假焊、焊焦、焊穿等现象；焊缝应经充气试验，合格条件为：气压0.15MPa，经3min其下降值不大于20%。

（六）二次衬砌施工

（1）在防水层验收合格后，结构变形基本稳定的条件下施做。

（2）采取措施保护防水层完好。

（3）伸缩缝应根据设计设置，并与初期支护变形缝位置重合；止水带安装应在两侧加设支撑筋，并固定牢固，浇筑混凝土时不得有移动位置、卷边、跑灰等现象。

（4）模板施工应符合下列规定：

①模板和支架的强度、刚度和稳定性应满足设计要求，使用前应经过检查，重复使用时应经修整。

②模板支架预留沉落量为0～30mm。

③模板接缝拼接严密，不得漏浆。

④变形缝端头模板处的填缝中心应与初期支护变形缝位置重合，端头模板支设应垂直、牢固。

（5）混凝土浇筑应符合下列规定：

①应按施工方案划分浇筑部位。

②灌筑前，应对设立模板的外形尺寸、中线、标高，各种预埋件等进行隐蔽工程检查，并填写记录；检查合格后，方可进行灌筑。

③应从下向上浇筑，各部位应对称浇筑、振捣密实，振捣器不得触及防水层。

④应采取措施做好施工缝处理。

（6）泵送混凝土应符合下列规定：

①坍落度为60～200mm。

②碎石级配骨料的最大粒径≤25mm。

③减水型、缓凝型外加剂，其掺量应经试验确定；掺加防水剂、微膨胀剂时应以动态运转试验控制掺量。

④骨料的含碱量控制符合《给水排水管道工程施工及验收规范》（GB 50268—2008）的有关规定。

（7）拆模时间应根据结构断面形式及混凝土达到的强度确定；矩形断面，侧墙应达到设计强度的70%；顶板应达到100%。

二、定向钻及夯管

（一）定向钻施工准备

（1）定向钻及夯管施工应根据设计要求和施工方案组织实施。

（2）设备人员应符合下列要求：

①设备应安装牢固、稳定，钻机导轨与水平面的夹角符合入土角要求。

②钻机系统、动力系统、泥浆系统等调试合格。

③导向控制系统安装正确，校核合格，信号稳定。

④钻进、导向探测系统的操作人员经培训合格。

（3）管道的轴向曲率应符合设计要求，管材轴向弹性性能和成孔稳定性的要求。

（4）按施工方案确定入土角、出土角。

（5）无压管道从竖向曲线过渡至直线后，应设置控制井；控制井的设置应结合检查井、入土点、出土点位置综合考虑，并在导向孔钻进前施工完成。

（6）进、出控制井洞口范围的土体应稳固。

（7）最大控制回拖力应满足管材力学性能和设备能力要求，总回拖阻力的计算可按式（6-17）进行：

$$P = P_1 + P_F \qquad (7\text{-}17)$$

$$P_F = \pi D_k^2 R_a / 4 \qquad (7\text{-}18)$$

$$P_1 = \pi D_o L f_1 \qquad\qquad (7-19)$$

式中：P——总回拖阻力（kN）；

P_F——扩孔钻头迎面阻力（kN）；

P_1——管外壁周围摩擦阻力（kN）；

D_k——扩孔钻头外径（m），一般取管道外径的1.2~1.5倍；

D_o——管节外径（m）；

R_a——迎面土挤压力（kN/m²）；一般情况下，黏性土可取500~600kN/m²，砂性土可取800~1000kN/m²；

L——回拖管段总长度（m）；

f_1——管节外壁单位面积的平均摩擦阻力（kN/m²）。

（8）回拖管段的地面布置应符合下列要求：

①待回拖管段应布置在出土点一侧，沿管道轴线方向组对连接。

②布管场地应满足管段拼接长度要求。

③管段的组对拼接、钢管的防腐层施工、钢管接口焊接无损检验应符合相关规定和设计要求。

④管段回拖前预水压试验应合格。

（9）应根据工程具体情况选择导向探测系统。

（10）夯管施工前应检查下列内容，确认条件具备时方可开始夯进。

①工作井结构施工符合要求，其尺寸应满足单节管长安装、接口焊接作业、夯管锤及辅助设备布置、气动软管弯曲等要求。

②气动系统、各类辅助系统的选择及布置符合要求，管路连接结构安全、无泄漏，阀门及仪器仪表的安装和使用安全可靠。

③工作井内的导轨安装方向与管道轴线一致，安装稳固、直顺，确保夯进过程中导轨无位移和变形。

④成品钢管质量检验合格，接口外防腐层补口材料准备就绪。

⑤连接器与穿孔机、钢管刚性连接牢固、位置正确、中心轴线一致，第一节钢管顶入端的管靴制作和安装符合要求。

⑥设备、系统经检验、调试合格后方可使用；滑块与导轨面接触平顺、移动平稳。

⑦进、出洞口范围土体稳定。

（二）定向钻施工

（1）导向孔钻进应符合下列规定：

①钻机必须先进行试运转，确定各部分运转正常后方可钻进。

②第一根钻杆入土钻进时，应采取轻压慢转的方式，稳定钻进导入位置和保证入土角；入土段和出土段应为直线钻进，其直线长度宜控制在20m左右。

③钻孔时应匀速钻进，并严格控制钻进给进力度和钻进方向。

④每进一根钻杆应进行钻进距离、深度、侧向位移等的导向探测，曲线段和有相邻管线段应加密探测。

⑤保持钻头正确姿态，发生偏差应及时纠正，应采用小角度逐步纠偏；钻孔的轨迹偏差不得大于终孔直径，超出误差允许范围宜退回进行纠偏。

⑥绘制钻孔轨迹平面、剖面图。

（2）扩孔应符合下列规定：

①从出土点向入土点回扩，扩孔器与钻杆连接应牢固。

②根据管径、管道曲率半径、地层条件、扩孔器类型等确定一次或分次扩孔方式；分次扩孔时每次回扩的级差宜控制为100～150mm，终孔孔径宜控制为回拖管节外径的1.2～1.5倍。

③严格控制回拉力、转速、泥浆流量等技术参数，确保成孔稳定和线形要求，无坍孔、缩孔等现象。

④扩孔孔径达到终孔要求后应及时进行回拖管道施工。

（3）回拖应符合下列规定：

①从出土点向入土点回拖。

②回拖管段的质量、拖拉装置安装及其与管段连接等经检验合格后，方可进行拖管。

③严格控制钻机回拖力、扭矩、泥浆流量、回拖速率等技术参数，严禁硬拉、硬拖。

④回拖过程中应有发送装置，避免管段与地面直接接触和减小摩擦力；发送装置可采用水力发送沟、滚筒管架发送道等形式，并确保进入地层前的管段曲率半径在允许范围内。

（4）定向钻施工的泥浆（液）配制应符合下列规定：

①导向钻进、扩孔及回拖时，及时向孔内注入泥浆（液）。

②泥浆（液）的材料、配比和技术性能指标应满足施工要求，并可根据地层条件、钻头技术要求、施工步骤进行调整。

③泥浆（液）应在专用的搅拌装置中配制，并通过泥浆循环池使用；从钻孔中返回的泥浆经处理后回用，剩余泥浆应妥善处置。

④泥浆（液）的压力和流量应按施工步骤分别进行控制。

（5）出现下列情况时，必须停止作业，待问题解决后方可继续作业：

①设备无法正常运行或损坏，钻机导轨、工作井变形。

②钻进轨迹发生突变、钻杆发生过度弯曲。

③回转扭矩、回拖力等突变，钻杆扭曲过大或拉断。

④坍孔、缩孔。

⑤待回拖管表面及钢管外防腐层损伤。

⑥遇到未预见的障碍物或意外的地质变化。

⑦地层、邻近建（构）筑物、管线等周围环境的变形量超出控制允许值。

（三）夯管施工

（1）第一节管夯入土层时应检查设备运行工作情况，并控制管道轴线位置；每夯入1m就应进行轴线测量，其偏差控制在15mm以内。

（2）后续管节夯进应符合下列规定：

①第一节管夯至规定位置后，将连接器与第一节管分离，吊入第二节管进行与第一节管接口焊接。

②后续管节每次夯进前，应待已夯入管与吊入管的管节接口焊接完成，按设计要求进行焊缝质量检验和外防腐层补口施工后，方可与连接器及穿孔机连接夯进施工。

③后续管节与夯入管节连接时，管节组对拼接、焊缝和补口等质量应检验合格，并控制管节轴线，避免偏移、弯曲。

④夯管时，应将第一节管夯入接收工作井不少于500mm，并检查露出部分管节的外防腐层及管口损伤情况。

（3）管节夯进过程中应严格控制气动压力、夯进速率，气压必须控制在穿孔机工作气压定值内；并应及时检查导轨变形情况以及设备运行、连接器连接、导轨面与滑块接触情况等。

（4）夯管完成后进行排土作业，采用人工结合机械方式排土；小口径管道可采用气压、水压方法；排土完成后应进行余土残土的清理。

（5）出现下列情况时，必须停止作业，待问题解决后方可继续作业：

①设备无法正常运行或损坏，导轨、工作井变形。

②气动压力超出规定值。

③穿孔机在正常的工作气压、频率、冲击功等条件下，管节无法夯入或变形、开裂。

④钢管夯入速率突变。

⑤连接器损伤、管节接口破坏。

⑥遇到未预见的障碍物或意外的地质变化。

⑦地层、邻近建（构）筑物、管线等周围环境的变形量超出控制值。

（6）定向钻和夯管施工管道贯通后应做好下列工作：

①检查露出管节的外观、管节外防腐层的损伤情况。

②工作井洞口与管外壁之间进行封闭、防渗处理。

③定向钻管道轴向伸长量经校测应符合管材性能要求，并应等待24h后方能与已铺设的上下游管道连接。

④定向钻施工的无压力管道，应对管道周围的钻进泥浆（液）进行置换改良，减少管道后期沉降量。

⑤夯管施工管道应进行贯通测量和检查，并按《给水排水管道工程施工及验收规范》（GB50268—2008）规定和设计要求进行内防腐施工。

（7）定向钻和夯管施工过程监测和保护应符合下列规定：

①定向钻的入土点、出土点以及夯管的起始、接收工作井设有专人联系和有效的联系方式。

②定向钻施工时，应做好待回拖管段的检查、保护工作。

③根据地质条件、周围环境、施工方式等，对沿线地面、建（构）筑物、管线等进行监测，并做好保护工作。

第五节　其他施工方法

一、气动矛铺管法

气动矛铺管法采用的主要工具是气动矛，它类似于一只卧放的风镐，在压缩空气的驱动下，推动活塞不断打击气动矛的头部，将土排向周边，并将土体压密。同时气动矛不断向前行进，形成先导孔。先导孔完成后，管道便可直接拖入或随后拉入。如果不要求有管道，便可直接拖入或随后拉入电缆等铺设物。

气动矛构造因生产厂家而异，其基本原理相同，构造上的不同之处主要是气阀的换气方式。前端有一个阶梯状由小到大的头部，受到活塞的冲击后向前推进。活塞后部有一个配气阀和排气孔。整个气动矛向前移动时，都依靠连接在其尾部的软管来供应压缩空气。

气动矛铺管法适用地层必须是可压缩的土层，例如淤泥、淤泥质黏土、软黏土、黏质黏土、黏质粉土、非密实的砂土等。在砂层和淤泥中施工，则要求在气动矛之后直接拖入套管或成品管，这样不仅可以保护孔壁，而且可以提供排气通道。

气动矛是不排土的，因此要求覆盖层有一定厚度，要求是管径的10倍。气动矛适用于可压缩的土层，如淤泥、粉质黏土等。施工的长度与口径有关，小口径时一般不超过15m，大口径时一般为30~50m。

二、夯管锤铺管法

夯管锤类似于卧放的双筒气锤，以压编空气为动力。夯管锤铺管法与气动矛铺管法不同，施工时夯管锤始终处在工作坑内管道的末尾。工作过程类似于水平打桩，其冲击力直接作用在钢管上，这种方法仅限于钢管施工。由于管道入土时，土不是被压密或排向周边的，而是将开口的管端直接切入土层，因此可以在覆盖层较浅的情况下施工。由于管道埋置较浅，工作井和接收井相应也较浅，因此可以节省工程投资。

夯管锤铺管法施工相对比较简单，只需要在平行的工字钢上正确地校准夯管锤与第一节钢管轴线，使其一致，同时与设计轴线符合就可以了，不需要牢固的混凝土基础和复杂的导轨。为了避免损坏第一根钢管的管口并防止变形，可装配上一个加大的钢质切削管头。这样可以减少土体对钢管内外表面的摩擦，同时对管道的内外涂层起到保护作用。当前一节钢管夯入土体后，后一节钢管与其焊接接长，再夯后一节，如此重复直到夯入最后一节钢管。管内的土可用高压水枪将其冲成泥浆而自流出管道。对于人可进入的管道，则可用手工或机械挖掘，然后运出管道外。该方法施工效率高，每小时可夯管10~30m。施工精度较高，水平和高程偏差可控制在2%范围内。

夯管锤铺管适用于除有大量岩体或较大的石块的所有土层。夯管长度要根据夯管锤的功率、钢管管井、地质条件而定，最长可达150m。

三、定向钻铺管法

定向钻铺管法是用定向钻机在土中钻孔，钻机的钻头上装有定向测控仪，可改变钻头的倾斜角度，利用膨胀土、水、气的混合物来润滑、冷却和运载切削下来的土体。钻孔施工完毕后，将钻头沿钻孔拉回，然后拉入需要铺设的管道。

地质不同，钻机的给进力、起拔力、扭矩、转速也是不同的，因此定向钻施工前要探明地质情况，这样有利于对钻机的选型或评价，确定是否能适用。另外，还要探明地下障碍物的具体位置，如探明已有金属管线，已有各种电缆，以便绕过这些障碍物。

定向钻施工时不需要工作坑，可以在地面直接钻斜孔，钻到需要深度后再转弯。钻头钻进的方向是可以控制的，钻杆可以转弯，但钻杆的转弯半径是有限制的，不能太小，最小转弯半径应大于30~42m。铺管长度根据土质情况和钻机的能力而定，在黏性土中，大型钻机可达300m。定向钻适用于黏土、粉质黏土、粉砂土等。

四、旧管更新施工

旧管更新一般有两种情况，一种是城市发展了，原有的中径管道就会显得太小，不能再满足需求。另一种是旧管道已经破损不能继续使用，而新管道往往没有新的位置可铺设。市区街道人来车往十分繁忙，环境保护要求尽量减少对环境的污染，这就需要用不开槽施工法更新旧管。

1.破管外挤法

利用气动矛破碎旧管道是一种更新办法。气动矛前端系上一根钢丝绳，由地面绞车拖着前进，气动矛的作用是将旧管道破碎，并挤向四周，新管道随气动矛跟进。如果管道较长，还可以在工作井加顶力。

采用上述方式施工，有一定限制：

（1）旧管道必须是混凝土管，无配筋。

（2）周围土体必定是可以压缩的。

（3）适用于同口径管道更新。

2.破管顶进法

如果要求旧管道口径在更新时扩大，就不能采用破管外挤法了。如果管道处于较坚硬的土层，旧管破碎后外挤也存在困难，因此要寻求新的施工方法。

泥水钻进机前面安装一台清管器，随着顶进将旧管道内的残留物和污水推着前移，不使其污染管道四周的土体。进入锥形碎石机的旧管道被破碎，连同泥土一起被运载泥浆通过管路排放到地面。就这样边破碎、边顶进，直至将旧管道全部粉碎排出地层，用新管道代替。这种施工方法的工作井可以较小，最小可达3m。因此，旧井如能满足要求，就不需要建新井，这样既可以减少投资，还可以缩短工期。这是一种旧管更新的理想施工法。

这一方法施工基本不受地质条件限制，旧管道可以是混凝土管、钢筋混凝土管、陶土管、石棉水泥管等。

第八章　生活垃圾的收集与运输

第一节　收集与运输概述

一、收集对象

生活垃圾收集对象按主要产生源类型进行分类，一般划分为以下几类：

（一）居民生活垃圾

指从居民区收集的生活垃圾。其成分以厨余垃圾为主，含水率较高。

（二）商业服务业垃圾

指从各种商业服务业经营场所独立收集的生活垃圾，其组成与经营类别有关。一般综合百货、专业商场和旅馆的垃圾以纸张、塑料等包装类物品为主；副食品市场、大型超市则有较高比例的食品垃圾。此外，我国大中城市目前已基本实现了餐饮业（食品）垃圾的分流收集，小城镇餐饮业垃圾一般还是由业主自行回收处理。因此，餐饮垃圾通常不应该进入一般生活垃圾的收运系统中。

（三）事业与办公楼垃圾

指事业机关和商务区办公楼产生的垃圾。在其组成中，纸类等办公特征性组分的比例较高。

（四）清扫垃圾

指城市道路、广场和公共绿地的保洁产生的垃圾，包括街道废物箱垃圾和地面清扫垃圾。其成分中包装物和灰土较多，枯枝落叶则是季节性的高比例组分。

（五）工交企业的生活垃圾

指工业和交通服务企业员工生活及为旅客服务产生的垃圾。其组成特征是可能混入一定比例的工厂保洁垃圾，金属、灰渣等无机物含量相对较高。

各种来源不同的生活垃圾，其产生空间的特征各不相同，应相应地设计不同的收集方式；同时，其组成亦有较大的差异，可以通过产生源分类收集，获得适用于不同处理工艺的物流，或分流污染物富集的垃圾，优化生活垃圾后续处理过程的污染控制与资源利用效率。

不同来源生活垃圾的产生量、构成比例与城市规模、产业类型、气候条件等有关。一般而言，居民生活垃圾占生活垃圾产生量的比例最高，且其比例与城市规模呈反比。

二、收运过程构成

城市生活垃圾的收集与运输，简称收运，是城市垃圾处理系统的第一步，也是城市固体废物管理的核心。生活垃圾收集运输系统，是指生活垃圾自其产生到最终被送到处置场处置的系统。

生活垃圾的收运由收集和运输两个功能环节组成。运输环节可采用直运和转运两种方式实施。前者由运输车辆将收集设施中的垃圾直接运至处理处置场；后者由运输车辆将收集设施中的垃圾运至转运站，再在转运站转载至转运车（船）后运至处理处置场。为区分两段有功能差异的运输环节，一般将收集设施至转运站或处理处置场的运输过程称为清运，转运站至理处置场的运输过程称为转运。由此，生活垃圾收运过程可划分为以下三个阶段：

第一阶段是生活垃圾的收集，指从垃圾产生源到收集设施的过程，包括产生者的搬运与收集设施中的临时贮存。收集是生活垃圾收运物流组织中最基础的步骤，完成了生活垃圾由面至点的一级物流集中过程。

第二阶段是生活垃圾的清运，指从收集设施至转运站或就近处理处置场的垃圾近距离运输过程，包括清运车辆沿一定的路线装运并清除沿程收集设施中贮存的垃圾，再行驶运至转运站或处理处置场。清运的路线构成了生活垃圾收运物流组织中的主要网络架构，清运完成了生活垃圾从大量分散点到若干集中点的二级物流集中过程。

第三阶段是生活垃圾的转运，指垃圾从转运站至最终处理处置场的运输过程。一般具有远距离运输的特征，由在转运站的垃圾转载（至大容量转运车）及转运车运输至处理处置场的环节构成。转运属生活垃圾三级物流集中过程，主要功能是利用大容量运输的经济性，节省生活垃圾运输物流成本。

生活垃圾收运系统，涉及生活垃圾收集方式的确定、收运设施的设置，以及收运设备的选型和配置等诸多环节。随着城市生活水平的提高、社会经济的发展、生活节奏的加快，对生活垃圾收运方式的要求也越来越高，既要求收运设施环境优美，又要求收运方式方便、清洁、高效。因此，生活垃圾的收运系统规划也越来越受到重视。

三、生活垃圾的分类收集

生活垃圾混合收集历史悠久，应用也最广泛。但是，该收集方式将各种废物相互混杂，降低了废物中有用物质的纯度和再生利用的价值；同时，也增加了各类废物的处理难度，造成处理费用的增加。从当前的趋势来看，该种收集方式正在逐渐向分类收集转化。

工业化国家城市生活垃圾处理的发展历程表明，垃圾的分类收集是垃圾再利用的最有效方式。分类收集不仅有助于回收大量废弃材料、减少垃圾量，而且可以降低垃圾处理和运输费用，简化垃圾处理的过程。理想的垃圾收集必须遵守下列原则：

第一，源头分类是最好的解决办法，有利于后面任何阶段的回收或利用。回收利用的原料必须尽可能干净，成分尽量单一。所以，分类收集的各种垃圾成分绝不能混在一起。有些东西可以例外，比如以后很容易分拣出来的金属物质。分类的垃圾成分必须通过干净的分类收集器具进行收集。

第二，市政只负责收集那些不能由私人收集的或私人机构无法有效收集的垃圾成分。

第三，每种垃圾成分只能由某种特定的收集方式收集。

在现阶段，各国采用的垃圾分类收集方法主要是将可直接回收的有用物质和其他组分分类存放（即产生源分类收集法）。首先，分类回收废金属、废纸、废塑料、废玻璃等可以直接出售给有关厂家作为二次利用的原料；然后，再把其他类垃圾按转化处理或利用要求分类收集，使其经过不同的工艺处理后得到综合利用。过期药品、废涂料、废染料、废电池等特殊废物应单独收集，严禁这类垃圾与其他垃圾混合。

我国属于发展中国家，生活垃圾中可再利用的物质一般由居民自行分类和集中存放后，出售给个体废物回收者并进入物资回收系统。目前，我国的废物回收行业已初具规模，相当一部分的生活垃圾经由废物回收系统得到资源化和减量化处理。因此，政府有关管理部门应尽快制定相应的法规，加强对废物回收行业的管理，但应以引导为主，避免伤害现有的废物回收系统。有关管理部门应通过加强对个体废物回收行业的管理，使其形成完善的私营资源再生系统，并逐步实行资源再生经营许可证制度。

城市人民政府要根据当地的生活垃圾特性、处理方式和管理水平，科学制定生活垃圾分类办法，明确工作目标、实施步骤和政策措施，动员社区及家庭积极参与，逐步推行垃圾分类。明确当前生活垃圾分类收集的重点工作是要稳步推进废弃含汞荧光灯、废温度计等有害垃圾单独收运和处理工作，鼓励居民分开盛放和投放厨余垃圾，建立高水分有机类生活垃圾收运系统，实现厨余垃圾单独收集循环利用。进一步加强餐饮业和单位餐厨垃圾分类收集管理，建立餐厨垃圾排放登记制度。

在此基础上，要求全面推广废旧商品回收利用、焚烧发电、生物处理等生活垃圾资源化利用方式。加强可降解有机垃圾资源化利用工作，组织开展城市餐厨垃圾资源化利用试点，统筹餐厨垃圾、园林垃圾、粪便等无害化处理和资源化利用，确保工业油脂、生物柴油、肥料等资源化利用产品的质量和使用安全。加快生物物质能源回收利用工作，提高生活垃圾焚烧发电和填埋气体发电的能源利用效率。

分类收集本身需要投入大量的人力、物力，运行成本较高，而且由于受到某些因素的影响，在管理上仍面临着不少问题。因此，推行分类收集，是一个相当复杂、艰难的工作，要在具有一定经济实力的前提下，依靠有效的宣传教育、立法和提供必要的垃圾分类收集的条件，积极鼓励城市居民主动将垃圾分类存放，有针对性地组织分类收集工作，才能使城市垃圾分类收集工作持续发展下去。

第二节　生活垃圾收集方法

一、固定源生活垃圾的收集方法与设备设施

（一）固定源生活垃圾的收集方法

1.低层居民住宅区垃圾搬运

低层居民住宅区垃圾一般有两种搬运方式。

（1）由居民自行负责，将产生的生活垃圾自备容器搬运至公共贮存容器、垃圾集装点或垃圾收集车内。较为方便，可随时进行，但若管理不善或收集不及时可能会影响公共卫生；环境卫生与市容管理，但有收集时间限制，可能对居民造成不便。

（2）由生活垃圾收集系统的工作人员负责从家门口搬运至集装点或收集车。这种方法对于居民来说极为方便，居民只需支付一定的费用即可将家中的垃圾清运出去，但环卫部门却要耗费大量的人力和作业时间。因此，该法目前在国内尚难大规模推广，一般在发达国家的单户住宅区使用较多。

2.中高层公寓垃圾搬运

（1）管道收集

管道收集，是指使用多层或高层建筑中的垃圾排放管道收集生活垃圾。管道收集分为两种：气力管道收集和普通管道收集。气力管道收集，是一种以真空涡轮机和垃圾输送管道为基本设备的密闭化生活垃圾收集方式。我国大多数多层或高层建筑曾经采用过普通管道收集方式，居民将生活垃圾由通道口倾入后集中在管道底部的贮存空间内，然后外运。普通管道收集方式由于其使用不方便、污染严重而逐渐被气力管道收集方式所取代。气力管道收集分为真空方式和压送方式两种。

真空方式的特点是：①适用于从多个产生源向一点的集中输送，最适于城市垃圾的输送；②产生源增加时，只需增加管道和排放口，不用增加收集站的设备；③系统总体呈负压，废物和气体不会向外泄漏，投入端不需要特殊的设备；④不利的方面是，由于负压的限度（实际最大可达到-0.5kg/cm²），不适于长距离输送。

压送方式适用于废物供应量一定、长距离、高效率的输送，多用于收集站到处理处置设施之间的输送。与真空输送相比，接收端的分离贮存装置可以简单化。但是，由于投入口和管道对气密性要求较高，系统总体的构造比较复杂。此外，由于输送距离较长，在实际运行中存在管道堵塞以及因停电等事故会造成停运后、重新启动时有困难等问题。因此，为了保证输送的高效、安全，最好在输送前对废物进行破碎处理。

管道收集的特点是：①废物流与外界完全隔离，对环境的影响较小，属于无污染型输送方式。同时，受外界的影响也较小，可以实现全天候运行；②输送管道专用，容易实现自动化，有利于提高废物运输的效率；③由于是连续输送，有利于实现大容量、长距离的输送；④设备投资较大；⑤灵活性较差，一旦建成，不易改变其路线和长度；⑥运行经验不足，可靠性尚待进一步验证。

（2）小型家用垃圾粉碎机和压实器

国外一些大城市有使用小型家用垃圾粉碎机（国内少数大城市也已试点应用）的应用实践，专门适合处理厨余物，可将其迅速地粉碎后利用水力输送方式随水流排入下水道系统，减少了家庭垃圾的搬运量。水力输送的最大优势在于改善了废物在管道中的流动条件，水的密度约相当于空气的800倍，可以实现低速、高浓度的输送，从而使输送成本大大降低。实现家庭厨余垃圾水力输送的前提，是所在城市有完善的污水收集管网和污水处理能力。

家庭压实器通常放在厨房灶台下面，能将一定量的废物压到一个专用袋内，成为方便搬运收集的块体。

上述不同的收集方式都旨在提高垃圾收集的效率。不少专家及环卫行业专业人士建议今后在新建中高层建筑时，不再设垃圾通道，并做好居民的工作，配合开展生活垃圾的就地分类搬运贮存方式。这方面还有待于更多的实践经验积累。

3.商业区与企事业单位垃圾搬运

商业区与企事业单位垃圾一般由产生者自行负责搬运，环境卫生管理部门进行监督管理。当委托环卫部门收运时，各垃圾产生单位使用的搬运容器应与环卫部门的收运车辆相配套，搬运地点和时间也应与环卫部门协商而定。

这些垃圾收集方法是根据生活垃圾的产生方式和种类制定的。它们既可以单独使用，又可以串联或并联使用，有的收集方法需与特定的清运和处理方法配套使用。

4.街道及公共场所垃圾收集

街道及公共场所垃圾主要采用废物箱收集。目前，国内各地采用的废物箱种类很多，根据废物箱适用范围大体可分为街道废物箱、公园用废物箱和室内废物箱。街道废物箱和公园废物箱又可分为落地式废物箱、高脚废物箱及悬挂式废物箱三种类型。废物箱一般设置在道路的两旁和路口。废物箱应美观、卫生、耐用，并能防水、阻燃。

（二）生活垃圾收集设备设施

由于生活垃圾产生量的不均性和随意性，以及对环卫部门收集清除的适应性，需要配备生活垃圾贮存容器。垃圾产生者或收集者应根据垃圾的产量、特性及环卫主管部门要求，确定贮存方式，选择合适的垃圾贮存容器，规划容器的放置地点和足够的数目。贮存方式大致可分为家庭贮存、街道贮存、单位贮存和公共贮存。

按用途分类，废物贮存容器主要包括垃圾箱（桶）和废物箱两种类型。垃圾箱（桶）是盛装居民生活垃圾和商店、机关、学校的生活垃圾的容器。垃圾箱（桶）一般设置在固定地点，由专用车辆进行收集。

按容积划分，垃圾箱（桶）可分为大、中、小三种类型。容积大于1.1m³的垃圾箱（桶）称为大型垃圾箱容器；容积在0.1～1.1m³间的垃圾箱（桶）称为中型垃圾容器；容积小于0.1m³的垃圾箱（桶）称为小型垃圾箱容器。

按材质，垃圾桶可分为钢制和塑制两种类型，这两种材质各有优缺点。塑料垃圾桶重量轻，比较经济但不耐热，而且使用寿命短。在塑料垃圾桶上一般都印有不准倒热灰的标记。与塑料容器相比，钢制容器重量较重，不耐腐蚀，但有不怕热的优点，为了防腐，钢制容器内部都进行了镀锌、装衬里和涂防腐漆等防腐处理。

收集过往行人丢弃物的容器称为废物箱或果皮箱，这种收集容器一般设置在马路旁、公园、广场、车站等公共场所。我国各城市配备的果皮箱容积较大，一般采用落地式果皮箱。其材质有铁皮、陶瓷、玻璃钢和钢板等。工业发达国家配备的废物箱形式多样，容积比较小。为方便行人或候车人抛弃废弃物，废物箱的悬挂高度一般与行人高度相适应。在公共车站等公共场所配备的废物箱一般也是落地式的。废物箱有金属冲压成型，也有塑料压制成型。

二、街道垃圾清扫和保洁方法与设备

随着城市现代化服务水平的不断提高，街道环境卫生的清扫保洁作业也不断完善，居民对街道环境卫生意识的提高有力地促进了这一过程。街道垃圾清扫与保洁作业的完成质量由清扫和保洁责任主管部门负责组织和监督。

（一）街道垃圾清扫和保洁服务范围

街道垃圾清扫和保洁的服务范围，主要是指各种城市道路和公共场所及其附属设施。城市道路包括车行道、人行道、立体交叉桥、人行天桥、人行地下通道及其附属设施。公共场所，包括公共广场、公共绿地、公园、风景游览区、飞机场、火车站、公共电（汽）车（含长途客运汽车）首末站、地下铁路的车站、公路、铁路沿线、河湖水面、停车场、集贸市场、展览场馆、文化娱乐场馆、体育馆等。道路清扫、保洁工作包括人工清扫、保洁，道路机扫、保洁、冲洗和洒水。道路清扫、保洁范围，包括城市建成区的车行道、人行道、人行过街天桥、地下通道、公共广场等地的清扫和保洁作业。

（二）清扫、保洁作业质量要求

清扫、保洁作业作为特殊的服务工种，要求其作业时间避开日常群众的上下班时间，建议城市道路和公共场所的清扫保洁，实行夜间清扫白天保洁。

清扫的垃圾应及时运走，做到垃圾不露天堆放在道路两侧或公共场所周围，不扫入或倾倒入雨水口、绿地内，不露天焚烧。机械清扫作业做到喷雾清扫不扬尘，不漏土。各单位应根据市容环境卫生部门的要求合理设置果皮箱、垃圾桶（箱），及时清理，定期灭蝇。密闭式清洁站周围环境应保持清洁，箱槽、墙体、地面清洁无污物，基本无蝇。

（三）清扫、保洁设备

清扫、保洁设施设备，是指设置在露天公共场所的废物箱和用于城市清扫保洁作业的扫路机、洒水车和供水器等。清扫保洁设施设备的用途是收集城市垃圾中的清扫垃圾，保持市容整洁。街道垃圾清扫和保洁主要可分为人工作业和机械作业两种方式。

1.人工清扫、保洁工具

（1）大扫帚

大扫帚是目前对道路进行全面清扫和清扫人字沟的主要工具。制作大扫帚的材料，一般是就地取材，而使用最广、最普遍的是竹制扫帚。

（2）小扫帚

主要用于道路保洁和收集路渣，它的取材制作材料很多，其中用高粱秆制作的小扫帚最为普遍。

（3）撮箕

道路保洁时用于收集废物，多用铁皮制作；道路保洁也有使用背篓式容器存放废物的。

（4）铁锹

也叫铁铲，主要用来收集装运路渣和铲除道路积尘泥土。

（5）小型保洁车

是保洁员临时存放所收集废物的工具，有手推式的，也有脚踏式的。小型保洁车的制作原则应当是推拉方便，可以密闭，出渣容易，利于清洗保管。

人力清扫工具虽然简单落后，但它有机械清扫工具不可比的优点，在相当长的时间内仍然发挥着它的辅助作用。

2.机械清扫、保洁设备

扫路机的分类方式很多，通常按其用途、工作原理和结构分类。下面简单介绍扫路机的几种常用分类方式。清扫车按用途可分为城市街道扫路机、公路和机场扫路机、车站码头和仓库商场扫路机和其他用途扫路机。

（1）城市街道扫路机

用于城市街道路面清扫的扫路机，其功能较为齐全，设置有配套的除尘系统和完备的清扫系统。由于马路两侧的来往行人和商店集中，地面垃圾都积集在马路两侧的"边沿"下。因此，清扫街道的扫路机要设有蝶形刷、滚筒刷和垃圾箱，同时还要有完善的除尘系统。蝶形刷将马路"边沿"下的垃圾扫到扫路机滚筒刷的工作范围内，由滚筒刷将垃圾抛进垃圾收集箱，同时有很好的除尘效果。

（2）公路和机场扫路机

用于市外公路和机场的扫路机结构，较简单。由于工作环境空旷，对扬尘的控制要求不严格，扫后的地面干净程度要求不高，垃圾也不用收集。因此，这种扫路机可以不设垃圾收集装置，不用蝶形刷，只需一个强有力的斜置滚筒刷，将垃圾扫向一旁即可。

（3）车站、码头和仓库商场扫路机

用于车站、码头、仓库、商场及机场候机室等场所的清扫机械，一般要求小巧灵活，功能完备。由于工作空间范围小，对于空气的清洁度、噪声以及湿度都有严格的要求。因此，要求清扫机具有小的回转半径，配置完善的干式除尘系统；在动力选择上尽量采用电力驱动，保持环境的空气清新。

（4）其他用途扫路机

这类扫路机根据用途的不同其结构也有所不同。例如，用于清除工厂地面污垢的工厂地面污垢清扫机，就配备有钢片刷。而医院、宾馆餐厅等室内高级地面用的洗刷机，在结构上就需要配置喷水、吸水系统和圆盘板刷等。

按工作原理的不同，扫路机还可分为纯扫式扫路机、纯吸式扫路机和吸扫式扫路机。按除尘方式的不同，扫路机可分为湿式除尘扫路机和干式除尘扫路机。按车型大小的不同，扫路机可分为小型扫路机、中型扫路机和大型扫路机。

三、收集设备设施设置规范

（一）收集设施设置基本规范

生活垃圾的收集作业较繁杂，与居民生活密切相关，同时也是运作费用较高的作业环节。收集作业以方便居民生活、为市民提供良好环境为宗旨。因此，在设置垃圾收集设施时应注意布点合理，作业时不干扰居民的日常生活，作业运行路线经济、方便、安全。

第一，收集设施的设置应符合布局合理、不破坏周围环境、方便使用、整洁和方便收集作业等要求。

第二，收集设施的设置规划应与旧区改造、新区开发和建设同步规划、设计、施工和使用。

第三，收集设施应与收集处置系统中的中转、运输、处置、利用等设施统一规划、配套设置，系统中各设备设施间的技术接口应匹配、有效、可靠、安全，有较好的社会效益和经济效益。

（二）收集管道设置规范

城市生活垃圾收集管道设置的具体要求如下。

第一，垃圾收集管道应垂直，内壁应光滑、无死角，管道的结构和内径一般根据住房的层数确定。垃圾管道的顶端应超出最高层屋顶1m以上，垃圾管道顶端为敞口，并设有挡灰帽。

垃圾管道的下端连接垃圾贮存仓，贮存仓应密封。贮存仓一般为倒锥形，底部开有放料口。放料门的打开、关闭应轻便、可靠，放料口的离地高度和开口尺寸应与垃圾收集车的车厢匹配。

第二，垃圾管道应有防火措施，其设计和建造应符合有关防火规定。各层楼面的垃圾倒口应能自动封闭，使用、维修方便。

第三，高层建筑的垃圾管道底层应设置专用垃圾间，垃圾间内应有照明、通风、排水、清洗设施。

第四，气力输送垃圾的管道系统应由专业人员根据建筑物的用途、垃圾量及组成和用户的要求专门设计建造。

（三）垃圾箱房和收集站设置规范

垃圾箱房和收集站设置的具体要求如下。

第一，垃圾箱房和垃圾收集站的设置既要方便居民投放生活垃圾，又要不影响市容环境，还要有利于生活垃圾分类作业和垃圾收集车的作业。

第二，垃圾箱房的服务半径一般不超过70m，一般由居民自行将袋装后的生活垃圾投放到垃圾箱房的垃圾桶内。垃圾收集站的服务半径一般不超过600m，直线距离不超过1000m，一般由清洁工上门收集。

第三，清洁工上门收集时，居民自行将袋装生活垃圾放在指定的地点，清洁工收集后用人力车送到收集站。

第四，垃圾收集站可以是配置有垃圾集装箱和垃圾压缩装置的压缩式生活垃圾收集站，此时清洁工送来的垃圾经垃圾压缩机推压入集装箱内，以提高箱内垃圾的容重，改善垃圾运输的经济性。同时，集装箱应是密封结构，避免垃圾在运输过程中的飞扬散落和污水滴漏，保护周边环境。也有仅设置集装箱的收集站，此时集装箱一般位于站内地坪下，清洁工将人力车上的垃圾翻倒进集装箱内，由于集装箱内垃圾未经压实，集装箱又是敞口的，所以垃圾运输经济性和环保性差，现已逐步被淘汰。也有部分地区将各种形式的集装箱放置在一个固定的场所，由居民自行将垃圾袋投入箱内，此时因投入口少，箱内垃圾既不能够均匀盛于箱内，箱内垃圾又未经压实，所以箱内垃圾装载量少，影响垃圾运输经济性。但居民投入垃圾很方便，集装箱的容积较大，一次可容纳的垃圾量相对较多，设施简单。所以，只要管理到位，这种收集方式还是可用的。

第三节 生活垃圾的清运方法

一、生活垃圾清运操作模式

生活垃圾清运阶段的操作，不仅是指对各收集点贮存垃圾的集中和装载，还包括收集清运车辆由起点至终点的往返运输和在终点卸料等全过程。清运效率和费用高低要取决于下列因素：①清运操作方式；②收集清运车辆的数量；③清运次数、时间及劳动定员；④清运路线。与固体废物收集有关的行为可以被分解为四个操作单元：①收集；②拖曳；③卸载；④非生产。下面分别按照拖曳容器系统和固定容器系统进行说明。

根据其操作模式，清运操作方式可分为两种类型：①拖曳容器系统（Hauled container system，HCS）；②固定容器系统（Stationery container system，SCS）。

前者的废物存放容器被拖曳到处理地点，倒空，然后回拖到原来的地方或者其他地方，而后者的废物存放容器除非要被移到路边或者其他地方进行倾倒，否则将被固定在垃圾产生处。

（一）移动容器操作方法

移动容器操作方法（也称拖曳容器系统），是指将集装点装满的垃圾连容器一起运往中转站或处理处置场，卸空后再将空容器送回原处或下一个集装点。其中，前者称为一般操作法，后一种将空容器运到下一个集装点的方法称为修改工作法。比较传统的收集方式是用牵引车从收集点将已经装满废物的容器拖拽到转运站或处置场，清空后再将空容器送回原收集点。然后，牵引车开向第二个收集点重复这一操作。显然，采用这种运转方式的牵引车的行程较长。经过改进的运转方式是牵引车在每个收集点都用空容器交换该点已经装满废物的容器。与前面的运转方式相比，消除了牵引车在两个收集点之间的空载运行。

本操作方法收集成本的高低，主要取决于收集时间长短。因此，对收集操作过程的不同单元时间进

行分析，可以建立设计数据和关系式，求出某区域垃圾收集耗费的人力和物力，从而计算收集成本。可以将收集操作过程分为四个基本用时，即集装时间、运输时间、卸车时间和非收集时间。

拖曳容器系统运输一次废物所需总时间等于容器收集、卸载和非生产时间的总和。由于拖曳容器系统的收集时间和现场时间是相对恒定的，拖曳时间取决于拖曳速度快慢和路程远近。

（二）固定容器操作法

固定容器收集操作法，是指用垃圾车到各容器集装点装载垃圾，容器倒空后固定在原地不动，车装满后运往转运站或处理处置场。由于运输车在各站间只需要单程行车，所以与拖拽容器系统相比，收集效率更高。但是，该方式对设备的要求较高。例如，由于在现场需要装卸废物，容易起尘，要求设备有较好的机械结构和密闭性。此外，为保证一次覆盖尽量多的收集点，收集车的容积要足够大，并应配备废物压缩装置。

二、垃圾清运装备

各大汽车厂都生产专门收集垃圾的特种车辆。这类车辆大都配置自动挡，这样使司机在连续启动和停车时更容易操作。多数卡车用的是柴油发动机，小型卡车有时用的是汽油发动机。近年来，欧洲一些国家已为垃圾车司机研制出特别的驾驶室，这种驾驶室位置很低，使司机和装卸工们可以很方便地上下车。

（一）生活垃圾清运车辆类型

不同地域的城市可根据当地的经济、交通、垃圾组成特点、垃圾收运系统的构成等实际情况，开发使用与其相适应的垃圾收集车。国外垃圾收集清运车类型很多，许多国家和地区都有自己的收集车分类方法和型号规格。尽管各类收集车构造形式有所不同，但它们的工作原理有共同点，即一律规定配制专用设备，以实现不同情况下城市垃圾装卸车的机械化和自动化。一般应根据整个收集区内不同建筑密度、交通便利程度和经济实力选择最佳车辆规格。按装车型式，大致可分为前装式、侧装式、后装式、顶装式、集装箱直接上车等形式；按车身大小和载质量分，额定质量10~30t，装载垃圾有效容积为6~25m³（有效载质量4~15t）。

我国目前尚未形成垃圾收集车的分类体系，型号规格和技术参数也无统一标准。近年来，环卫部门引进配置了不少国外机械化自动化程度较高的收集车，并开发研制了一些适合国内具体情况的专用垃圾收集车。为了清运狭小里弄小巷内的垃圾，许多城市还有数量甚多的人力手推车、人力三轮车和小型机动车作为清运工具。

（二）常用生活垃圾清运车辆

1.简易自卸式清运车

这是国内最常用的生活垃圾清运车，一般是解放牌或东风牌货车底盘上加装液压倾卸机构和垃圾车改装而成（载重量3~5t）。常见的有两种形式：一是罩盖式自卸清运车。为了防止运输途中垃圾飞散，在原敞口的货车上加装防水帆布盖或框架式玻璃钢罩盖，后者可通过液压装置在装入垃圾前启动罩盖，密封程度要求较高；二是密闭式自卸车。即车厢为带盖的整体容器，顶部开有数个垃圾投入口。简易自卸式垃圾车一般配以叉车或铲车，便于车厢上方机械装车，适宜于固定容器操作法作业。

2.活动斗式清运车

这种清运车的车厢作为活动敞开式贮存容器，车厢可卸下来作为收集垃圾的集装箱使用，平时放置在垃圾收集点。垃圾装满后，将集装箱放回垃圾车运到中转站或处理场。因车厢贴地且容量大，适宜贮存装载大件垃圾，故亦称为多功能车，用于移动容器操作法作业。

3.侧装式密封清运车

这种车型为车辆内侧装有液压驱动提升机构，提升配套圆形垃圾桶，可将地面上的垃圾桶提升至车厢顶部，由倒入口倾翻，空桶复位至地面。倒入口有顶盖，随桶倾倒动作而启闭。国外这类车的机械化程度较高，改进形式很多，一个垃圾桶的卸料周期不超过10s，以保证较高的工作效率。另外，提升架悬臂长、旋转角度大，可以在相当大的作业区内抓取垃圾桶，故车辆不必对准垃圾桶停放。

4.后装式压缩清运车

这种车是在车厢后部开设投入口，装配有压缩推板装置。通常投入口高度较低，能适应居民中的老年人和小孩倒垃圾；同时，由于有压缩推板，适应体积大、密度小的垃圾收集。这种车与手推车收集垃圾相比，功效提高6倍以上，大大减轻了环卫工人的劳动强度，缩短了工作时间。此外，还减少了二次污染，方便了群众。

（三）收集车数量配备

收集车数量配备是否适当，关系到收集费用及效率。收集服务区需配备各类收集车辆的数量可参照下列公式计算：

简易自卸车数=该车收集垃圾日平均产生量/车额定吨位×日单班收集次数定额×完好率

式中：日单班收集次数定额，可按各省、自治区环卫定额计算；完好率按85%计。

多功能车数=该车收集垃圾日平均产生量/车厢额定容量×车厢容积利用率×日单班收集次数定额×完好率

式中：车厢容积利用率按50%～70%计；完好率按80%计；其余同前。

侧装密封车数=该车收集垃圾日平均产生量/桶额定容量×桶容积利用率×日单班装桶数定额×日单班收集次数定额×完好率

式中：日单班收集次数定额，可按各省、自治区环卫定额计算；完好率按80%计；桶容积利用率按50%～70%计；其余同前。

（四）收集车劳力配备

每辆收集车配备的收集工人，需按车辆型号与大小、机械化作业程度、垃圾容器放置地点与容器类型等情形而定，最终需从工作经验的逐渐改善而确定劳力。一般情况下，除司机外，人力装车的3t简易自卸车配2人；人力装车的5t简易自卸车配3～4人；多功能车配1人；侧装密封车配2人。

（五）收集次数与作业时间

在我国各城市住宅区、商业区基本上要求及时收集垃圾，即日产日清。在欧美各国则划分较细，一般情形下，对于住宅区厨房垃圾，冬季每周二至三次，夏季每周至少三次；对旅馆酒家、食品工厂、商业区等，不论夏冬每日至少收集一次；煤灰夏季每月收集二次，冬季改为每周一次；如厨房垃圾与一般垃圾混合收集，其收集次数可采取二者折中或酌情而定。国外对废旧家用电器、家具等大件垃圾则定为一月两次；对分类贮存的废纸、玻璃等亦有规定的收集周期，以利于居民的配合。垃圾收集时间，大致可分昼间、晚间及黎明三种。住宅区最好在昼间收集，晚间可能会骚扰住户；商业区则宜在晚间收集，此时车辆行人稀少，可加快收集速度；黎明收集，可兼有白昼及晚间之利，但集装操作不便。总之，垃圾收集次数与时间，应视当地实际情况，如气候、垃圾产量与性质、收集方法、道路交通、居民生活习俗等确定，不能一成不变。其原则是希望能在卫生、迅速、低成本的情形下达到垃圾收集的目的。

三、收运路线设计方法

在城市垃圾收集操作方法、收集车辆类型、收集劳力、收集次数和作业时间确定以后，就可着手设计收运路线，以便有效使用车辆和劳力。在城市生活垃圾收运系统中，研究最多的就是卡车由住户到住户的运动路线问题。垃圾收集清运工作安排的科学性、经济性关键就是合理的收运路线，因为路线的选择可以极大地影响收集效率。为了提高垃圾收运水平，不少国家都制定了垃圾车收运线路图。

一旦收集装备和劳力的要求被确定下来，就必须设计收集路线，以便收集者和装备能够有效地利用。通常，收集路线的规划包括一系列的实验，没有一套通用规则能被应用在所有的情形。因此，收集车辆的路线设计在目前仍然是一个需要研究和实践的过程。

（一）固体废物收集路线的规划

通常，建立垃圾收集路线的步骤包括：第1步，准备一张当地地图，能够表示垃圾产生源的数据与信息；第2步，数据分析，如果需要的话，准备数据摘要的表格；第3步，初步的收集路线设计；第4步，对初步收集路线进行评估，然后通过成功的试验运行，完善垃圾收集路线。

从本质上说，第一步对所有类型的收运系统都是一样的，而第二、第三和第四步在拖曳容器收运系统和固定容器收运系统中的应用是不一样的。所以，每一步都应该分别讨论。

值得注意的是，在第四步中准备好的收集路线将交给垃圾收集车司机，由他们在规定区域中将其实施；根据在此区域中实施的经验，他们将修改收集路线以满足本地特殊的情况。在大多数情况下，收集路线的设计是依据在城市的某一区域长期工作所获得的运行经验。下面将讨论垃圾收集路线设计时应考虑的因素。

（二）固体废物收集路线的设计

1.收集路线设计——第1步

在一张有商业区、工业区和居民区分布的地图上，标出如下垃圾收集点的数据：位置、收集频率、收集容器的数量。如果在商业与工业区使用机械装载的固定容器收运系统，在每一个垃圾收集点上也应该标出可能收集的垃圾量。对于居民区的垃圾产生源，通常假定每个垃圾产生源要收集的垃圾量几乎是相等的。一般情况下，只是标注每个街区的房屋数量。

由于收集路线的设计包括一系列连续的试验，所以一旦基本数据已经标注在地图上就应该使用路线图了。依据区域的大小和收集点的数量，这块区域应该再概略的细分成功能相当的区域（如居民区、商业区和工业区）。对那些收集点数小于20到30的区域，这一步可以省略。对那些大一点的区域，有必要再把功能相当的区域进一步细分成若干小区域，要考虑垃圾产生率和收集频率等因素。

2.收集路线设计——第2、3和4步（拖曳容器收运系统）

第2步，在一张电子数据表格上输入以下信息：收集频率，次/周；收集点数量；收集容器总数；收集次数，次/周；在一周中每天要收集的垃圾数量。然后，确定在一周中要多次收集的收集点数量，再将数据填入表格。按照每周需要的最高收集次数的收集点进行列表。最后，分配每周一次的收集点容器的数量，以便每天清空的容器的数量与每个收集日相平衡。一旦确定了这些信息，就可以设计出初步的收集路线。

第3步，使用第2步的信息，收集路线的设计可以做如下描述：从分派站开始，收集路线应该能在一个收集日里将所有的收集点连接起来。下一步是修改基本路线，使之能包括其他额外的收集点。每一天的收集路线都应该设计成开始和终止于分派站。垃圾收集的操作应该符合当地的生活方式.要考虑前面引用的方针和本地特殊情况的限制。

第4步，当初步的收集路线设计出来后，就可以计算出每两个容器之间的平均行驶距离。如果收集路线的行驶距离相差超过15%，就应该重新设计，以使每两个收集点间行驶相同的距离。通常，大部分的收集路线都要经过试验运行才能最终确定下来。当使用超过一辆垃圾收集车的时候，每一个服务区的收集路线都要设计出来，每辆车的工作量应该是均衡的。

3.收集路线设计——第2、3和4步（固定容器机械装载收运系统）

第2步，在一张电子数据表格上输入以下信息：收集频率，次/周；收集点数量；总废物量，m³/周；在一周中每天要收集的垃圾数量。然后，确定在一周中要多次收集的收集点数量，并将数据填入表格。按照每周需要最多收集次数的收集点进行列表。最后，用垃圾车的有效容量来确定每星期只清理一次的地区能处理的垃圾量。分配好垃圾收集的量，以便每次收集的垃圾量和清空容器的量能与每条垃圾收集路线相平衡。一旦已经了解了这些信息，就可以设计出初步的收集路线。

第3步，当前述工作完成后，收集路线的设计就可以如下进行：从分派站开始，收集路线应该能在一个收集日里将所有的收集点连接起来。针对将要被收集的垃圾量对基本收集线路进行设计。

下一步，修改这些基本收集线路来包含其他垃圾收集点以满足装载量，这些修改应该保证每一条收集路线都能服务同一区域。在那些已经被细分的并且每天都要清理的大区域，需要在每个细分的区域确定基本线路；在某些情况下，要根据每天清运的次数来确定收集路线。

第4步，当收集路线已经被设计出来，垃圾的收集量和每条线路的拖曳距离就应该确定下来。在某些情况下，需要重新调整收集路线与工作量的平衡。当收集路线已经确定后，应该把它们画到主图上。

4.收集路线设计——第2、3和4步（固定容器手工装载收运系统）

第2步，估计收运系统在运行过程中每天在服务区内会产生的垃圾总量。用垃圾车的有效容量确定每趟平均收集垃圾的居民数。

第3步，当前述工作完成后，收集路线的设计就可以如下进行：从分派站开始设计收集路线，要求在每条收集路线中包括所有的收集点。这些路线应该满足最后一个收集点离处置点最近。

第4步，当收集路线设计出来后，要确定实际的容器密度和每条路线的拖曳距离。应该核对每天的劳动量需求与每天的工作时间。在一些情况下，需要重新调整收集路线以使其与工作量平衡。当收集路线已经确定后，应该把它们画到主图上。

第四节　生活垃圾的中转运输

一、转运站的作用和功能

随着城市区域的不断拓展，以及对环境保护和市容卫生的要求，垃圾处理场所的地理位置离市区越来越远，城市生活垃圾远距离运输成为必然趋势。垃圾要远距离运输，最好先集中。因此，设立转运站进行垃圾的转运就显得必要，不仅可以更有效地利用人力和物力，使垃圾收集车更好地发挥其效益，也可借助大载重量运输工具实现经济而有效地进行长距离运输。中转运输的设置基于生活垃圾运输过程经济化的原理，大型车辆的单位运输量成本低于小型车辆；而垃圾收集清运车受垃圾集装点交通条件的限制，难以实现车辆大型化；当垃圾的全程运输距离大于一定值时，大型车辆的单价优势足以抵偿垃圾转载带来的固定成本。

转运站的作用和功能可以归纳为以下几点：

（一）降低收运的成本

对于较长的运输距离来说，大容量的运输车辆要比小容量的运输车辆经济有效；而城市生活垃圾的收集过程，小型车辆又比大型车辆灵活方便。在适宜的地方设置转运站，可以合理地分配使用车辆，提高收运系统的总体效率，大大降低运输费用。

（二）提高运输效率

转运站大多设有压缩设备，可对分散收集来的垃圾进行压缩处理，压缩后垃圾的密度明显提高，从而大大提高载运工具的装载效率，并有利于进一步降低垃圾运输费用。

（三）集中收集和贮存来源分散的各种固体废物

在生活垃圾物流组织体系中起到流量缓冲作用。

（四）对不同来源垃圾进行适当的预处理

例如，分选、破碎、压缩、解毒、中和、脱水，以及对有用物质的回收和再利用，并为后续资源回收、分类处理等服务。通过这些预处理措施，可以减少在后续运输与处理、处置过程中废物的量和危险性，有利于提高废物管理的整体效益。

运输距离的长短，是决定是否设立垃圾转运站的主要依据。当垃圾的运输距离较近时，一般无须设置垃圾转运站，通常由收集车把收集来的垃圾直接运往垃圾处理处置场所。只有当垃圾的运输距离较远时，才有设置转运站的必要。一般来说，当垃圾运输距离超过20km时，应设置大、中型转运站。因此，小城市一般不设置垃圾转运站，而大、中城市设置垃圾转运站的比较多。

通常，当垃圾处理处置场所远离收集路线时，究竟是否设置转运系统往往取决于经济状况。具体取决于两方面：一方面是有助于降低垃圾收运的总费用，即由于长距离大吨位运输比小车运输的成本低，或由于收集车一旦取消长距离运输能够腾出时间更有效地收集垃圾；另一方面是对转运站、大型运输工具或其他必需的专用设备的大量投资会提高收运费用。三种运输方式为：①移动容器式收集运输；②固定容器式收集运输；③设置转运站转运。

简单地说，利用大容量的运输工具来长距离运输大量的垃圾比利用小容量运输工具长距离运输同样多的垃圾更加便宜。

二、生活垃圾转运站的工艺类型

生活垃圾转运站，是连接垃圾产生源头和末端处置系统的接合点，起到枢纽作用。国内外城市垃圾转运站的形式是多种多样的，它们的主要区别在工艺流程、主要转运设备及其工作原理、垃圾的压实效果（减容压实程度）和环保性等方面。

（一）转运站的分类

转运站是一种将垃圾从小型收集车装载到大型专用运输车，以优化单车运输经济规模、提高运输效率的设施。工艺流程和转运设备对垃圾压实程度等的不同，转运站可分为多种类型。

1.按转运能力分类

转运站的设计日转运垃圾能力，可按其规模进行分类，划分为小型、中小型、中型、大型和特大型转运站。

2.按有无压缩设备及压实程度分类

根据国内外垃圾转运技术现状及发展趋势，转运技术及配套机械设备可按转运容器内的垃圾是否被压实及其压实程度，划分为无压缩直接转运与压缩式间接转运两种方式。

①无压缩直接转运：采用垃圾收集车，将垃圾从垃圾收集点或垃圾收集站直接运送至垃圾处理厂（场）的运输方式。

②压缩式间接转运：采用往复式推板将物料压入装载容器。与刮板式填装作业相比，往复式推压技术可对容器内的垃圾施加更大的挤压力，容器内垃圾密实度最高可达800kg/m³以上。压缩式设备一般采用平推式（或直推式）活塞动作，大型以上的转运站多采用压缩式。

3.按压缩设备作业方式分类

按压缩设备作业方式，国内外采用的压入装箱工艺分别可分为"水平压缩转运"和"竖直压缩转运"两种。

（1）水平压缩

是利用推料装置将垃圾推入水平放置的容器内，容器一般为长方体集装箱，然后开启压缩机，将垃圾往集装箱内压缩。

（2）竖直压缩

是将垃圾倒入垂直放置的圆筒形容器内，压缩装置由上至下垂直将垃圾压缩，垃圾在压缩装置重力和机械力的同时作用下得到压缩，压缩比较大，压缩装置与容器不接触，无摩擦。

竖直装箱式转运站在工艺技术和环境保护等方面具有明显优势，但相应增加了转换容器状态的设备投资，同时容器的搬运转移需要较大的调度场地，会缩减转运站绿化面积。要根据转运站的实际条件综合分析和协调经济、技术、环保等要求选择适宜的压缩工艺。

4.按大型运输工具不同分类

（1）公路运输

公路转运车辆是最主要的垃圾运输工具，使用较多的公路转运车辆有半拖挂转运车、车厢一体式转运车和车厢可卸式转运车等。车厢可卸式转运车是目前国内外广泛采用的垃圾转运车，无论在山区还是在填埋场，它都表现出了优良而稳定的性能。该种转运车的垃圾集装箱轻巧灵活、有效容积大、净载率高、垃圾密封性好。该种车型由于汽车底盘与垃圾集装箱可自由分离、组合，在压缩机向垃圾集装箱内压装垃圾时，司机和车辆不需要在站内停留等候，这就提高了转运车和司机的效率，因而设备投资和运行成本均较低，维修保养也更方便。

（2）铁路运输

铁路运输是一种陆上运输方式，当需要远距离大容量输送城市垃圾时，铁路运输是最有效的解决方法。特别是在比较偏远的地区，公路运输困难，但有铁路线，且铁路附近有可供填埋场地时，铁路运输方式就比较实用。铁路运输城市垃圾常用的车辆有：设有专用卸车设备的普通卡车，有效负荷10～15t；大容量专用车辆，有效负荷25～30t。

铁路运输的发展趋势之一就是集装运输，集装运输包括集装箱运输和集装化运输，它是先进的散杂件货物运输方式。对适箱货物可采用集装箱运输；对非适箱货物则采用集装化运输。

集装箱专用列车与定期直达车的相同之处在于都在铁路运行图上有专门的运行线，不同之处在于专运列车虽然也是大批量的集装箱和运输路线较长，但不是定期的，这种运输可以解决货源不均衡的矛盾。

（3）水路转运

通过水路可低成本运输大量垃圾，因此也受到人们的重视。水路垃圾转运站需要设在河流或者运河边，垃圾收集车可将垃圾直接卸入停靠在码头的驳船里。需要有设计良好的装载和卸船的专用码头。

船舶运输适用于大容量的废物运输，在水路交通方便的地区应用较多。船舶运输由于装载量大、动力消耗小，其运输成本一般比车辆运输和管道运输低。但是，船舶运输一般需要采用集装箱方式。所以，对中转码头以及处置场码头必须配备专门的集装箱装卸装置。另外，在船舶运输过程中，特别要注意防止由于废物泄漏对河流的污染，在废物装卸地点尤要注意。

5.按装料方法分类

（1）高低货位装料方式

可利用地形高度差来卸载生活垃圾，也可用专门的液压台将卸料台升高或将大型运输工具下降。

（2）平面传送装料方式

利用传送带、抓斗天车等辅助工具进行收集车的卸料和大型运输工具。

6.按有无分拣功能分类

按转运站是否设计分拣回收单元，可将其分为带分拣处理压缩转运站和无分拣处理压缩转运站两类。

（二）转运站装载工艺方法

根据运输车装载方式的不同，转运站可以被分为三种常见类型：①直接装载；②先贮存再装载；③直接装载和贮存后再装载相结合。

1.直接装载型转运站

在接装载型转运站里，收集车把收集到的垃圾直接倒入大型运输车中，以便把垃圾运到最终的处置场。或将垃圾倒入压缩机中压缩后再进入运输车，或者把垃圾压缩成垃圾块后运抵处置场。在许多情况下，垃圾中可回收利用的部分被筛选出来后，剩下的垃圾被倒入平板车，然后再被推入运输工具。可以被临时贮存在平板车中的垃圾体积称为该转运站的临时储量或紧急储量。

2.先贮存再装载型转运站

在这种先贮存再装载的转运站里，垃圾先被倒入一个贮存坑，然后通过各种辅助器械，将坑内的垃圾装入运输工具。直接装载型转运站和先贮存再装载型转运站的差别，在于后者带有一定的垃圾贮存能力（通常为1~3天）。

3.直接装载和先贮存后装载相结合型转运站

在一些转运站，直接装载和卸垃圾后再装载的方法是结合使用的。通常，这种多功能的处理设施比起单一用途的处理设施来说可以服务更多的用户。一个多功能的转运站同样可以建立起一个垃圾回收利用系统。

该类转运站的操作过程如下：如果所装载的废物中不含有可回收利用废物，所有车辆都必须进入称量检查室接受检查；不允许进入的废物则不能进入收集垃圾车经过称重后，司机会拿到一张盖章后的客户凭证；然后司机将车驶入卸载区，把车内的垃圾倾倒入垃圾临时贮存池；空车返回称重室，经过再次称重后，司机返还客户凭证，并根据计算出的垃圾质量结算。

在这类转运站，设置有专门回收废物的设施，如果装载的废物中含有预先确知数量的可回收利用废物，则司机将进入某种特定类型车辆的免费通道，而通过这种类型的车辆将废物送去进行后续回收利用。

三、转运站的设计方法

在规划和设计转运站时，应考虑以下几个因素：①每天的转运量；②转运站的结构类型；③主要设备和附属设施；④对周围环境的影响。

假定某转运站要求：①采用挤压设备；②高低货位方式卸料；③机动车辆运输。其工艺设计如下：垃圾车在货位上的卸料平台卸料，倾入低货位上的压缩机漏斗内，然后将垃圾压入半拖挂车内，满载后由牵引车拖运，另一辆半拖挂车再继续装料。

根据该工艺与服务区的垃圾量，可计算应建造多少个高低货位卸料台和相应配备的压缩机数量，需合理使用多少牵引车和半拖挂车。

垃圾的运输费用，通常占垃圾处置总费用的很大比例，因而场址的选择，应充分考虑如何最大限度地减少运费。在平原地区，运输费用就仅取决于路程的长短。可以根据本地区的地理位置和垃圾产生量的分布情况，计算出处置设施的理论最佳选址，以使得垃圾运输的效率最高。

四、转运站选址

转运站的选址，应符合城市总体规划和城市环境卫生行业专业规划的要求。若转运站所在区域的城市总体规划未对转运站选址提出要求，或者未编制环境卫生行业专业规划，则其选址应由建设主管部门会同规划、土地、环保、交通等有关部门进行，或及时征求有关部门的意见。

转运站的位置应设在生活垃圾收集服务区内人口密度大、垃圾排放量大、易形成转运站经济规模和安排清运线路的地方；并综合考虑服务区域、转运能力、运输距离、污染控制、配套条件等因素的影响，及供水、供电、污水排放的要求，应兼顾废物回收利用及能源生产的便利性。在运距较远、运量大，且具备铁路运输或水路运输条件时，宜设置铁路或水路运输大型转运站，其设计建造需符合特定设施的有关行业标准。

对于城市垃圾来说，其转运站一般建议设在小型运输车的最佳运输距离之内。转运站选址应避开立交桥或平交路口旁，以及影剧院、大型商场出入口等繁华地段，以避免造成交通混乱或拥挤。若必须选址于此类地段时，应对转运站进出通道的结构与形式进行优化或完善。

转运站选址应避开邻近商场、餐饮店、学校等群众日常生活聚集场所，以避免垃圾转运作业的二次污染影响甚至危害，以及潜在的环境污染所造成的社会或心理上的负面影响。若必须选址于此类地段时，应从建筑结构或建筑形式上采取措施进行改进或完善。

第九章　生活垃圾生物处理

第一节　生物处理途径与方法

生活垃圾生物处理技术，是利用自然生物的新陈代谢，达到降解城市垃圾中的有机物、获得代谢产物和新的生物体的目的。根据目的不同，可以分为营养物基质化利用、产物利用和降解利用。营养物基质化利用，指生物以垃圾中的有机物作为营养物基质，主要目的是收获新生物体或酶，如培养功能微生物、制取酶制剂等。产物利用的主要目的，是获得生物体新陈代谢过程中产生的各种代谢产物，如制取生物乙醇。降解转化的主要目的，是使宏量或微量污染物得以降解。但实际上，很多生物处理技术同时涵盖了这些目的。

由于有机物的生物化学组成和物理结构的特性，以及微生物的代谢能力，生活垃圾中不同组分的可生物降解性有差异，从而决定了生活垃圾的生物可处理性及适宜采取的生物处理技术。总体而言，生活垃圾中的有机物可分为三大类：易生物降解有机组分或称易腐有机物，相对难生物降解有机组分，以及不可生物降解有机组分。因此，生活垃圾若按物理组成分类，则厨余、果皮、餐厨垃圾属易生物降解物料；废纸、竹木、园林废物等则属相对难生物降解物料。

生活垃圾主要的生物处理技术，是好氧堆肥和厌氧消化。通过与其他技术结合，又衍生出机械生物处理技术、生物干化技术和生物稳定化技术。目前，尚处在研发阶段的新兴技术，包括制造生物燃料和生物化学品，以尽可能提高生活垃圾生物处理产物的资源化品质和价值。

第二节　生活垃圾的堆肥处理

一、好氧堆肥化原理

（一）定义

好氧堆肥化，是指混合有机物在受控的有氧和固体状态下被好氧微生物利用从而被降解，并形成稳定产物的过程。堆肥，是指经好氧堆肥化过程形成的稳定产物，包含活的和死的微生物细胞体、未降解的原料、原料经生物降解后转化形成的类似土壤腐殖质的产物。人们可以利用堆肥所含的类腐殖质作为土壤改良剂使用，也可以利用其所含的微生物活细胞体作为生物接种剂、生物滤床、生物覆盖层使用。

好氧堆肥化的目的是：①无害化，杀灭城市垃圾中的致病菌和杂草种子；②稳定化，降解垃圾中的易降解有机物，避免其在自然状态下产生恶臭和渗沥液等污染物；③减量化，降低垃圾中有机物量和水分含量，使垃圾减量减容；④腐熟化，获得对植物生长无害的腐熟化产物。应该根据工程目的的侧重点不同，设计堆肥工艺和优化控制堆肥过程。

（二）堆肥化过程

好氧微生物优先利用城市垃圾中的易降解有机组分，然后利用相对难降解的有机组分。有机物降解产热会导致垃圾堆体温度的上升，而堆体表面的辐射散热、水蒸气蒸发潜热、物料升温吸热等因素，则会导致垃圾堆体温度的下降。因此，随着垃圾中各类有机物降解的先后和快慢程度，好氧堆肥系统的产热速率会发生变化，导致堆体温度随着堆制时间的延长，呈现先升高后逐渐降低的变化特征。堆体温度和残留有机物类型的变化又会导致堆体中的优势微生物类型发生演替。

根据堆体温度的变化，可以将堆肥化过程分为五个阶段，即常温潜伏阶段、升温阶段、高温阶段、降温阶段和常温腐熟阶段。当堆体温度升高到45℃以上，即可认为进入高温阶段，该阶段对于垃圾的无害化、稳定化和减量化非常重要，需要控制其温度范围和在该阶段的连续持续时间。高温可使得不耐热的病原微生物、寄生虫卵和杂草种子被灭活；嗜热放线菌分泌抗生素，抑制病原微生物；高温可提高有机物的降解速率和产热速率，有利于垃圾中有机物和水分的减量。而常温腐熟阶段是实现垃圾堆体腐熟化的关键阶段，在该阶段，木质素等难降解有机物会被缓慢分解，腐殖质不断增多，腐殖质的聚合度和芳构化程度也在不断提高。

在工程上，通常将堆肥化过程分为两个阶段，即主发酵和次发酵。主发酵对应常温潜伏、升温、高温和降温阶段，一般持续5~20d，其主要功能是实现垃圾的无害化、稳定化和减量化；次发酵对应于常温腐熟阶段，持续30~180d或更长时间，其主要功能是实现垃圾的腐熟化，获得腐熟的堆肥产品。

（三）生物演替

堆肥化过程涉及异养型细菌和真菌等微生物，在堆制后期，还会出现少量自养型细菌和原生动物。

细菌种群多样性最高、数量最大，对总有机质降解的贡献率达80%~90%，能降解几乎所有类型的有机物，降解速率快，比表面积大，世代时间短，能耐受高温或嗜热生长，对于堆制初期易降解有机物的快速降解起着重要的作用；有些菌种还能在高温或低湿度等不利环境条件下形成孢子，在降温阶段重新萌芽恢复活力。

细菌门中的放线菌亚门，生长缓慢，呈菌丝状生长，而其丰富的酶系统有助于降解更复杂的半纤维素、纤维素和木质素等有机物，从而有别于大多数细菌；一般在堆制后期，当堆体含水率和温度下降、pH呈中性或微碱性时，放线菌逐渐开始占据优势。

真菌对于半纤维素、纤维素、木质素、果胶等有机物的降解和腐殖质形成非常重要，真菌对低含水率和pH不如细菌敏感，但大多数真菌是绝对好氧的，所以，不耐受低氧环境。另外，当温度超过60℃时，真菌也不易存活。因此，真菌一般在堆制后期占据优势。

当堆体温度下降后会开始出现大生物体，如原生动物、轮虫、线虫。它们以微生物细胞体为食，因此，有利于抑制致病菌；能降解木质素和果胶，其排泄物是腐殖化堆肥产物的一部分。

（四）物质转化

1.碳的转化

碳元素在城市垃圾生物可降解部分的有机物中占30%~50%，含碳有机物的降解对于堆肥化过程的物质减量和产热非常重要。垃圾中有机物的好氧生物氧化会转化成CO_2，形成新的有机产物和合成新的微生物细胞体；同时，会产生痕量污染物VOC_s；在堆体中的缺氧微区，还可能发生厌氧代谢形成温室气体CH_4。微生物细胞体、新形成的有机物和未降解的垃圾有机物共同构成了堆肥产物。CH_4和VOC_s会造成大气环境污染，如CH_4的全球变暖潜力是化石源CO_2的25倍。VOC_s中的有些物质会对人体健康造成毒害作用，如芳香烃类物质；有些是恶臭类物质会影响周边的环境质量，如含硫化合物；有些则会造成臭氧层破坏和有机气溶胶生成，是大气中光化学污染的重要前体物。

2.氮的转化

城市垃圾中的蛋白质、核酸、尿素等含氮有机物的转化，对于堆肥的营养物含量以及堆肥化过程恶臭的释放比较关键。城市垃圾中氮元素占有机物的3%～5%，垃圾中含氮有机物经氨化形成铵盐（NH_4）或氨气（NH_3），部分铵或氨经同化作用合成微生物细胞体，或包含于新形成的复杂有机物中，部分经硝化作用转化成亚硝酸盐和硝酸盐，在堆体中的缺氧微区硝酸盐经反硝化作用变成氮气，剩余的则以氨气形式散失。此外，还会形成痕量含氮VOCs，如甲胺、二甲胺、三甲胺和乙胺等，氨气、含氮VOCs以及无机类的痕量磺酸氢铵、硫化铵都是恶臭污染的重要贡献者。另外，N_2在固氮菌的作用下也能少量转化为铵。硝化和反硝化过程都会产生温室气体N_2O，其全球变暖潜力是化石源CO_2的298倍。堆肥化过程氮损失量达4%～60%，会导致恶臭污染，同时还降低了堆肥的氮营养含量，应通过堆肥工艺进行有效控制。自养型硝化一般在堆制后期发生，由于亚硝酸盐对植物生长有害，而硝酸盐是植物代谢比较有利的无机盐。因此，应确保二次发酵的周期使得堆肥中的氮主要以硝酸盐形式存在，而且应保证足够的氧气以促进好氧硝化作用。

3.硫

城市垃圾中硫元素含量一般不超过有机物的0.5%，除部分用于合成微生物的半胱氨酸和蛋氨酸等氨基酸，以及生物素、维生素B_1、硫辛酸等维他命外，其他则转化为H_2S和含硫VOC_s。

二、好氧堆肥化工艺

（一）工艺影响因素和操作控制

影响堆肥化过程的因素，包括堆肥物料、环境参数和微生物活性三大方面。

1.堆肥物料的有机物含量和生物可降解性

堆肥物料中的有机物含量和类型，决定了堆肥过程的产热量和产热速率。为了确保堆肥过程高温阶段的持续，以及堆肥产品具有一定的有机物含量，堆肥物料中的有机物含量应大于30%。

2.堆肥物料的C/N质量比

为了满足堆肥过程的微生物细胞合成、产热量以及恶臭控制的要求，应控制堆肥物料碳和氮的平衡比率。C/N质量比过高，表明N源缺乏，微生物代谢受到限制，降解速率降低；而C/N质量比过低时，多余的N会以氨气形式散失，形成恶臭污染，并降低了堆肥产物的含N量。适宜的C/N质量比范围为20∶1～40∶1。可通过不同物料的混合进行调配，例如，农业秸秆、园林垃圾、废纸等高木质纤维素含量的物料一般含氮量较低；而畜禽粪便、城市污水处理厂污泥等高蛋白质含量的物料一般含氮量较高。

3.温度

温度介于25℃～45℃时，微生物多样性最高；温度在45℃～60℃时，生物降解速率最高；温度在55℃以上时，致病菌灭活率最高；但是，过高的温度如在70℃～80℃时，大多数微生物失活，将导致生物降解速率迅速下降。在温度上升阶段，若无法迅速达到高温，可考虑对反应器保温或加热、提高易降解有机物量、添加高效细菌等措施；若高温阶段维持时间过短，可采用降低通风量或通风频率、降低翻堆频率等措施；若温度过高时则相反，可加大通风量或通风频率、增加翻堆频率，通过水分蒸发带走热量。

4.氧气浓度

好氧微生物只能在有氧环境中（O_2体积分数＞5%）进行代谢活动。堆体物料颗粒间空隙内的O_2体积分数应尽可能控制在15%～20%，对应的CO_2体积分数控制在0/5%～5%。当O_2体积分数低于15%时，兼性厌氧细菌可能被激活，导致有机物的不完全氧化，会生成乙醇、乙酸等中间代谢产物。

堆肥过程的供氧方式，包括通风和翻堆。通风，可采用自然通风和强制通风两种方式。强制通风，可采用正压鼓风、负压抽气，或者两者结合的方式进行。应合理设计堆肥过程的通风量、通风频率或翻堆频率。

5.含水率

堆肥物料的含水率一般宜控制在40%～70%。含水率过低会抑制微生物代谢，含水率过高则会导致堆体物料颗粒间孔隙被水充填，减小了空隙体积，即降低了氧气容量。堆肥物料的含水率可以通过不同物料的混合进行调配。

6.空隙率

堆体物料颗粒间的孔隙包括水和空隙。过高的含水率或过度压实会减小有效的空隙率，从而影响氧气的运输和传递。一般堆体物料的空隙率应大于0.3。可通过添加结构强度高的物料，如木片、园林垃圾、农业秸秆、废纸板等木质纤维类填充料，吸收过量的水分、提高结构稳定性和空隙率；同时，还能补充一部分碳源。选择堆肥填充料应以当地的稳定可获得性和价格低廉为前提。

7.pH

进料的pH宜控制在5.5～8。堆制初期，由于有机物降解产生有机酸，pH会略微下降；随着好氧反应的进行，有机酸被降解、铵的累积以及碳酸盐的平衡，pH会逐渐恢复至中性和微碱性（7.5～8.0，有时可达8.5或更高）。pH大于8时，铵盐与氨之间的电离平衡会加速氮以氨气形式损失。由于堆体自身的缓冲能力，堆肥过程的pH一般不用进行人为调控。

8.微生物量和代谢活性

城市垃圾本身就含有很丰富的土著微生物，另加菌种不是必需的操作。但是，加入适量的高效菌剂可以缩短堆肥过程的启动时间，即可以提高设备的处理能力，或者强化堆肥腐熟，提高堆肥产品的品质。当然，加入工菌种，需增加接种的费用。有些固体废物，如高温处理过的餐厨垃圾，初始物料所含微生物较少，可以考虑添加菌种。

（二）工艺构成

堆肥化工艺一般包括以下几部分：进料供料单元、预处理单元、生物转化单元、后处理单元、二次污染控制单元和过程控制单元。

预处理和中间处理的目的，是分选出城市垃圾中不能生物降解的组分、回收废品、为后续生物转化提供有利条件。后处理的目的，是进一步分离发酵产物中的杂物，提高堆肥产品品质。这些处理单元可结合手工分选和各种机械设备进行，如破碎、筛选、风选、磁力和涡电流分选等。

城市垃圾堆肥化过程需要实时监测堆层温度、O_2或CO_2浓度、水分等参数，相应地调整通风或翻堆等操作手段。

城市垃圾堆肥化过程涉及的环境问题，包括臭气、生物气溶胶、挥发性有机化合物、渗沥液、径流、噪声、带菌昆虫、火灾，其中的臭气问题是最受关注的。堆肥化过程释放的恶臭物质，包括H_2S、NH_3、VOCs，主要来源于有机物的好氧或厌氧降解过程，部分来源于城市垃圾本身。堆肥化过程的臭气控制应做好气流组织、尾气收集和处理。常用的臭气处理工艺，包括生物滤床、湿式洗涤器、吸附、焚烧、除臭剂。

三、堆肥化装置

城市垃圾的堆肥化装置，主要有开放式和封闭式两大类。

（一）开放式装置包括

第一，翻堆条垛式，通过翻堆机的定期翻堆来实现堆体中的有氧状态。
第二，静态通风垛/堆式，通过堆体内部的穿孔通风管道向堆体供氧。

（二）封闭式装置包括

第一，槽仓式，可同时结合强制通风和翻转机向堆体供氧。
第二，滚筒式，滚筒低速旋转，物料因摩擦作用沿筒壁旋转前进，并因重力作用跌落时，可以实现物料的均质以及和空气的充分接触。

四、堆肥产物的评估

堆肥产物较常规的消纳方式，是作为有机肥农用、园林绿化用、林用、土地改良。近年来，还发展了作为废物衍生燃料RDF材料、填埋场日覆盖土、填埋场甲烷氧化生物活性覆土、受污染土壤修复用的生物活性土、生物滤床填料、VOCs/恶臭防控材料、水土侵蚀控制材料、草坪修复材料、人工造林材料、湿地恢复材料、栖息地复兴材料等创新利用途径。需要强调的是，后面几类用途较少与人类直接接触、无食品安全风险、用量大、无季节性限制，因而具有较大的应用市场前景。

五、堆肥化过程的相关规范和设计

设计城市垃圾堆肥处理工程，应遵循相关的建设、运行和污染控制规范。具体的设计要点如下：

（一）选址

应以当地城市总体规划和环境卫生规划为依据，并应符合下列规定：工程地质与水文地质条件，应满足处理设施建设的要求，宜选择周边人口密度较低、土地利用价值较低和施工较方便的区域，应结合已建或拟建的垃圾处理设施，合理布局，并应利于节约用地和实现综合处理，应利于控制对周围环境的影响及节约工程建设投资、运行和运输成本，应符合环境影响评价的要求。

（二）建设规模

堆肥厂的建设，应根据城市垃圾的产生特征、城市规模与特点，结合城市总体规划和环境卫生专业规划，合理确定建设规模和项目构成。根据日处理的城市垃圾量，可大致分成小型、中型和大型堆肥厂。根据建设规模，相应确定堆肥厂的建设用地指标和生产管理用房与生活服务用房等附属建筑面积指标，以及劳动定员。

（三）建设项目构成

城市垃圾堆肥厂的建设项目，由堆肥厂主体工程设施、配套设施以及生产管理和生活服务设施等构成。各部分具体设施的设置，应根据进入堆肥厂的垃圾特性和堆肥处理工艺需要确定。主体工程设施，主要包括计量设施、前处理设施、发酵设施、后处理设施、除尘除臭、渗沥液收集与处理、堆肥产品贮存等设备和相关建筑物。配套工程设施，主要包括厂内道路、检维修、供配电、给水排水、消防、通信、监测化验、消毒和绿化等设施。生产管理设施，主要包括行政办公用房、机修车间、计量间、化验室、变配电室等设施。应依据城市垃圾堆肥项目构成，合理安排总图布置。

（四）工艺和生产线

根据堆肥原料性质、工艺运行特征、设备适用性能和堆肥产品等要求，合理确定堆肥工艺流程。堆肥处理工艺类型，应根据原料组成、当地经济状况、堆肥产品要求和处理场地等条件选择确定。堆肥处理工艺类型的选择顺序，应优先比较确定物料运动和堆肥通风方式，再选择相应的反应器类型。根据垃圾日最大产生量、工作时间、维修时间确定生产线数量和规模。适度满足提高机械化、自动化水平，保证安全，改善环境、卫生和劳动条件，提高劳动生产率、能源效率和原料利用率的要求。

（五）机械设备和建（构）筑物总体要求

按照城市垃圾日最大产生量、工作时间、设备检修维护时间，确定设备处理负荷；设置通风、集气、排气、除尘除臭、地面冲洗、污水导排等设施；注意设备的防腐蚀和日常维护。

（六）垃圾进厂或进入发酵单元条件

堆肥处理的原料，宜为生活垃圾中的可生物降解部分。城镇粪便、城市污水处理厂污泥和农业废物等可生物降解物料，可适量进入生活垃圾堆肥处理系统。危险废物严禁进入城市垃圾堆肥处理厂。

（七）产物去向

堆肥产物，应满足相关产品质量标准和消纳途径的利用要求。城市垃圾堆肥处理过程中，产生的残余物应最大限度地回收利用，不可回收利用的部分应进行无害化处理，如衔接后续焚烧或填埋处置。

（八）发酵工艺

合理设计调配进料的含水率、pH、有机物含量、C/N质量比、颗粒度、堆层容重、堆层高度、通风量和频率、风压、翻堆频率等堆肥工艺参数，以确保足够的高温发酵周期，实现城市垃圾的卫生无害化和稳定化，以及保证堆肥产物的腐熟发酵周期，避免产生厌氧条件。

（九）环境保护、环境监测和安全生产

应控制城市垃圾堆肥处理厂厂区和厂界内的空气、噪声、振动、排水，按规范要求，定期监测噪声、恶臭气体、粉尘、空气质量、生物气溶胶、排水水质等指标。

（十）日常检测、记录和报告

城市垃圾堆肥处理厂进出物料都应进行计量，并应按实物量进行生产统计，核定产出。进厂的生活垃圾、选用的添加剂和产品均应进行理化性质检测。堆层氧浓度和温度应尽可能地实现实时监测。

第三节 生活垃圾的厌氧消化处理

一、厌氧消化的原理

（一）定义

厌氧消化，是指有机物在无氧条件下被厌氧微生物降解形成甲烷和二氧化碳的过程。甲烷和二氧化碳的混合气体俗称沼气，是一种可再生能源，标准状态下沼气的热值约为23MJ/m³（甲烷体积分数为0.58时）。厌氧消化后剩余的残余物，是未被降解的有机物、杂质、新合成的微生物细胞体和水的混合物，经脱水分离后成为沼液和沼渣，其稳定度相对较低，但含氮量较高，沼渣经后续再稳定化处理后可作为肥料使用。

厌氧消化的主要目的，是将生物质资源转化为沼气，即能源化。中温（30℃~43℃）厌氧消化难以杀灭垃圾中的致病菌，高温（50℃~60℃）厌氧消化有一定的无害化效果。厌氧消化能实现城市垃圾中的部分有机物减量，而水分减量和体积减容效果并不明显。

（二）厌氧消化过程

厌氧消化，是碳水化合物、蛋白质和脂肪等各类生物质基质在缺氧或无氧环境下被微生物分解，形成各种代谢产物，并获得自身生长与繁殖的能量和合成前体的过程。这一过程是一个复杂的代谢流网络，基本可概括成顺序衔接的四个阶段，即水解、酸化、乙酸化和甲烷化。四个阶段的反应速率不同，当下游的反应速率低于上游的反应速率时，就很容易导致中间代谢物的累积，抑制厌氧微生物的生理代谢，使消化过程不稳定，降低厌氧消化效率。

1.水解

不可溶的颗粒态大分子有机聚合物，被兼性厌氧和专性厌氧产酸微生物所分泌的胞外水解酶，分解成可溶的小分子物质，即单糖、氨基酸、长链脂肪酸（Long-chain fatty acids，LCFA）和甘油。

2.酸化

溶解性有机物单体，被产酸微生物降解成挥发性脂肪酸（Volatile fatty acids，VFAS）、醇、氢气、二氧化碳和氨。水解和酸化阶段均是产酸微生物在起作用，不易严格区分，因而也被通称为发酵阶段或水解酸化阶段。

3.乙酸化

挥发性脂肪酸、长链脂肪酸、醇被产氢产乙酸菌降解，形成氢气、乙酸和二氧化碳。

4.甲烷化

乙酸发酵型产甲烷菌利用乙酸形成CH_4和CO_2；氢营养型产甲烷菌利用H_2和CO_2产CH_4；另外，微生物细胞降解过程中可能产生的微量含甲基代谢物，还能被甲基营养型产甲烷菌利用产CH_4。

此外，还存在同型乙酸化和共生乙酸氧化途径。前者是微生物利用H_2和CO_2生成乙酸的途径，后者是乙酸被氧化形成H_2和CO_2的途径。另外，反硝化和硫酸还原途径也会与甲烷化途径竞争可利用的碳源。

（三）微生物生态

厌氧消化过程中涉及的微生物，包括细菌、古菌和少量真菌，在厌氧体系微生物总量中所占的比例分别为95%～97%、3%～5%和<0.5%。细菌的数量和种类最为丰富，在厌氧消化反应器中可检测到200～400种，包括兼性和专性厌氧。而在厌氧消化反应器中检测到的古菌，基本是位于广古菌门的产甲院菌，还有少量泉古菌门的古菌，为专性厌氧菌。根据其代谢功能，可以将这些微生物大致分成三大类：①水解酸化菌；②产氢产乙酸菌；③产甲烷菌。

需要注意的是，木质素在厌氧条件下很难被微生物降解，而且会限制微生物接触其他有机物。另外，蛋白质和核酸等含氮化合物经脱氨作用降解成氨后，氨/铵盐在厌氧条件下无法被氧化，会一直保留在反应器中。

二、厌氧消化工艺

（一）工艺影响因素

1.温度

微生物只能在适宜的温度范围内生存，特别是产甲烷菌只偏好于两个不连续的温度段，即中温（30℃～43℃）和高温（50℃～60℃）。温度的切换和波动都会对产甲烷菌造成剧烈的影响，甚至导致不能恢复稳定运行。一般而言，反应器内的温度波动幅度应控制在±3℃以内。除了对微生物的直接作用，温度还会影响物料的气——液——固相分配、传质速率、溶解度等物化参数。

2.抑制物

（1）氨/铵盐

厌氧消化过程中，蛋白质的水解会释放出氨。氨是合成细胞所必需的元素，但由于厌氧微生物的生长速率较低，因此，只有少部分的氨被利用，大部分氨会累积在液相中。厌氧体系中，无机氮主要以离子态NH_4^+和分子态NH_3的形式存在。氨被认为是实际造成抑制的物质，因为氨可以自由穿透细胞膜，导致细胞质内的质子失衡和钾流失。氨/铵盐抑制与无机氮总量、pH、温度、微生物的驯化程度和其他离子的存在情况有关。

（2）有机酸

在厌氧消化反应中，有机酸（VFAs、LCFA、乳酸）起承上启下的作用，它既是水解酸化步骤的产物，又是后续甲烷化步骤的原料。对于大多数有机酸来说，液相中的分子态形式是厌氧消化的抑制因素。分子态有机酸较容易进入细胞，在细胞内电离导致质子浓度增加，为了维持细胞内外的质子梯度，细胞不得不消耗三磷酸腺苷（Adenosine Tri-Phosphate，ATP）将多余的质子排出胞外，降低了供细胞生长代谢所需的ATP量，使其活性受到影响。有机酸的抑制程度与酸总量、酸的类别、pH、温度、微生物的驯化程度有关。

（3）氢离子

氢离子浓度决定了pH。各类微生物有各自的适宜pH和最适pH，pH还会影响氨、有机酸、硫化物的电离，从而影响氨抑制和酸抑制程度。厌氧体系的pH缓冲能力可用碱度进行表征。碱度，是指水中能与强酸发生中和作用的物质的总量，一般表征为相当于碳酸钙的浓度值，采用酸滴定法测定。

（4）其他抑制物

在城市垃圾厌氧消化处理时，还应根据物料的特点注意以下可能的抑制物：H_2、硫化物、轻金属（Na、K、Mg、Ca、Al）、重金属、微量有机化合物（抗生素、氯酚类化合物、脂肪族卤代烃、氮代芳香化合物）等。

3.生物量

接种含有产甲烷菌的接种物，是城市垃圾厌氧处理的必要操作，影响着工艺的启动、稳定性和效率。接种比，即接种微生物量与进料有机物量之比，是城市垃圾厌氧处理时的重要工艺参数。接种比与接种物来源、微生物活性、垃圾性质、厌氧工艺类型、接种方式以及厌氧反应器中物料的含固率有关。

对于城市垃圾，由于其很难与微生物分离，因此适宜处理液体的厌氧反应器不宜用于处理固体废物。所以，在工艺上一般选用推流式、间歇式、连续搅拌式、大比例沼渣回流的反应器形式，也可采用固相——液相二段式工艺，使甲烷化步骤能在高效反应器中进行。

4.搅拌

对物料的适度搅拌，有利于物料的传质、物料与微生物的接触、有毒物质的扩散。搅拌方式，可分为机械搅拌、液体搅拌和气体搅拌，应根据物料性质选择适宜的搅拌方式。

（二）工艺类型

1.厌氧处理工艺的单元构成

预处理单元的目的，是分离出城市垃圾中的可生物降解组分，避免杂质进入后续生物转化单元，尽可能回收金属等废品，进行接种、调质和预加热等。在厌氧生物转化单元，可生物降解组分被转化成沼气。沼气和经固液分离形成的沼液与沼渣需进一步处理后利用。

沼气的后处理单元，包括沼气的贮存、净化和利用。沼气的利用方式，可以是蒸气锅炉供热、热电联产并入城市电网、燃料电池原料、机动车燃料、并入沼气管网或天然气管网。根据不同的利用要求，沼气利用前，需去除硫化氢、水蒸气、二氧化碳、卤代烃和硅烷等物质。一般每吨有机物经厌氧消化后可产生150～300kWh电能或250～500kWh热能。

沼液和沼渣含有丰富的氮、磷、钾等营养元素，在条件许可时，应优先考虑土地利用。在土地利用时，应注意控制Na等离子含量，避免土壤盐碱化，还需要控制重金属和微量有毒有机化合物含量。

其他的辅助单元，还包括厌氧消化过程的自动化控制和臭气控制等。

2.厌氧消化生物转化单元工艺分类

厌氧消化工艺，可按以下几种方式分类和组合。其中，最主要的是根据温度、含固率和分段进行分类，因为这两种分类方式极大地影响了厌氧消化工艺流程、成本、运行效果和稳定性。

（1）温度

按厌氧消化反应温度，可分为中温消化（30℃～43℃）和高温消化（50℃～60℃）。高温消化的降解速率较高，可降低物料停留时间，对致病菌灭活效率较高，固液分离效果和LCFA的降解效果较好；而中温消化的运行稳定性更佳，对氨抑制的耐受能力也更强，对热交换要求和能耗相对更低。

（2）含固率

指厌氧消化反应器中物料的含固率，可分为湿式消化和干式消化，介于二者之间的称为半干式工艺。干式消化，消化时能尽量保持垃圾的原始状态，处理负荷较高，可节省反应器容积，可减少外加水量，单位体积和单位时间内能产生更多的沼气，可以维持高温运行时的能量平衡，对杂质的承受能力更强；但缺点是物料的黏度高、流动性差，对预处理、混合搅拌、输送和进出料等均提出了较高的要求，还易导致有毒物质累积等。

（3）分段

可分为单段、两段和多段式。例如，水解酸化—乙酸化甲烷化两段式，固—液两段式，高温—中温两段式，好氧—厌氧两段式等。

（4）进料方式

可分为间歇式、连续式、半连续式等方式。

三、厌氧消化过程控制与规范

设计厌氧处理工程，应遵循相关的建设、运行和污染控制规范，其中的选址、建设规模、项目构成、机械设备和建筑物总体要求、垃圾进厂或进入发酵单元条件、工艺选择原则、环境保护、环境监测和安全生产、日常检测、记录和报告等事项与堆肥处理工程类似，此外还会对以下内容进行特殊规范。

（一）厌氧消化工艺与设施、设备

厌氧消化工艺和工艺参数的确定，最终取决于工程现场的实际情况和工程目标。厌氧反应器均应密闭，并能承受沼气的工作压力，还应有防止产生正、负超压的安全设施和措施。对易受液体、气体腐蚀的部分应采取有效的防腐措施。厌氧反应器在适当的位置应设有取样口、测温点和pH测试点。

厌氧消化反应器必须设置加热设备，热能应尽可能由厂内生产的沼气供给。必须设置温度传感器和温度读数设备，以实时监控反应器的内部温度，实时监控厌氧反应器与热交换器的入流和出流温度。物料加热，可根据条件选择直接通入蒸汽或利用热交换器换热的方式；料液冷却，可选择自然冷却、喷淋冷却或热交换器冷却的方式；对已选定的热交换器，要进行强度校核和工艺制造质量的检验。热交换器的选型，应考虑被加热或冷却的介质特性、介质温度、热交换后要求达到的温度和运行管理是否方便及经济性等综合因素；换热面积应根据热平衡计算，留有10%～20%的余量。

（二）沼气的安全使用

沼气是易燃易爆和毒性气体，其安全防范措施应贯彻"预防为主，防消结合"的方针，以防止和减少灾害的发生和危害。

（三）沼气的贮存与利用工艺

厌氧消化反应器产出的沼气，应经过净化处理后进入沼气贮存和输配系统。沼气的贮存，可采用低压湿式储气柜储气，也可采用低压干式储气柜、高压储气罐等方式储气。设计沼气输配系统，必须优先考虑沼气供应的安全性和可靠性，保证不间断向用户供气。沼气利用系统，应至少包含一套沼气利用系统和一套维持厌氧消化反应器操作温度的加热系统。沼气贮存装置与周围建、构筑物的防火距离，必须符合现行国家标准的有关规定。沼气管道和贮存、利用设备必须做防腐处理，防腐层应具有漆膜性能稳定、对金属表面附着力强、耐候性好、能耐弱酸、碱腐蚀等性能。对做防腐涂层的钢结构部件，应根据选用涂料的要求对金属表面进行处理。大型沼气利用设备，应设置观察孔和点火装置，并宜设置自动点火装置和熄火保护装置。

沼气利用前，需进行净化处理的主要物质为硫化氢、水汽、二氧化碳、卤代烃和硅烷。对热电联产的沼气，需进行处理以满足现行行业标准中对天然气的质量要求；对做机动车燃料的沼气，需进行处理以满足现行国家标准中对天然气的质量要求；对并入天然气管网的沼气，其各项指标应满足现行国家标准中对民用或工业燃料技术指标的规定。

沼气净化预处理设备的配置要求，应根据不同沼气的利用方式，设置沼气预处理设备。厌氧消化产生的沼气，需先经过脱水和脱硫后进入沼气贮存和输配系统。还应根据不同沼气利用方式的要求，设置沼气加压设备。

（四）厌氧消化后处理工艺

具体涉及固液分离、沼液处理工艺和沼渣处理工艺。

固液分离设备的选择，应根据被分离的原料性质、要求分离的程度和后续综合利用的要求等因素确定。固液分离的终止指标，应根据后续的沼渣和沼液的利用要求确定。

沼液首先应考虑回用，以维持系统pH环境，快速激活被抑制的厌氧微生物，促进提高消化反应器的甲烷回收率；沼液也可作为液体肥料利用，不能利用的沼液废水应进行处理后达标排放；沼液作为液体肥料时，浓度高的厌氧消化液应适当稀释后再施用；沼液作为液体肥料时，应先进行试验，并且经过安全性评价认为可靠后方能使用。

沼渣经堆肥处理后，应首先考虑综合利用，无法或不能利用的沼渣或残渣经预处理后，可送到填埋场处置或焚烧处理。

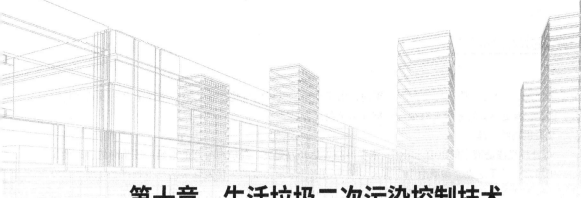

第十章　生活垃圾二次污染控制技术

第一节　生活垃圾渗滤液处理技术

一、渗滤液的特点

垃圾渗滤液的产生受诸多因素影响，主要包括以下几个方面：①降水渗入。②地表水流入。③垃圾本身含有的水分。④微生物活动产生的水。⑤地下水的渗入。由于产生时间与地点不同，渗滤液的水质变化较大，填埋场、中转站的渗滤液水质各不相同，同一填埋场不同时期的渗滤液水质差异也比较明显。

（一）填埋场渗滤液的特点

填埋场渗滤液的物质成分和浓度变化很大，取决于填埋废弃物的种类、性质、填埋方式、污染物的溶出速度和化学作用、降雨状况、填埋场场龄及填埋场结构等，但主要取决于填埋场的使用年限和填埋场设计构造。

一般认为填埋5年以下为初期填埋场，此时填埋场处于产酸阶段，渗滤液中含有高浓度有机酸，BOD_5、TOC、营养物和重金属的含量均很高，NH_3-N浓度相对较低，C/N比协调，可生化性较好，此阶段的渗滤液较易处理。

填埋5~10年的为成熟填埋场，此时COD_{Cr}和BOD_5填埋场处于产甲烷阶段，COD_{Cr}和BOD_5值均显著下降，但B/C比下降更为明显，可生化性变差，NH_3-N浓度则上升，C/N比急剧下降，此时期的垃圾渗滤液较难处理。

填埋期10年以上的为老龄填埋场，此时COD_{Cr}和BOD_5下降到了一个较低的水平，B/C比处于较低的水平，浓度有所下降，但下降幅度明显小于COD_{Cr}和BOD_5的下降幅度，C/N比不协调，虽然此阶段污染程度显著减轻，但远远达不到直接排放的要求，且较难处理。

综上所述，垃圾填埋场渗滤液水质具有如下特点：

1.污染物成分复杂、水质波动较大

渗滤液的污染物成分包括有机物、无机离子和营养物质，主要是氨氮和各种溶解态的阳离子、重金属、酚类、可溶性脂肪酸及其他有机污染物。

水质波动主要受两个因素影响：填埋时间和气候因素。填埋时间是影响渗滤液水质的主要因素之一。填埋初期渗滤液B/C比值一般在0.4~0.6。但随着填埋时间的增加，垃圾层日趋稳定，垃圾渗滤液中的有机物浓度降低，B/C比值降低，即可生化性降低；同时渗滤液中的氨氮浓度在填埋堆体的稳定化过程中逐渐增加，C/N比下降。即使在同一年内，由于季节和气候的变化，也会造成渗滤液水质波动变化较大。因此，渗滤液处理系统要有很强的抗冲击负荷能力。

2.有机物浓度高

每升垃圾渗滤液中的BOD_5和COD_{Cr}浓度最高可达几万毫克，随填埋时间的推延而逐步降低，即使如此，仍然高达几千毫克。渗滤液中含有大量的腐殖酸，采用传统的生化处理工艺，很难将之处理至二级甚至一级标准以下。一般来讲，渗滤液污染物中有500～600mg/L的COD_{Cr}无法用生物法处理。

3.氨氮浓度高

渗滤液中的氮多以氨氮形式存在，氨氮浓度随填埋时间的增加而增加，一般在1 500～2 000mg/L，也可高达4 000mg/L。新产生的渗滤液中氨氮浓度较低，C/N较好，中老龄渗滤液中的氨氮浓度增加较多，造成生化反应单元运行困难，氨氮去除率低，形成渗滤液处理中的一大技术难题。

4.重金属离子浓度和盐分含量高

生活垃圾单独填埋时，重金属含量较低；但与工业废物或污泥混埋时，重金属含量和盐分增高。如果采用一般的生化处理方式，重金属可能会对微生物产生抑制和毒害作用。

（二）垃圾中转站渗滤液的特点

垃圾中转站的渗滤液由于堆放、压实的时间短，水质有不同于填埋场渗滤液的地方，具体体现在以下几点：

1.pH值

垃圾中转站的渗滤液是最新鲜的渗滤液，其pH值为4～5。由于生活垃圾未经分类，很多厨余果皮类垃圾进入生活垃圾中，在堆放期间，一些剩饭剩菜等易腐烂的食物分解，产生大量的有机酸，致使中转站的渗滤液pH值呈现明显的酸性。

2.BOD_5、COD_{Cr}浓度高

生活垃圾在中转站的临时贮存坑内停留的时间不超过1d，因此渗滤液的主要来源就是垃圾本身含有的游离态水，以及少量的分解有机物产生的水，因此有机物的浓度极高，COD_{Cr}可高达14 000～30 000mg/L，BOD_5/COD_{Cr}值超过0.4，有较好的生物降解特性。

3.氨氮（NH_3–N）含量低，总氮（TN）含量高

生活垃圾中因混有较多的蛋白质等食品类废物，造成渗滤液中TN含量较高，达到1 000～2 000mg/L，而这些大分子含氮有机物在渗滤液中还没有来得及被分解为小分子有机物和NH_4^+等形式，因此中转站的垃圾渗滤液中NH_3–N含量较低，有文献中提到只有10～17mg/L。

4.重金属

重金属含量较少，几乎检测不到。渗滤液中含量最多的阳离子是K^+、Na^+、Ca^{2+}、Mg^{2+}四种金属元素离子，这是由于含有重金属元素的物质尚未来得及溶解到渗滤液中，还以固态形式存在于生活垃圾中；中国传统的饮食习惯使渗滤液中含有较多的K^+、Na^+离子；Ca^{2+}、Mg^{2+}离子本身在污水中的含量就比较高，是造成水质结垢的主要原因。

（三）生活垃圾焚烧厂渗滤液的特点

生活垃圾进入焚烧厂后，一般要在垃圾贮存坑内发酵3～7d，以尽可能多地减少垃圾中的水分增大焚烧热值。生活垃圾焚烧厂渗滤液的特点如下。

1.污染物成分复杂多变

焚烧厂渗滤液属于新鲜渗滤液，通过质谱分析，垃圾渗滤液中有机物种类高达百余种，大多为腐殖

酸类高分子化合物和中等相对分子质量的灰黄霉酸类物质，还有苯、萘、菲等杂环芳烃化合物，多环芳烃、酚、醇类化合物，苯胺类化合物等难降解有机物。

2.有机污染物浓度高

垃圾焚烧厂的渗滤液COD_{Cr}浓度较高，一般在40 000～80 000mg/L，B/C比值大于0.4，可生化性较好，宜先经过厌氧反应过程，降低污染物浓度后再进入好氧反应过程。

3.氨氮浓度高

垃圾焚烧厂的渗滤液氨氮浓度较高，一般在1000～2 000mg/L，如此高的氨氮浓度也为焚烧厂渗滤液处理带来了难度，要求处理工艺具备较高的脱氮能力。

4.重金属离子与盐分含量高

由于垃圾中含有厨余类废物和电池等电子类废物，造成渗滤液中的重金属离子与盐分含量较高，渗滤液的电导率高达30 000～40 000μS/cm。

5.pH值较低

由于焚烧厂渗滤液属于原生渗滤液，未经过厌氧发酵、水解、酸化过程，与填埋场渗滤液不同，其内含有大量的有机酸，造成焚烧厂渗滤液pH值较低，一般为4～6。

6.水量波动较大

受垃圾收集、气候、季节变化等因素影响，垃圾焚烧厂渗滤液水量波动较大，特别是季节对渗滤液水量变化影响较大，一般夏天渗滤液产量较大，而冬天相对较少。

（四）生活垃圾渗滤液排放标准

新建的生活垃圾填埋场在设计、建设和验收过程中，垃圾渗滤液都要求达标处理。同时，已建的垃圾填埋场渗滤液处理不达标的，也要求按标准进行技术改造。对现有及新建的渗滤液处理厂运行管理、设计施工带来了新的要求。

新标准提高了垃圾渗滤液系统的设计、施工、验收和运行标准，同时增加了生活垃圾填埋场污染物控制项目数量，对COD_{Cr}氨氮等污染物排放浓度的限制更加严格。

根据环境保护工作的要求，在国土开发密集度已经较高、环境承载能力减弱或环境容量小、生态环境脆弱，容易发生严重环境污染问题而需要采取特别保护措施的地区，应严格控制生活垃圾填埋场的污染物排放行为。

二、渗滤液处理技术

我国渗滤液处理技术包含土地处理、物化处理、生物处理等。其中土地处理由于其处理难度和占地问题，近年来已很少应用。物化处理一般作为垃圾渗滤液处理中的预处理和深度处理，生物处理可经济、有效地去除有机污染物，但单独采用生物处理一般无法达标，需要和其他工艺有机结合。

生物处理技术仍然是处理垃圾渗滤液最有效的手段之一。垃圾渗滤液处理宜采用组合处理工艺，组合工艺应以生物处理为主体的工艺；同时，垃圾渗滤液的处理工艺应根据渗滤液的进水水质、水量及排放要求进行选取，宜采用"预处理+生物处理+深度处理""预处理+深度处理"或"生物处理+深度处理"等组合工艺。

（一）渗滤液生物处理技术

生物法分为厌氧生物处理、好氧生物处理及二者结合处理，比如"UASB+A/O"法。厌氧处理包括升流式厌氧污泥床、厌氧固定化生物反应器、混合反应器及厌氧稳定塘等。好氧处理包括活性污泥法、曝气氧化池、好氧稳定塘、生物转盘和滴滤池等。

1.UASB法

升流式厌氧污泥床（Up-flow Anaerobic Sludge Bed，UASB）工艺是目前研究较多、应用日趋广泛的新型污水厌氧处理工艺。该工艺不仅具有一般厌氧处理的特点，如工艺结构紧凑、处理能力大、无机械搅拌装置、处理效果好、投资省等，还具有其他厌氧处理工艺难以比拟的优点：①形成了粒径为1~5mm的颗粒污泥；②生物固体的停留时间可长达100d；③气、固、液的分离一体化；④不易堵塞，因而具有很高的处理能力和处理效率，尤其适用于各种高浓度有机废水的处理。

2.A/0法

A/0生物脱氮处理技术主要是指渗滤液在"缺氧—好氧"的条件下，好氧池中的含氮有机物进行硝化反应转变为硝态氮，含硝态氮的渗滤液回流至缺氧池，以渗滤液中的有机物为电子供体，以NO_2^-为电子受体，进行反硝化反应，氮元素以N_2的形式脱离渗滤液进入空气，完成脱氮。在脱氮过程中，有机物得到进一步去除，如果反硝化中碳源不足，还需要人工补充碳源。

（二）渗滤液物理化学处理技术

物理化学法主要有絮凝沉淀、吸附、化学氧化、化学还原、离子交换、膜过滤、吹脱及湿式氧化法等方法。渗滤液中COD_{Cr}为2 000~4 000mg/L时，物理化学方法对COD_{Cr}的去除率可达50%~87%。和生物处理相比，物理化学处理不受水质水量变动的影响，出水水质比较稳定，尤其是对BOD_5/COD_{Cr}值较低（0.07~0.20）、难以生物处理的垃圾渗滤液有较好的处理效果。但物理化学方法处理成本较高，不适于大水量垃圾渗滤液的处理，常用于组合工艺处理中的预处理及深度处理。

1.絮凝沉淀法

渗滤液处理中常用的絮凝剂有聚合硫酸铁、聚合硫酸铝、三氯化铁、聚合氯化铝铁等无机药剂及PAM等高分子有机药剂。当渗滤液中的COD_{Cr}为19 200~22 500mg/L时，采用聚合硫酸铁等无机絮凝剂进行预处理时，可以使COD_{Cr}的去除率达28%~42%，有效降低了后续处理单元的有机物负荷。

2.吸附法

常用的吸附剂有活性炭、粉煤灰、土壤、矿化垃圾等。利用吸附剂的高表面活性，对渗滤液中的难降解有机物进行吸附或用于进一步提高出水水质。

3.氧化还原法

化学氧化或化学还原方法是利用化学药剂或电流等条件，将渗滤液中的大分子、难降解有机物进行分解，使其变成易吸附、易降解的小分子物质，提高预处理效率。

4.离子交换法

离子交换技术是利用酸性或碱性离子交换树脂，对渗滤液中的NH_4^+等阳离子或者Cl^-等阴离子进行交换去除。交换树脂饱和后，利用强酸或强碱进行再生，再生的废液可以进一步回收其中的结晶盐。

5.吹脱法

吹脱法用于脱除水中的氨氮，即将气体通入水中，使气液相互充分接触，使水中溶解的游离氨穿过气液界面，向气相转移，从而达到脱除氨氮的目的。常用空气作载体（若用水蒸气作载体，则称汽提）。水中的氨氮，大多以铵离子（NH_4^+）和游离氨（NH_3）保持平衡的状态而存在。当pH为7时，只有铵离子存在，在pH值为12时，只有氨气存在。氨吹脱工艺是将水的pH值提到10.8~11.5的范围，在吹脱塔中反复形成水滴，通过塔内大量空气循环，气水接触，使氨气逸出。转移出来的氨须通过浓磷酸或浓硫酸进行吸收，转化成肥料，否则氨气出来将污染空气。当pH值大于10时，离解率在80%以上；当pH

值达11时，离解率高达98%且受温度的影响甚微。环境温度低于0T时，氨吹脱塔实际上无法工作。当水温降低时，水中氨的溶解度增加，氨的吹脱率降低。由于水中碳酸钙垢在吹脱塔的填料上沉积，可使塔板完全堵塞。另外，吹脱塔的投资很高。因此，国外原有的吹脱塔基本上都已停运。

（三）膜处理技术

膜处理技术属于物理方法，依靠筛分、截留等功能去除污水中的泥沙、悬浮物、高价离子等杂质，由于占地面积小、去除效率高等优点，与生物处理技术相结合可以实现渗滤液的达标排放，成为主流技术。

1.膜的种类和技术

膜的种类繁多，按分离机制进行分类，有反应膜、离子交换膜、渗透膜等；按膜的性质分类，有天然膜和合成膜；按膜的结构形式分类，有平板型、管型、螺旋型及中空纤维型等；按照膜组件与生化反应池的相对位置，可以为外置式和浸没式两种；按照膜的孔径分类，有微滤、超滤、纳滤、反渗透等这几种不同孔径的膜。

2.膜生物反应器

膜生物反应器（Membrane Bio-Reactor，MBR）是膜分离技术与生物处理技术有机结合的处理系统。以膜组件取代传统生物处理技术中的二沉池，可使生化反应池中保持高活性污泥浓度，提高生物处理有机负荷，从而减少污水处理设施占地面积，减少剩余污泥量。

膜生物反应器通常采用超滤膜组件，膜孔径为0.001～0.02μn，截留相对子质量一般为2万～30万。膜生物反应器系统内活性污泥（MLSS）浓度可提升至8 000～10 000mg/L，甚至更高；污泥龄（SRT）可延长至30d以上。

渗滤液经过MBR系统处理后，一般还不能达标排放，出水还需要进入纳滤（NF）系统和反渗透（RO）系统进一步处理。

原水进入调节池内，潜水泵将调节池内的水输送至MBR池内，在MBR池内通过鼓风机持续曝气，污水发生生生化反应，多种有害物质得到有效的分化降解。在出水泵抽吸作用下，通过膜单元的物理过滤，产水中的固体颗粒物大幅下降，出水泵将出水排至清水池内。

由于膜分离可将全部固体颗粒物如微生物、悬浮物等截留在池体内，不受二沉池重力分离效果的影响。选择孔径为0.03～0.2μm及以下的膜，可有效地防止病菌、病毒、寄生虫卵等穿透膜孔；同时，SS的浓度也可显著降低。因此，膜几乎只透过洁净的水，截留微生物及大部分生物不可降解物质。

3.机械压缩蒸发法

机械压缩蒸发（Mechanical Vaporize Compression，MVC）最早应用于海水淡化。机械压缩蒸发（MVC）—离子交换（Deionization Ion exchange，DI）—镀回收装置处理垃圾渗滤液技术，是以MVC装置为核心，将垃圾渗滤液中的水分、氨等其他易蒸发的物质分离出来，污染物残留在浓缩液中，实现渗滤液的净化处理。

（四）其他处理技术

1.三维电极电解法

电化学法处理废水一般无须很多化学药品，后处理简单、占地面积小、管理方便、污泥量很少。三维电极是在传统二维电解槽电极间装填粒状或其他碎屑状工作电极材料，使电极材料表面带电，成为新的一极并在表面发生电化学反应。三维电极处理废水的基本原理是电催化氧化还原反应。三维电极的面体比较大，物质传质效果好，具有较高的电流效率和单位时空产率，对电解液电导率较低的废水有较好的处理效果。

三维电极电解反应器是在反应器的阴极加入粒子导电填料，阴、阳极用多孔膜分开，这样不但增大了阴极的比表面积，同时也缩短了反应物的传质过程，因而具有很高的电解效率，利用溶液中溶解的氧和阳极产生的氧在阴极还原生成氧化性极强的H_2O和HO，可使污染物迅速去除，用于处理生活污水取得了满意的效果。

三维电极电化学法集中了电解氧化还原和活性炭吸附的优点，采用三维电极电化学法处理生活污水，具有操作简便、占地面积小、易于管理和能耗低等特点。

2.生物滤床

生物滤床是将污水生物处理过程和悬浮物去除过程结合在一起的污水处理工艺，可用于去除污水中的有机物，也可通过硝化和反硝化除氮。在细的生物载体滤料上，微生物除可以进行生物转化过程外，还可以将生物转化过程产生的剩余污泥和进水带入的悬浮物进一步截流在滤床内，起到生物过滤的作用。所以在生物滤床工艺中，不需要再设后沉池，节省了用地。

污水先经过预处理，然后进入生物滤床，污水处理的方式和程度依赖于生物滤床在整个污水处理厂所处的位置。如果把生物滤床作为主要生物处理段，预处理段只包括机械或机械与化学沉淀联合处理。如果将其用于污水的深度处理，污水先经过机械处理和生物处理段的处理，再流经生物滤床。

第二节　飞灰稳定化处理技术

一、飞灰的特点

飞灰是城市生活垃圾焚烧（Municipal solid waste incineration，MSWI）过程中产生的二次污染物，性状为灰白色粉末，90%以上的垃圾焚烧飞灰颗粒粒径集中在$10 \sim 100\mu m$，颗粒分布比较均匀，粒径小于$50\mu m$的颗粒百分含量高达83.5%，其平均粒径为$21.63\mu m$。

随着垃圾焚烧技术在我国的工业实践，垃圾焚烧飞灰的环境污染问题也逐渐显现。由于焚烧过程中生活垃圾所含的重金属总量基本保持不变，大部分会浓缩、富集在垃圾焚烧飞灰中，重金属经高温焚烧、活化后，在环境中更容易迁移和转化，在自然环境下经风化、侵蚀后，飞灰中的重金属可以渗滤出来，危害环境和生态安全。因此，我国危险废物名录已明确将飞灰列为危险废物（废物类别HW18），必须经过特殊处理后才能进入填埋场进行安全处置。

飞灰原灰中含有大量CaO和Ca（OH）$_2$，这是因为在处理尾气的过程中要喷入过量石灰浆或石灰粉末来中和烟气中的SO_2，造成飞灰的强碱性。生活垃圾焚烧后，一些矿物质和元素富集于飞灰中。飞灰的主要成分为CaO、SiO_2、Na_2O、SO_3、K_2O、Fe_2O_3、Al_2O_3、MgO及各种重金属和二噁英等，其中的重金属Pb、Zn等主要是以氧化物形式存在，如Pb_3O_4和ZnO。

飞灰的主要成分属CaO、SiO_2、Al_2O_3、Fe_2O_3体系，与粉煤灰相似，具有潜在火山灰特性，通过一定的化学手段，如碱激发，破坏飞灰外层的玻璃体，释放活性SiO_2、Al_2O_3；同时将网络聚集体解聚、瓦解成SiO_2、AlO_4等单体或双聚体等。

二、飞灰的稳定化处理技术

飞灰是垃圾焚烧厂烟气净化系统捕集到的小颗粒物质，属于垃圾焚烧的二次污染物质，其含有多种重金属，对环境有较大危害，一般按照危险废物进行管理。

目前，国内外垃圾焚烧飞灰的处理方法主要有重金属的萃取、电解、水泥固化、熔融和药剂稳定化等方法。水泥固化是把飞灰、水泥按一定比例混合，加水搅拌使之固化的一种方法，具有工艺成熟、操作简单、处理成本低等优点，但处理后废弃物增容比大、运输困难，须占用大量的填埋处置场地，倘若固化体被风化破坏，重金属存在二次溶出的隐患；熔融法是利用燃料或电力将垃圾焚烧飞灰在燃料炉内加热到1 400℃左右，使垃圾飞灰高温熔融后，经过一定的程序冷却后变成熔渣。熔融法具有减容率高、熔渣性质稳定、重金属浸出低等优点，但采用高温熔融工艺需要消耗大量的能源，同时由于其中的Ph、Cd和Zn等重金属元素易挥发，须进行后续严格的烟气处理，故处理成本很高。药剂稳定化处置是利用某些化学药剂，把垃圾焚烧飞灰中的重金属转变成低溶解性、低迁移性及低毒性物质的过程，因此稳定化又称作固化或钝化。依据化学药剂化学性质的不同，可将稳定化处理药剂分为无机和有机两种类型。目前石膏、绿矾、硫化物、磷酸、磷酸盐和多聚磷酸盐等无机稳定剂已有报道，经无机稳定剂处理后的垃圾焚烧飞灰增容很小，但在环境pH值的条件发生改变时，飞灰中的重金属会发生淋溶浸出现象，不能满足危险废物处理的长期安全性要求。有机型固化稳定剂主要以螯合剂为主，包括氨基硫代甲酸盐DTC、巯基胺盐、EDTA接聚体和壳聚糖衍生物等，其中以二硫代氨基甲酸或其盐为代表的DTC类有机固化稳定剂在国内应用较为广泛。有机型固化稳定剂能与重金属形成稳定的、疏水性的、在水中不溶的或溶解度很小的金属螯合物，将飞灰中的重金属固定下来，减缓飞灰中重金属的二次浸出，但是有机固化稳定剂的固化原理及其性能研究还不够深入，一定程度上制约了有机稳定剂的推广应用。目前城市化进程的不断加快，土地资源日渐紧张，使得垃圾焚烧飞灰安全填埋场的建设费用及其飞灰处理费用不断上涨。固化剂的工业化实践，不仅可以大幅度降低飞灰的填埋量，实现我国垃圾焚烧飞灰稳定化技术的进步，而且有助于垃圾焚烧产业链的完善，对于我国城市垃圾焚烧的低成本、可持续发展具有重要的意义。

水泥固化安全填埋法，是将垃圾焚烧飞灰在现场进行简单的水泥固化处理之后运送到安全的填埋场，进行填埋处理。该方法的弊端为浪费土地资源，固化后重金属容易溶出，不符合现行普通生活垃圾填埋场的进场标准。在今后飞灰处理的过程中，最好逐渐减少使用，以免造成资源的浪费。

化学处理法是通过添加化学药品的方式实现飞灰的处理。湿化学处理法可以分为加酸萃取与烟气中和碳酸化等方法，即先将水添加到飞灰中，然后加入酸性溶液或者是导入二氧化碳，通过这样的方式降低pH值，使焚烧飞灰中的重金属能够溶解出。使用化学方法进行垃圾焚烧厂飞灰的处理，不但操作简便，并且和填埋法相比成本较低，便于处理。

熔融处理法进行飞灰处理，主要是利用燃烧热或者是电热将飞灰加热熔融的一种处理措施。在高温作用下，无机物会熔融成玻璃质的熔渣，达到飞灰处理的效果。但是熔融固化技术需要将大量的物料加热到其熔点之上，造成资源的过度消耗，成本增加，还需要进行后期的烟气处理，增加了飞灰处理的难度和程序。熔融处理法成本费用比较高，仅在欧洲及日本有工程实例，目前国内还处在技术研发和工程示范阶段。

飞灰稳定化处理技术是国际上处理有毒有害废弃物的主要方法，主要是利用特殊的一类具有螯合功能，能从含有金属离子的溶液中有选择地捕集、分离特定金属离子的化合物，作为重金属稳定化剂。将适量的重金属稳定化剂和飞灰混炼均匀，虽然其成品不具有抗压强度，但是减容效果很好，通常情况下，稳定化药剂就是指螯合剂。当前最常用的类型是有机稳定化药剂，对垃圾焚烧飞灰具有良好的处理效果。

第三节　温室气体控制技术

一、固体废物处理过程温室气体产量

（一）渗滤液厌氧产沼特点

当UASB反应器运行稳定时，沼气中的CH_4含量和CO_2的含量也是基本稳定的，其中甲烷的含量一般为65%~75%，二氧化碳的含量为20%~30%。沼气中的氢（H_2）含量一般测不出，如其含量较多，则说明反应器运行不正常。当沼气中含有硫化氢气体时，反应过程将受到严重的抑制而使甲烷和二氧化碳的含量大大降低。厌氧反应过程中的沼气产量及其组分的变化直接反映了处理工艺的运行状态。

（二）填埋场填埋气产量估算方法

生活垃圾卫生填埋场的填埋气产生量，可以通过数学模型进行测算。常用的方法有经验估算法、清洁发展机制（CDM）执行理事会认定的方法学、IPCC推荐模型及中国行业标准使用的计算模型、理论动力学模型等。

1.经验估算法

在分析垃圾堆体产气潜能时，最重要的参数就是估算单位垃圾每年的产气量，需要参考当地已有填埋场的填埋气产气数据。每吨湿垃圾（含水率25%）每年产气量约为60Nm³，如果在干旱或半干旱地区，估算产气量为（30~45）m³/（a·t）。如果在湿润或半湿润地区，含水率一般在50%以上，估算产气量可达到150m³/（a·t）。

2.联合国气候变化委员会执行委员会颁布的方法学模型

清洁发展机制（Clean Development Mechanism，简称CDM），其作用是允许发达国家和发展中国家进行项目级的减排量抵消额的转让与获得。对发达国家而言，CDM提供了一种灵活的履约机制；而对于发展中国家，通过CDM项目可以获得部分资金援助和先进技术。为了确保清洁发展机制得到实施，清洁发展机制执行理事会（EB）批准和颁布了一系列方法学，用于定量计算项目的减排量，作为碳排放交易的法律依据。

3.IPCC推荐模型

政府间气候变化小组（Intergovernmental panel on climate change，IPCC）概述了缺省的估算方法和一阶衰减方法两种估算固体废物处理场所中甲烷排放的方法。其主要区别是：一阶衰减方法提出随时间变化的甲烷排放估算，反映了废弃物随时间的降解过程；而缺省的估算方法是基于一个假设，即所有潜在的甲烷均在处理当年就全部排放完。一阶衰减方法被列为模拟填埋气体产生的优良做法，广泛用于模拟单个填埋场气体产生速率。

二、温室气体控制及资源化利用技术

生活垃圾处理过程中，会产生大量的甲烷、二氧化碳等温室气体。一方面，通过采取添加甲烷抑制剂、准好氧填埋等工程措施，减少甲烷等温室气体产生；另一方面，对已经产生的填埋气和沼气进行收集，通过燃烧、净化提纯等手段，实现最终处置和资源化利用。

（一）温室气体控制技术

1.添加甲烷抑制剂

由于产甲烷菌是严格厌氧菌，生存条件非常苛刻，因此已有很多研究集中在通过应用产甲烷菌抑制剂的方法减少甲烷的排放。该方面的应用和研究主要集中于饲料添加剂，目的是提高反刍动物的饲料利用率。但这些抑制剂在填埋场体系的应用存在很多问题。抑制效果不理想，一些微生物抑制剂仅能抑制50%左右的甲烷产生，而且这些微生物很难在填埋场恶劣的环境中生存。氨氮、有机酸可以有效抑制产甲烷菌的活性，但其有效抑制浓度过高。具有较好的抑制效果和较低的有效抑制浓度的抑制剂，却不适用于垃圾填埋场，譬如蒽醌类抑制剂，由于其溶解度极低，很难扩散至垃圾中产甲烷菌群聚集的固相中；莫能菌素、拉沙里菌素在抑制产甲烷菌的同时会对水解菌群和产酸菌群也产生较强的抑制作用，不利于填埋场的稳定化。

2.准好氧卫生填埋技术

准好氧卫生填埋技术是一种垃圾处理技术，该技术不需要鼓风设备，仅通过增大排气、排水管径来扩大排水和导气空间，使排气管与渗滤液收集管路相通，利用填埋场内垃圾分解产生的发酵热造成内外温差使空气流自然通过排水管进入填埋体，在填埋地表层、集水管附近、立渠或排气设施左右成为好氧状态，从而扩大填埋层的好氧区域，促进有机物分解。空气接近不了的填埋层中央部分等处成为厌氧状态，在厌氧状态领域，部分有机物被分解，还原成硫化氢，垃圾中含有的镉、汞、铅等重金属离子与硫化氢反应，生成不溶于水的硫化物，存留在填埋层中。与垃圾的好氧性填埋相比，准好氧性结构的垃圾填埋场容易建设，维护费用也低，并且能够使垃圾渗滤水中的污染物质快速降解，从而使垃圾渗滤液的水质稳定化时间明显缩短；与厌氧填埋场相比，除了垃圾分解较快，堆体稳定速度快，大大降低渗滤液的水质水量外，场内危险气体如CH_4、H_2S的产量也大大减少，填埋场的安全性及卫生条件更好。此外，在投资和运行费用上，它与厌氧填埋场没有多大的差别。由此可见，准好氧垃圾填埋场综合了厌氧性填埋场和好氧性填埋场的优点，是一种很有潜力和挑战性的垃圾处理技术，目前被业内称为"福冈方式"，已推广到许多国家。

（二）沼气发电技术

垃圾填埋沼气发电，是利用垃圾填埋产生的沼气为能源的发电技术，包括沼气收集、沼气精制、发电、变电、送电等环节。沼气发电在发达国家已受到广泛重视和积极推广。我国沼气发电研发工作有20多年的历史，逐渐建立起一支科研能力强、水平高的骨干队伍，并建立了相应的科研、生产基地，积累了较多的成功经验，为沼气发电技术的应用研究及沼气发电的设备质量再上台阶奠定了基础。

（三）沼气净化技术

垃圾填埋气和沼气中含量较高的二氧化碳和氮气，会降低其作为燃料的热值，高含水率不仅会降低填埋气的热值，还阻碍气体的流动，并且在燃烧过程中，垃圾填埋气中的硫化氢、水蒸气和卤化物会形成腐蚀性酸。含量低、毒性大的微量VOCs造成二次污染，危害人类健康，其中的卤代烃、硫化物、硅氧烷类物质还能引起腐蚀和结垢，降低锅炉和内燃机的寿命，并对填埋气的燃烧特性产生不利影响。因此，在利用之前，应对填埋气进行净化处理，除去其中的惰性组分和有害的微量组分，以增加燃烧热值、降低成本、提高垃圾填埋气的利用价值。

从填埋气中净化回收甲烷需要解决脱水、脱硫、脱碳、脱氮、脱氧等问题。

1.脱水

从垃圾堆体中抽出的填埋气温度一般在35℃左右，含有过饱和的水蒸气，为了保证填埋气不影响后续脱硫塔等净化设备内的吸附剂，以及腐蚀管道、阀门等，必须首先经过一定的脱水措施，降低填埋气中的水分含量，以保证后续的脱硫、脱碳工艺能正常运行。

冷凝脱水是最常用的脱水措施。一般利用重力作用或离心作用，使填埋气体沿分离器内壁切线方向进入，水蒸气遇到分离器内设的低温的金属网，冷凝为液态水，从而实现气水分离，但是此方法只能除去部分水分。

脱水最常用的技术是吸附脱水，常用的吸附剂有分子筛、活性氧化铝、硅胶。分子筛又分为天然沸石分子筛、人工合成分子筛（3A型，4A型，5A型）。分子筛比表面积可达750m² · g⁻¹，具有特定的微孔，孔径分布单一均匀，其范围相当于分子大小，故可依据气体分子的尺寸大小来筛分分子。气体分子直径较小者可以进入分子筛孔穴中，直径较大者则不能进入孔穴，不能被吸附。分子筛属强极性吸附剂，对沼气中的极性分子如H_2O、H_2S都有较强的亲和力，分子筛对极性分子的吸附选择性使之对硫化物具有很大的化学亲和力，因此分子筛吸附剂同样也已广泛应用于脱除恶臭气体中的硫化氢。分子筛用于吸附气体后再生方式主要是变压再生和变温再生两种。变压再生时有一部分产品气要用作解析气，会导致回收率下降，而采用变温再生则不必消耗产品气。

硅胶是一种亲水性吸附剂，比表面积可达600m² · g⁻¹，也是填埋气脱水常用的吸附剂。活性氧化铝是极性吸附剂，是常用的脱水剂之一，比表面积为350m² · g⁻¹，特点是机械强度大，可以多次循环使用。

常用的填埋气除湿设备或措施：①管道冷凝水排放阀。②气液分离器。③低温冷却除湿器。④除湿塔。

填埋气在长距离气体输送管道内流动时，气体中的水蒸气冷凝为液态水，可以在输送管道的最低处设置排水阀，实时排出管道内的液态水。

除湿设备是填埋气净化处理单元的第一道设备。填埋气可以先进入气水分离器。气水分离器的原理是通过五级分离——降速、离心、碰撞、变向、凝聚等原理，去除气体中的液态水和固体颗粒，达到净化作用。列管式低温冷凝设备是依靠降低气体的温度，使水蒸气冷凝，进一步降低气体的湿度。

除湿塔是在圆柱形罐体内铺设多层干燥剂，比如活性炭等干燥剂，气体从罐体的上部或下部进入，通过干燥剂床层后，填埋气的湿度得到降低。常用的干燥剂还有4A分子筛等。

填埋气的除湿需要考虑到后续脱硫工艺。如果采用活性氧化铁干法脱硫，填埋气的湿度不能太低。

2.脱硫

填埋气脱硫技术主要有化学物理法、生物法和膜分离法。化学物理法又分为干法和湿法两种：干法比较适合硫化氢含量较低的气体的净化，有氧化铁法、活性炭法、分子筛法、不可再生的固定床吸附法；湿法主要是利用特定的溶剂吸收填埋气中的硫化氢。生物法是指利用微生物的新陈代谢吸收填埋气中的硫化物。

我国广泛使用的是氧化铁脱硫法，可在较低的压力或常压常温下使用，工艺简单、能耗低、脱硫剂价格便宜，是目前使用最广泛的沼气脱硫方法。脱硫反应在固体氧化铁（$Fe_2O_3 · H_2O$）的表面进行，反应过程为硫化氢首先溶解于脱硫剂表面的水膜并离解为HS^-、S^{2-}离子，然后HS^-、S^{2-}离子同氧化铁相互作用生成硫化铁和硫化亚铁。气体流速越小，接触时间越长，脱硫效率越高。当脱硫剂须再生时，只需将失去活性的脱硫剂与空气接触，使硫化铁氧化析出单质硫即可实现。再生反应是放热反应，因此再生时加入空气不要过猛，以免氧化反应剧烈而引起脱硫剂自燃。当脱硫剂中单质硫的含量达到40%左右时，就需要更换脱硫剂。

　　氧化铁脱硫反应适宜在常温和碱性条件下进行，当温度超过66.7℃，或在非碱性条件下，氧化铁都可能失去结晶水而难于再生。另外只有 $\alpha-Fe_2O_3 \cdot H_2O$ 和 $\gamma-Fe_2O_3 \cdot H_2O$ 易与 H_2S 反应，并且生成的硫化铁可以再生为氧化铁，因此用于脱硫的氧化铁先要经过活化处理。脱硫剂中水分应在10%左右为宜，以抑制气流将脱硫剂中的水分带走，但气体湿度不宜过大，以防在床层中冷凝而造成堵塞。

　　活性炭是一种常用的吸附剂，特点是吸附容量大、耐腐蚀、化学稳定性好、再生容易、热稳定性高，经多次吸附和解吸操作，仍保持原有的吸附性能。活性炭适用于 H_2S 体积分数小于0.3%的气体，脱硫效率达99%以上，净化后的气体中 h_2S 体积分数小于 10^{-5} 。活性炭经过蒸汽活化后会带有一定的水分，可提高吸附效果。用锌、铜、钠、镍、钒、锰、钾等金属的氧化物及其盐浸渍活性炭，使其改性，可以显著改善活性炭的吸附和氧化性能。

　　膜分离法是在膜的表层中有较多的毛细管孔，气体在压力推动下通过薄膜时，由于薄膜的黏滞、筛分、吸附等作用，CO_2、H_2S、水蒸气等气体透过膜的速度快，CH_4、N_2、H_2、O_2透过膜的速度慢，实现了气体组分的分离和净化。

　　分离技术已经大规模应用于天然气净化处理工艺中，膜法主要用来脱除二氧化碳，也可以把硫化氢脱除。膜材料主要是醋酸纤维素和聚酰亚胺，膜组件的形式有中空纤维式和螺旋卷式。采用膜分离技术净化沼气具有结构简单、操作简便、质量轻、占地少、对环境影响小的优点，设备费用与处理费用也相对较低，但是膜系统造价昂贵，在工业条件下膜的性能还存在着不稳定性。膜分离技术用于沼气净化在欧洲、北美都有实例，我国辽宁省鞍山市垃圾填埋沼气制取汽车燃料示范工程也采用该技术。

　　3.脱碳

　　常用的垃圾填埋气脱碳技术有水洗法、醇胺吸收法、碱液吸收法、变压吸附法。

　　水洗法是欧洲沼气净化中常采用的方法，其原理是在高压下二氧化碳在水中的溶解度比甲烷的溶解度大，从而实现两种气体的分离。

　　醇胺吸收法是工业上应用广泛的气体净化方法。原理是利用一乙醇胺（MEA）、二乙醇胺（DEA）、三乙醇胺（TEA）、N—甲基二乙醇胺（MDEA）等溶剂吸收二氧化碳，其中MDEA法应用最广，它相比其他胺类具有腐蚀性小、发泡少、选择性好、化学性质较稳定等特点，近十几年来发展很快。由于MDEA是叔胺，常需要加入伯胺、仲胺等活化剂，加速MDEA对二氧化碳的吸收。

　　变压吸附（Pressure Swing Adsorption，PSA）法是利用气体组分在活性炭、分子筛、硅胶等固体材料上的吸附特性差异，以及吸附量随压力的变化而变化的特性，通过周期性的压力变换来实现气体分离和提纯的。每一个变压吸附周期包括吸附、均压降压、正向放压、逆向放压、真空解吸、均压升压、最终升压几个步骤，最终升压达到吸附的压力后，进入下一个吸附周期。真空解吸步骤也可以改为常压产品气吹扫的方法达到解吸的目的。真空法需要安装真空泵，消耗能量。常压吹扫法需要消耗一部分产品气，使产气量下降。根据实际情况选择合适压力。

　　PSA技术中常用的吸附剂是碳分子筛（Carbon Molecular Sieve，CMS）。应用该技术的优点是无环境污染、工艺简单、自动化程度高、设备和吸附剂寿命长、能耗低等，克服了溶剂吸收法和变温吸附法的缺点。采用PSA技术净化填埋气后可以将甲烷提纯到97%以上。由于 H_2S 被吸附剂吸附后是不可解吸的，因此应用PSA工艺之前需要先脱硫，以免造成吸附剂中毒。

　　填埋气净化脱碳最常用的技术是变压吸附工艺和水洗工艺。采用变压吸附工艺的沼气处理厂占33%，采用水洗工艺的占32%，采用有机溶剂化学吸收和物理吸收的分别占9%和7%，采用膜分离的占4%，低温分离的占1%。

4.脱硅氧烷和其他杂质

目前国际上对填埋气中硅氧烷的去除研究比较多。日化产品中都存在硅氧烷或其衍生物，而当这类物质成为生活垃圾进入垃圾填埋场并经过场内微生物厌氧发酵后，其中所含的硅氧烷成分进入填埋气，成为填埋气体中的微量组分。

硅氧烷本身并不具有毒性，但硅氧烷在受热或者填埋气燃烧的过程中生成氧化硅，沉积在设备内部形成层状结垢。由于氧化硅硬度很高，易造成如下危害：①影响锅炉热交换系统。②堵塞微型燃气轮机。③导致设备磨损。去除填埋气中的硅氧烷可以延长燃气设备运行寿命和工作的可靠性，降低运行检修费用，减少油品类润滑介质的使用。

去除填埋气中的硅氧烷类气体，可以采用低温冷凝的方法，但是能量消耗较大，成本高，一般采用高效活性炭吸附净化的方法，可以取得较好的效果。

采用膜分离法提纯填埋气时，填埋气中可能含有氨气，会影响膜的分离性能，需要在膜分离装置前安装脱氨装置，一般采用水洗的方法即可。

最终产品气体中的氧气含量必须低于一定值，否则可能会发生爆炸。

氮气的存在将降低产品气的热值。氮气和氧气都难以去除，尽管膜分离法和变压吸附法都可以通过控制条件而去除，但是操作复杂，也会增加很多成本，事实上，这两种气体的含量并不是很多。所以，可以通过源头控制，尽量减少氮气和氧气进入填埋气净化系统。

填埋气中还含有很多微量杂质气体，这些都可以通过活性炭的吸附在预处理环节除去。

第四节 生活垃圾填埋场蚊蝇和恶臭控制技术

一、生活垃圾处理处置过程中蚊蝇恶臭问题的产生

在生活垃圾收集、转运及最终的处理处置过程中，均会由于有机垃圾的腐败而引起恶臭问题，与此同时，蚊蝇滋生问题也会存在。

大部分城市生活垃圾在投放的源头并没有能够按照垃圾性质进行分类投放，在垃圾收集点，如垃圾桶、垃圾箱等地方，堆放的混杂生活垃圾腐败过程中所释放的恶臭气体会招引苍蝇。

生活垃圾从收集点通过集装箱或者散装运输到各个垃圾处理处置点。生活垃圾堆积的过程中发生厌氧发酵，若通过集装箱运输，挤压时会产生大量含高浓度有机物的渗滤液，而且会散发出浓重的刺激性气味，这也会引起蚊蝇滋生问题。

将生活垃圾运输至生活垃圾填埋场，大量的渗滤液及恶臭气体会随之释放，此时的臭气浓度是最高的。而之后的摊铺、压实作业也相当于对生活垃圾的翻动过程，会进一步加剧恶臭气体的释放。再者生活垃圾摊铺压实之后，如果没有及时进行膜覆盖，便会有大量的苍蝇在垃圾表面活动。每日作业过后，按照填埋作业卫生要求，会在垃圾表面覆盖一层黏土用来遮掩臭气并防止蚊蝇的滋扰，但是黏土层只能短时间内对苍蝇和恶臭起到有效的控制，一般在覆盖完成第二天便会有苍蝇在表面活动。

而散装垃圾，特别是经过水路运输的，在进入填埋作业面之前需要进行码头的转运作业，而对生活垃圾的转运会引起垃圾的大幅度扰动，从而释放大量的臭气物质，而且散装运输的垃圾在运输之前或者过程中没有经过压缩处理，垃圾堆体中含有大量的苍蝇卵和蝇蛹等，沿途也会有大量的苍蝇在垃圾堆上

活动，这会给生活垃圾填埋场的蚊蝇控制带来更大的挑战。

垃圾焚烧厂最有可能产生蚊蝇恶臭问题的地方是生活垃圾储存仓。为了保证焚烧厂的正常运行，同时使垃圾部分脱水，提高垃圾燃烧热值，生活垃圾在焚烧厂一般会停留3~5d的时间。因此，垃圾堆放过程中厌氧产生的硫化氢、硫醇等恶臭气体和有毒物质便会对周围的环境造成污染，而且由于恶臭及有机物的存在，蚊蝇滋生的问题也随之产生。

堆肥厂的臭气主要来自垃圾运输车、储料仓、分选间、发酵装置等设施。其中恶臭物质主要在堆肥厌氧发酵阶段产生，一般为一些低级脂肪胺和硫化物。翻堆的过程中也会导致大量恶臭物质的释放。堆肥对于原料中有机质含量要求很高，再加上臭气物质释放的影响，因此在堆肥厂也会同时产生蚊蝇的问题。但堆肥温度较高，超出了苍蝇的最适温度范围（15℃~30℃），因此生活垃圾堆肥过程中蚊蝇滋生的问题并不严重。

二、生活垃圾处理处置过程中蚊蝇恶臭的危害

苍蝇表面的大量绒毛，以及它的消化系统和血液系统均能携带病原体，然后通过与食物的接触传染给人类。因为病原体的传播是在苍蝇进食过程中完成过的，苍蝇只进食流体食物，它们在进食前要将食物由固体变为液体，并咽到肠的前段贮藏，然后送至肠的中段消化。苍蝇在进食前从嘴部的唾液腺管中分泌大量的唾液在食物上，于是位于唾液腺或前肠处的病原体被传播开来。

由于家蝇同人类和动物产生的垃圾的关联，以及人类食物对它们造成的吸引，使得家蝇成为相关疾病的传播者。根据病原体可以分为：①病毒性疾病，如脊髓灰质炎、病毒性肝炎等。②衣原体疾病如沙眼。③螺旋体疾病，如雅司病。④细菌性疾病，如伤寒、痢疾、霍乱等消化道疾病。⑤原虫病，如溶组织阿米巴痢疾、兰氏贾第鞭毛虫病、梅氏唇鞭毛虫病等，国外还认为可以传播皮肤科什曼病。⑥蠕虫病，病原菌可通过其体表、喙携带，或从粪便中排出具有感染性的蠕虫卵而传播，如蛔虫、鞭虫、钩虫等。每年受感染人群达50万人，其中80%会死亡。

恶臭可引起人体反射性地抑制吸气，妨碍正常呼吸功能；神经系统长期受到低浓度恶臭的刺激，首先是嗅觉脱失，继而使大脑皮层兴奋与抑制的调节功能失调，恶臭成分如H_2S直接毒害神经系统；氨等刺激性臭气，使血压先降后升、脉搏先慢后快，H_2S影响人体内氧的运输，造成体内缺氧，干扰循环系统；臭气使人食欲减退、恶心呕吐，可能导致消化系统功能衰退及内分泌系统紊乱，影响机体的代谢活动。此外，氨和醛类对眼睛有较强的刺激作用。

恶臭污染除了对嗅觉产生影响、引起心理厌恶等不愉快的感觉外，还会引起身体上的不适，常见的症状有恶心、头痛、食欲减退、嗅觉失调、情绪不稳定、失眠、诱发哮喘。长期处于含硫恶臭化合物环境中，易引起咳嗽、呼吸急促、气喘和头痛。当硫化氢恶臭气体达到一定浓度时，可造成人体短时间神志不清、呼吸停止而死亡。而且臭气中所含有的某些物质如硫化氢、硫醇类、氨、硫甲醚、酚类、苯系化合物等兼有恶臭污染和有害气体污染的两重性，对人体具有毒害作用。

以垃圾填埋场为例，填埋场释放的臭气物质占释放气体的总量不足1%，但是由于臭气物质特殊的物理化学性质，使得其影响很大，近年来，城市垃圾运行管理者及垃圾填埋场附近的人群均对填埋场臭气问题关注较多。而其释放的无刺激性有害气体由于不能被人体器官所觉察，其潜在的危害比刺激性气体更大。例如，一氧化碳通过呼吸道进入血液，可形成碳氧血红蛋白，造成低氧血症，使组织缺氧，影响中枢神经系统和酶的活动，出现头晕、头痛、恶心、乏力等症状，严重时会昏迷致死。在城市垃圾填埋场附近的大气中，潜在的化学物质，如镉、铍、锑、铅、镍、铬、锰、汞、砷、氟化物、石棉、有机氯杀虫剂等物质浓度低，但是可以在体内进行蓄积，可降落在农作物上、水体和土壤内，然后通过食物

和饮水在人体内蓄积造成慢性中毒。长期接触会影响人体的神经系统、内脏功能和生殖系统等。

三、生活垃圾处理处置过程中蚊蝇控制技术

生活垃圾收集点为污染物释放点源，苍蝇的滋生面积较为集中，对于该过程中产生的蚊蝇问题所采用的控制和灭杀措施主要从物理和化学药剂喷洒两个方面入手。

第一，物理手段：实现生活垃圾收集点的密闭设计，防止外部苍蝇进入垃圾堆体进食和产卵进而控制苍蝇的数量。

第二，化学手段：在垃圾堆体上喷洒化学杀虫剂对滋生的苍蝇进行快速灭杀，与此同时对垃圾中已经存在苍蝇幼虫也会有一定的灭杀作用。喷洒化学药剂具有对蚊蝇数量控制迅速的优点，但是存在对环境造成污染的风险，并且残留的杀虫剂容易进入食物链，通过累积作用最终对人类产生危害。

生活垃圾转运过程，为了避免对沿途的污染，主要采用密闭设计的方式实现对苍蝇的控制。在转运过程中经过压缩处理的生活垃圾，将实现90%以上的蝇蛹或者幼虫的灭杀，这对于后续的填埋场或者焚烧厂蚊蝇数量的控制都是具有很大意义。而对于散装运输的生活垃圾，则需要通过喷洒杀虫剂或者覆盖塑料膜等材料实现对蚊蝇滋生的控制。

国内绝大部分的生活垃圾处理厂还是采用化学药剂进行苍蝇控制。常用药剂为有机磷类、拟除虫菊酯类和氨基甲酸酯类的复配液。虽然化学药剂的喷洒可以快速实现苍蝇数量的控制，但是多年的运行经验表明，单一药剂的长期使用会使得苍蝇的抗药性增长得很快，加大喷药量对于环境来说是很大的污染。目前填埋场大力推荐复合药剂的使用。

在填埋场进行及时的日覆盖也能实现蚊蝇的有效控制，垃圾填埋作业结束后，即使覆盖60cm厚的压实土壤，一段时间过后仍旧会有苍蝇从覆盖土中爬出来。这主要是因为黏土覆盖层进行压实后，土层会有比较好的保温隔热性能，而覆盖层之下的蚊蝇虫卵比较容易孵化生长，特别是黏土的pH值也非常适合蚊蝇的繁殖生长。另外，过厚的黏土层对于填埋有效库容的占据也是一个大问题，因此尝试选择一种更加适合的覆盖材料一直以来是很多研究者的研究内容。目前主要的相关研究有将HDPE、建筑垃圾、改性活性污泥、矿化垃圾等作为替代黏土覆盖材料，其中将HDPE膜作为日覆盖层材料，已经在上海老港生活垃圾填埋场进行了应用。

生活垃圾焚烧厂主要的蚊蝇滋生区域在生活垃圾储料仓。苍蝇活动区域不大，且储料仓为密闭环境，对于苍蝇的控制多采用喷洒杀虫剂进行快速灭杀。

四、生活垃圾处理处置过程中恶臭控制技术

生活垃圾自产生至最终处置所经历的时间周期大约为48h，所以城市生活垃圾在收集点的停留时间不长，在垃圾收集点处恶臭的控制主要从收集设备的密闭设计入手，如设计制造密封性好的垃圾桶或垃圾箱。也可以通过进行垃圾的源头分类投放，减少收集点处恶臭物质的释放。

生活垃圾集装箱运输，可以在很大程度上控制运输过程中恶臭物质的释放。散装垃圾运输过程中会释放出大量的恶臭物质，因此转运过程对垃圾进行密闭覆盖处理，会实现比较好的恶臭抑制效果。

目前在填埋场对于已经散发到大气中的恶臭气体，绝大多数采取的措施是喷洒除臭药剂。除臭药剂通常有气味屏蔽中和剂、植物提取液、化学酶制剂除臭液和微生物除臭剂等。微生物除臭药剂中以EM为主要代表，其中EM菌是一种由酵母菌、放线菌、光合菌、藻类等多种有益微生物经培养而成的混合微生物制剂。

EM菌群中既含有降解性细菌，又有合成性细菌，即厌氧菌、兼氧菌及好氧菌。EM菌除臭剂中各类微生物都各自发挥着重要的作用，以光合细菌和嗜酸性乳杆菌为主导，其合成能力支撑着其他微生物的

活动，同时也利用其他微生物产生的物质，互相形成共生关系，保证EM菌群状态稳定，功能齐全。

填埋场除臭工作中，微生物中的EM菌群已经有了比较成熟的应用，但是由于微生物除臭技术存在筛选高效菌种难、见效慢，特别是针对臭气成分复杂的微生物制剂较少，已有的微生物制剂往往不能适应填埋场的恶劣环境。

植物提取液除臭剂由一系列植物提取液复配而成，这些植物提取液是从树、草和花等植物中提取的含有气味的有机物。这些有味的有机化合物含有大量复杂的化合物，主要分成以下四大类：①萜烯类。这类天然存在的化合物是植物油中最重要的成分，它们都有相同的经验式$C_{10}H_{16}$，如蒎烷、薄荷烷。②直链化合物。组成这一部分的化合物有醛、醇和酮，它们存在于一系列由水果中提取的可挥发的植物油中，如葵醇、月桂醇。③苯的衍生物。这些化合物与苯（特别是丙苯）衍生出来的化合物有相同的分子式，如乙酸酯。④其他化合物，如香草醛、肉桂酸和甲酸香叶酯等。其含有共轭双键的活性基团，可与多种恶臭组分发生酸碱中和、催化氧化、氧化还原等化学反应而达到恶臭去除效果，而且可被微生物完全降解，无毒、无污染。同时，植物提取液还具有高效、投放量少的特点。

生活垃圾在日覆盖之后，仍会释放出恶臭物质，选择合适的覆盖材料对于恶臭物质释放具有抑制作用。目前广泛采用的黏土覆盖材料，由于受到原料来源、材料成本的限制，因此并不是较好的覆盖材料，再者黏土层会占用大量的填埋空间，使得填埋场有效库容减少，因此寻求更佳的覆盖材料是近年来研究的热点。

矿化垃圾细料作日覆盖材料，不仅解决了覆盖材料紧缺的问题，也可以起到解决脱除新鲜垃圾产生恶臭的问题。

改变生活垃圾填埋作业方式也能实现对填埋场恶臭的控制。快速卸料有序填埋的"C"形作业工艺，其特点主要为"背风布坡、旋转卸料、斜面推运、平面压实"，明确作业机械各自运行区域和行驶路线，车辆在各自制定区域内按既定路线行驶，可较好地实现作业面控制、快速卸料和有序填埋。

首个充气膜结构密闭作业设施主要由四部分组成，分别是：空气支撑膜结构系统、气体组织及处理系统、自控系统、环境安全监测系统。充气膜结构密闭作业设施内部是一个有限空间作业环境，但是这与常规的有限空间差异很大。该设施的存在不但有效地实现了垃圾填埋场恶臭控制的目的，从心理上也降低了周围居民的反感情绪，与此同时亦实现了渗滤液的减量。

空气支撑膜为无梁、无柱结构，通过膜内外压力差使膜体受到上浮力，并产生一定的预张力来保证体系的刚度，从而使膜结构正常工作。空气支撑膜结构所采用的膜材是一种高强度纤维织成的基材和聚合物涂层构成的复合材料，具有较高的刚度和承受力，并具有抗紫外线、阻燃、自洁和透光能力等特点。

生活垃圾填埋场全密闭化在原有的传统卫生填埋的基础上，增加了对非作业面的垃圾堆体用不透气的HDPE膜完成"阶段覆盖"，负压收集填埋气并经过处理达标排放。在场底建设防渗层和垃圾堆体表面覆盖不透气的HDPE膜进行密闭，不仅阻断了生活垃圾直接污染土壤和水体，而且杜绝了填埋气直接排放，从而有力控制了填埋气对周边大气的污染。但是空气膜结构的投资运行和日常维护费用高，而且膜内温度较高、湿度大、有毒有害臭气集中、工作环境恶劣等问题比较严重，该作业方式有待改善。

生活垃圾焚烧厂产生的恶臭与填埋场相比，在产生量、涉及范围等方面要小得多。焚烧厂产生恶臭一般发生在垃圾运输车卸料的过程、垃圾贮存坑向焚烧炉加料及焚烧的过程，由于过程中所产生的恶臭气体对周围的影响很大，其恶臭控制也得到了多方面的关注和研究。

堆肥过程中臭气的控制可以从防止和控制两个方面入手。为减少堆肥过程中恶臭的产生，可采取的措施有：①物料颗粒大小适中，保证堆肥内部氧气浓度和温度达到最佳的状态。②通风量适中。③保证堆肥疏松、干燥。④采取措施控制温度和湿度。⑤通过添加除臭微生物等措施遏制恶臭的产生。而对于堆肥过程中恶臭的控制技术，主要有物理、化学和生物手段，或者是几种方法的组合。物化方法在除臭工作中具有能耗高、投资大、易产生二次污染等缺点，生物法控制臭气的技术近年来则受到了越来越多的重视。常用的生物脱臭工艺有生物过滤法、生物洗涤法、生物滴滤法和曝气式生物法。

五、生活垃圾处理处置过程中蚊蝇恶臭控制技术的研究趋势

常规的物理、化学、生物法恶臭污染控制技术的实现是以恶臭气体的高效收集为前提的。生活垃圾焚烧厂或者堆肥厂均容易实现对臭气物质的组织收集，因此恶臭控制工作开展相对较为容易。但是在生活垃圾卫生填埋场广阔的作业空间中，恶臭气体的释放表现出面源污染的特征，填埋作业过程中垃圾直接暴露在大气中，恶臭物质肆意散发，恶臭污染物浓度最高，是填埋场垃圾稳定过程中最容易导致恶臭浓度超标的阶段。即使填埋结束封场后，填埋气体的收集效率通常也不高，仍将有大量的恶臭物质释放到大气中。生活垃圾填埋场恶臭的控制是恶臭控制技术研究领域较为困难的。

目前，我国填埋场填埋单元划分过大，填埋作业过程中作业面直接暴露面较大，是导致作业过程中恶臭污染严重的重要原因之一，因此，研究填埋单元优化划分技术、减小作业面面积、缩短作业时间实现作业面积最小化和恶臭控制最大化的精细化填埋作业技术是填埋场作业面恶臭污染控制行之有效的工程措施。

大规模无组织排放源的恶臭治理不能简单地从喷洒掩蔽剂的方向入手进行臭气控制，该控制思路对于恶臭只能治标。填埋场散发的致臭物质，如硫化氢、甲硫醚、甲硫醇等，人们对其感受下限有很大的差别，不同的化学药剂对其抑制或掩蔽的能力不同，而且垃圾填埋场是一个持续的臭气释放源，涉及面积广，具有很大的波动性，化学药剂喷洒很难实现满意的除臭效果。因此，最好的恶臭物质消减方法还是从源头上控制，如减小填埋作业面、及时覆盖、覆盖材料的改进等。

根据我国实际填埋场生活垃圾的恶臭产生规律及其影响因素，寻找切实可行的填埋场恶臭污染控制技术，最大限度地抑制恶臭物质的产生，实现恶臭物质的高效去除，是现阶段我国生活垃圾填埋场恶臭污染控制工程发展方向。

从减少恶臭物质的释放这个角度消减填埋场周围的恶臭影响。生活垃圾填埋场恶臭物质的释放在很大程度上是暴露的腐烂生活垃圾造成的，因此控制填埋场的恶臭气体，除了减少生活垃圾的暴露面积和暴露时间之外，控制生活垃圾的腐败也是一种思路。如果生活垃圾从产生到最终填埋处置结束过程中没有发生明显的腐败，那么恶臭问题就会得到非常好的抑制。目前关注于该方向的研究没有见到相关报道，是一个可行的研究方向。

在生活垃圾处理处置过程中，蚊蝇滋生和臭气物质之间存在着非常密切的关联。苍蝇的产生一定程度上是因为垃圾堆体释放的臭气物质导致的，所以如果可以实现生活垃圾处理处置过程中恶臭物质最大限度的控制，对于过程中蚊蝇的控制也是具有很大意义的。

目前对于城市生活垃圾处理处置过程中蚊蝇滋生控制的研究方向还是趋向于环保型绿色药剂的开发，实现高效灭蝇的同时避免出现苍蝇对杀虫剂的抗性。生活垃圾中对苍蝇具有吸引力的物质量巨大，苍蝇增殖迅速，要在生活垃圾处理过程中实现对苍蝇数量的控制，减少生活垃圾中有机物组分是一个可行的方案。城市生活垃圾有机垃圾和无机垃圾分类投放收集已经倡导了很多年，但是目前成效并不明显，进一步强化该计划的实施，对于垃圾处理过程中蚊蝇的控制意义重大。

第十一章 垃圾填埋场施工与运行管理

第一节 垃圾卫生填埋场设计基础

一、传统卫生填埋场设计简介

（一）概述

1.填埋场类型

根据所利用的自然地形条件不同，传统填埋场可分为平原型、滩涂型和山谷坡地型等三种类型。

2.填埋场的组成与结构

传统垃圾卫生填埋场主要包括管理区、填埋区和渗滤液与气体处理区。其中，管理区包括综合楼、机修车间等；填埋区主要包括场地平整工程、地下水导排系统、防渗系统、渗滤液收集导排系统、填埋气体收集导排系统、垃圾坝、渗滤液调节池、截洪沟、环境监测系统等；渗滤液与气体处理区主要包括渗滤液处理系统和气体处理利用系统。

（二）基础层与地下水导排系统

1.基础层

基础层是填埋场防渗层的基础，分为场底基础层和四周边坡基础层。基础层应平整、压实、无裂缝、无松土，表面应无积水、石块、树根及尖锐杂物；同时根据渗滤液的收集导排要求设计纵、横坡度，在向边坡基础层过渡地段要相对平缓，压实度不得小于93%；四周边坡基础层应结构稳定，压实度不得小于90%，边坡坡度陡于1∶2时，应作边坡稳定性分析。

2.地下水导排系统

填埋场填埋区基础层底部应与地下水年最高水位保持在1m以上的距离。当地下水水位较高并对场底基础层的稳定性产生危害，或者填埋场周边地表水下渗对四周边坡基础产生危害时，必须设置地下水导排系统。地下水导排系统应确保填埋场在运行期和后期维护与管理期内，地下水水位维持在距离填埋场填埋区基础层底部1m以上。

地下水导排系统可选用地下盲沟、碎石导流层和土工复合排水网导流层等几种形式。其中，地下盲沟应用较为广泛。

（三）防渗系统

传统填埋场防渗系统是指在填埋场的场地和四周边坡上构筑渗滤液防渗屏障所选用的各种材料组成的防渗体系。通常要求防渗层能有效地阻止渗滤液透过，以保护地下水不受污染，而且具有相应的物理力学性能、抗化学腐蚀能力、抗老化能力，并形成完整有效的防水屏障。根据填埋场防渗设施布设方向的不同，可将填埋场防渗分为垂直防渗和水平防渗两种方式。其中，水平防渗是填埋场最主要、应用最广泛的防渗方式，因此重点对其进行介绍。

1.防渗类型

根据防渗材料的不同，可将水平防渗分为自然防渗和人工防渗两种类型，其中人工防渗又包括单层和双层防渗系统。

2.防渗结构

（1）单层防渗

单层防渗结构从上至下依次为：渗滤液收集导排系统+防渗层（含防渗材料及保护材料）+基础层+地下水收集导排系统。根据防渗材料及构成的不同，单层防渗结构可分为压实

土壤单层防渗结构、HDPE膜单层防渗结构、HDPE膜+压实土壤复合防渗结构、HDPE膜+GCL复合防渗结构，后两类通常又称作单层复合防渗结构。

（2）双层防渗

双层防渗结构从上至下依次为：渗滤液收集导排系统+主防渗层+渗漏检测层+次防渗层+基础层+地下水收集导排系统。

随着技术水平、经济条件和环保要求的不断提高，对填埋场防渗系统的相关要求也会更加严格，从而提高防渗性能，减小填埋场渗滤液的渗漏风险。

（3）不同防渗结构的适用性分析

填埋场防渗方式的选择是填埋场设计中极其重要的一环。选择填埋场防渗方式时，需要考虑环境标准和要求、场址水文地质与工程地质条件、材料来源、垃圾性质及其与防渗层材料的兼容性、施工条件和经济可行性等因素。

3.防渗材料

防渗材料是填埋场防渗层的重要组成部分。防渗材料的种类繁多，目前国内外填埋场应用较多的防渗材料主要有三大类，包括天然无机和人工改性防渗材料、天然和有机复合防渗材料、人工合成材料等。由于不同的防渗材料具有不同的特性，因此其适用性也有差异，只有选择了合适的材料，才能达到最佳的防渗效果。

4.防渗设计

（1）设计的基本要求

第一，防渗系统应在垃圾填埋场的使用期限和封场后的稳定期限内有效地发挥其功能。

第二，填埋场场地应有纵向、横向坡度，以利于渗滤液的导排，通常不宜小于2%。

第三，填埋场基础应是具有承载填埋体负荷的自然土层或经过地基处理的平稳层，且不应因填埋垃圾的沉降而使场底基层失稳；同时四周边坡必须满足整体和局部稳定性要求。

第四，对防渗工程的结构形式应进行充分的论证和比选，并在防渗工程设计之前，应进行防渗工程稳定性计算。

第五，应贯彻因地制宜、就地取材、经济实用的原则，谨慎采用新技术、新工艺和新材料。

第六，防渗工程宜合理地分期、分阶段实施，以避免老化失效和浪费。

（2）防渗设计的要求和原则

在对防渗结构选择和设计时，需结合当地实际情况进行设计，其结构应能有效地发挥防渗和导排渗滤液的功能，对外界的影响具有一定的抵御能力，尽可能使防渗结构的设计经济合理，具有较长的使用寿命。其设计原则如下：

第一，必须根据实际的场址情况选用合适的防渗材料，以保证渗滤液在使用年限及影响年限内不透过防渗层，保护地下水不受污染；防渗材料应具有良好的物理力学性能以防止被外力破坏而失效，还应具有良好的抗老化能力，并在防渗材料上下设置保护层，防止防渗材料受到破坏。

第二，应设置渗滤液导流层，以有效地导排渗入的渗滤液。

第三，应根据水文地质情况设置地下水收集导排系统，以防止地下水对防渗系统造成危害和破坏；地下水收集导排系统应具有长期的导排性能。

第四，防渗层应覆盖填埋场场地及四周边坡；新建填埋场在采用人工水平防渗时，其结构要求不应低于单层防渗结构的要求，当选址由于不可克服的原因最终选定在环境相对敏感区域时，至少应采用双层防渗结构。

第五，对以下情况可不设下垫层：基底为均匀平整细粒土体；选用复合土工膜或防水排水材料；因经济等原因防渗层必须铺设在软基上时，防渗膜下部必须铺设土工合成材料如土工格栅等，或采取工程措施提高地基的承载力。

（3）防渗检测

近年来，高密度聚乙烯（HDPE）膜越来越多地用于我国填埋场的防渗系统。国内外研究发现，在填埋场人工防渗层铺设期间，由于机械或人为的不规范操作会使防渗层破损，并且在接缝处容易留下孔隙；在运营期间，由于地基不均匀下陷、塑性形变、机械破损和化学腐蚀等原因也会引起膜渗漏。

直径超过100mm的孔洞占了孔洞总数的50%。大型孔洞是渗漏产生的主要因素，造成大型孔洞的原因均为机械损伤。同时，土工膜上覆盖层铺设施工阶段产生破损的比例最大，达到73%，其余依次为土工膜安装施工阶段（24%）、后期运营阶段（2%）、土工膜焊缝测试阶段（1%）。

为及时发现填埋场防渗层渗漏并采取必要的污染控制措施，在填埋场防渗层下应设置渗漏检测系统，并在双层防渗层间布设导水层以及时排出渗漏的渗滤液。目前，主要的填埋场防渗漏检测方法包括地下水监测法、扩散管法、电容传感器法、示踪剂法、电化学感应电缆法、电学法等方法。

（四）气体导排和处理系统

1.气体导排系统

系统组成及导排方式：

按有无抽吸设备分类，传统填埋场气体导排系统可分为主动和被动导排两类。主动导排系统是通过安装动力气体抽吸设备，及时抽取场内的填埋气体，从而控制填埋气体的无序排放。被动导排系统通过设置集气井（管）来收集填埋气体，无须气体抽吸设备。填埋气的导排方式主要有垂直导排与水平导排两种方式，设计中常用垂直石笼井与场底渗滤液导流层和封场排气层相结合的方式将填埋区内的气体排出。

2.气体输送系统

（1）气体收集管

设计填埋场气体输送管道时，需要首先估算单井的最高气体流量，再确定干路和支路管道的设计流量，计算阀门阻力和管道压差，然后根据每个干路和支路重复进行试算确定。

（2）冷凝水收集和排放

由于填埋场的内部温度高于周围的环境温度，因此在气体输送时会产生含有多种有机和无机化学物质、具有腐蚀性的冷凝液。通常10 000m³填埋气体可产生70～800L的冷凝液，冷凝液收集井设置间距在60～150m。

（3）气体输送系统

气体输送正常流速在2～10m/s（管径为100～150mm时，气速一般为2～5m/s；管径为200～300mm时，气速一般为5～10m/s，管道摩擦为5～10Pa/m），气体收集管尺寸应足够大，最小管径应有80～100mm，铺设坡度为5%～10%。以防止冷凝水堵塞。在抽送填埋气体时，负压区的压强不应超过-20000Pa，否则冷凝水排放以及气流的调节都有困难；导气竖井旁的负压为-2000～-5000Pa即能满足要求。

（五）覆盖和封场系统

覆盖是将不同的材料铺设于垃圾层上以防止或减缓填埋垃圾对环境的不良影响，是垃圾卫生填埋非常重要的一环。覆盖有利于减少地表水的渗入，避免填埋气体无控制地向外扩散，防止垃圾飞散，减轻感观上的厌恶感，避免为小动物或细菌提供滋生的场所，便于填埋作业和车辆行驶，预防火灾发生。此外，最终覆盖还能为植被的生长提供土壤。

1.覆盖类型

根据覆盖的要求和作用的不同，填埋场覆盖分为日覆盖、中间覆盖和最终覆盖。

2.覆盖材料的选择

根据不同覆盖的功能及其要求，覆盖材料应满足以下条件：

第一，应有较好的整体密封效果，这样能保证对臭味扩散和垃圾飞扬的控制，日覆盖和中间覆盖还不能影响后续垃圾填埋等作业。

第二，中间和最终覆盖应有较好的抗渗性能，以减少垃圾填埋场的渗滤液产生量。

第三，应具有快速形成强度和整体性的特点，以抑制垃圾臭味，方便施工作业，缩短施工周期。

第四，为了满足防火等要求，覆盖材料尽可能不采用有机材料，且覆盖材料应来源广泛，成本低廉。

第五，覆盖材料在使用中的铺设厚度应尽可能薄，以节约填埋场库容。

目前常用的覆盖材料包括压实黏土、土工薄膜和土工合成材料，污泥（淤泥）、喷塑材料、矿化垃圾等。新型覆盖材料也在不断研究中。

3.最终覆盖

填埋场封场是指填埋作业至设计终场标高或填埋场停止使用后，用不同功能材料进行覆盖的过程。最终覆盖层由下到上依次为排气层、防渗层、排水层、植被层，其中植被层又包括封场覆盖保护层和营养植被层。

二、厌氧型生物反应器填埋场的设计基础

厌氧型生物反应器填埋场需实施渗滤液回灌等操作是其与传统填埋场最大的区别，这些措施将提高填埋场内垃圾的含水率，从而加快有机物的生物降解过程，提高填埋气体的产气速率和产甲烷速率，增加填埋场的沉降，改变渗滤液和气体在填埋场中的运移与传导规律。

（一）防渗系统

在传统填埋场中，单层防渗大多采用厚度≥1.5mm的HDPE膜。由于实施了渗滤液回灌操作，厌氧型生物反应器填埋场不仅场内垃圾的含水率明显高于传统填埋场，其渗滤液产量也将因回灌渗滤液的累积而远大于传统填埋场。渗滤液量增加后，对填埋场区地下水的污染风险也将加大，因而生物反应器填埋场对防渗系统的要求也应明显高于传统填埋场。

在国外的厌氧型生物反应器填埋场中，通常采用黏土+土工膜的复合防渗系统，以确保填埋场的防渗系统能有效地阻止渗滤液的渗漏。

尽管国内尚无专门针对生物反应器型采用渗滤液回灌的填埋场防渗系统设计的相关标准和规范，但考虑到渗滤液回灌可能会造成防渗层上渗滤液水头的增加，采用天然防渗或厚1.5mm的HDPE膜单层防渗结构易造成防渗系统失效，因此在地表水贫乏地区的填埋场推荐采用厚度大于2.0mm的HDPE膜进行单层防渗，同时膜下需铺设GCL或黏土层做防渗保护层；在特殊地质条件和环境要求高的地区，填埋场应采用双层防渗系统；在其他地区的填埋场应采用复合防渗系统。同时，在填埋场易发生防渗层破损的部位，如导排盲沟等部位应铺设双层防渗膜，以强化这些部位的防渗效果。

（二）气体导排和处理系统

与传统填埋场相比，厌氧型生物反应器填埋场填埋垃圾的降解机理和最终气体产物并无不同，只不过后者通过渗滤液回灌等操作加速了填埋垃圾的降解和稳定进程。由于厌氧型生物反应器填埋场减少了渗滤液的外排处理量，原本由传统填埋场渗滤液处理系统降解的有机物转由厌氧型生物反应器填埋场内的微生物承担，因而厌氧型生物反应器填埋场的产气量和产气速率均高于传统填埋场。设计厌氧型生物反应器填埋场的气体导排和处理系统时，应立足这一特点。

1.气体收集系统产气特征

厌氧型生物反应器填埋场的产气特征较传统填埋场存在着较大的差异，主要体现在：

第一，更大的产气速率，更短的产气高峰期，更多的填埋气体产生量。厌氧型生物反应器填埋场的产气量为传统填埋场的2～4倍。若收集不及时，会造成填埋场内部具有过高的气体压强，影响填埋场的安全运营。

第二，更高的甲烷产量和含量。

第三，更多的冷凝液和水分。由于渗滤液总是向阻力最小的方向如气体收集井或渗滤液收集导流设施运移，气体中的水分冷凝后，如果排除不及时，冷凝液或渗滤液会堵塞气体收集管，降低气体的收集效率。尤其是在进行渗滤液回灌时，这种现象更加明显。

第四，更高的气体温度。厌氧型生物反应器填埋场的温度较传统填埋场高，因而导排气体的温度也更高，故对气体收集设备提出了更高的要求。

2.气体收集系统设计要领

针对厌氧型生物反应器填埋场的产气特征，在设计厌氧型生物反应器填埋场气体收集和导排系统时需注意以下问题：

第一，对生物反应器填埋场填埋气体的产气速率大、产气周期短、产气量更大的特点，可采用更大的气体收集管，设置更小的管间距，以保证有足够的气体收集和输送能力；采用导气竖井和水平管相结合的填埋气体的收集方式，提高填埋场气体收集效率；对填埋高度较大的填埋场，可设置丛式导气竖井进行收集；还可以利用其他方法进行气体收集和导排，例如：利用HYEX系统进行收集，即在一根管道中把渗滤液回灌管和气体收集管分开，可同时实现渗滤液回灌和对气体的收集运行而互不影响。

利用渗滤液收集系统或渗滤液回灌设施收集气体。由于气体在填埋场中运移的驱动力是压差，如果渗滤液收集或回灌系统中的压强和大气压强接近，那么填埋气体就会向这个方向运移，因此该方法是可行的，但是这一做法需要在填埋场设计之初便加以考虑并实施；在后期，也可以利用废弃不再使用的渗滤液回灌系统收集气体。

在填埋场未封场和气体收集系统未运行之前，尽可能不进行渗滤液回灌，以减少这期间的气体产生量和排放量，同时也可以提高填埋气体的整体收集效率。但是此法限制了前期渗滤液的回灌量，也使渗滤液深层回灌的操作更加困难。

第二，由于填埋气体中含有更高的甲烷气体，不适合被动收集，需设置风机及时抽取产生的填埋气体，并保持填埋气体的集气支管、导气竖井和水平导气管为负压（< 1.3Pa），防止空气进入填埋场内部而抑制甲烷产生，并发生火灾或爆炸等风险事故。通常，厌氧型生物反应器填埋场水平导气管的水平间距为 30 ～ 120m，垂直间距为 2.5 ～ 18m。

第三，为有效地排出冷凝液和水分，可以合理地设置更大的冷凝液收集井和更有效的导排设施，便于冷凝液直接回到填埋场中或进入气体发电厂；或在气体收集井中设置水泵，防止渗滤液或冷凝液汇集，堵塞收集井。

（三）覆盖和封场系统

1.日覆盖和中间覆盖

（1）覆盖材料的选择原则

为充分发挥其优势，生物反应器填埋场对日覆盖和中间覆盖等临时覆盖材料也有相应的要求，其选择原则主要包括：

①强大的渗透能力

根据生物反应器填埋场的特点可知，渗滤液回灌是一个最基本的操作手段。为此，填埋场的临时覆盖材料应具有较好的渗透能力，以利于回灌渗滤液的顺利渗透。如果以渗滤液回灌量为 $1000m^3/(hm^2 \cdot d)$ 计，要使渗滤液顺利通过填埋场的临时覆盖层，根据达西定律并考虑回灌渗滤液作用在临时覆盖层上为 1.5 的水力梯度，则要求临时覆盖材料的渗透系数必须大于 $1.16 \times 10^{-4}cm/s$。

②良好的抗剪切性能

垃圾中的纸类对垃圾剪切强度的贡献很大，在填埋场中纸类等可降解垃圾快速降解后，塑料组分比例显著增加，导致剪切强度逐渐下降，形成更多潜在的滑坡面；但是具有良好抗剪切性能的日覆盖层能加强填埋场的剪切强度，有利于保持填埋场的稳定性。

③均衡渗滤液流动

由于填埋垃圾的非均质性，同一填埋场不同位置的渗透系数相差数十倍甚至上百倍。鉴于渗滤液回灌操作的重要作用，因此要求填埋场临时覆盖材料应尽量具有均衡回灌渗滤液流动的能力，以使回灌渗滤液在场内得到相对均匀的分配，从而使填埋垃圾得到较为均匀的降解和稳定。综合考虑对渗透性能和均衡回灌渗滤液流动的要求，应尽量采用渗透系数为 $10^{-4}cm/s$ 数量级的覆盖材料作为填埋场的临时覆盖层。

④节约填埋场空间

填埋场一般都位于城市近郊，土地价值较高，同时未来填埋场的选址也比较困难，因此必须充分利用已有填埋场的填埋空间和填埋能力，这就要求尽量减少临时覆盖材料的体积。

⑤节省费用

要求临时覆盖材料具备易得、便宜、用量少甚至可重复利用的特点，进而降低临时覆盖材料的费用。

2.最终覆盖

生物反应器填埋场的最终覆盖系统结构与传统填埋场相同，但是由于其沉降量和产气量更大，因此要着重考虑填埋场的快速沉降和气体快速逸出造成的影响。如果设置表面回灌系统，还要和回灌设备相协调，保证最终覆盖系统的密闭性。

三、准好氧型填埋场的设计基础

准好氧型填埋场是通过增大渗滤液收集管和导气管管径，同时使导气管和渗滤液收集管联通，渗滤液收集管末端与大气直接相通，依靠填埋场内部和外部温差产生的动力，使导气、进风形成循环，从而在填埋场表层、渗滤液收集管和导气井附近形成局部好氧环境，促进场内有机物好氧降解的填埋场运行方式。由于准好氧型填埋场中的有机垃圾在好氧降解时放热，填埋场内会保持相对高的温度，因此即使在高寒地区，准好氧填埋技术也较厌氧填埋具有优势。

（一）防渗系统

准好氧型填埋场最大的特点是通过扩大渗滤液收集管的管径，使渗滤液呈不满流的流动状态，便于空气从渗滤液收集管上部空隙进入垃圾填埋场中。大管径的渗滤液收集管将大大提高准好氧型填埋场渗滤液的导排能力，部分填埋垃圾的好氧分解也促进了水分的蒸发，因而与传统填埋场相比，渗滤液的产生量会相应减小。因此，即使实施渗滤液回灌，产生的渗滤液也能通过扩大管径的渗滤液收集系统迅速排出，不会在防渗层上长时间形成较大的水头，因而可大大降低防渗层的渗滤液渗漏风险和渗漏量。故在设计准好氧型填埋场的防渗层时，可以直接按照传统填埋场的防渗系统进行设计。

（二）气体导排系统

1.气体产生特点

由于好氧和厌氧环境同时存在于准好氧型填埋场中，故填埋气体的组分不仅包括CH_4、CO_2、CO、NH_3等，而且还有大量N_2和O_2。如果CH_4与空气混合后，达到了CH_4气体的爆炸极限（5%~15%），就容易发生火灾或爆炸事故。故在准好氧型填埋场的设计中，需合理设置气体导排系统和必要的检测设备，加强填埋区的风险管理和风险防范措施，以防止火灾或爆炸事故发生。

2.自然排放

小型准好氧型填埋场，垃圾填埋量较小，不具备CH_4回收潜力，可通过优化设计和运行后进行自然排放。即便如此，与传统填埋场相比，其排放的温室气体也要少得多。

3.主动收集排放

对于大型准好氧型填埋场，尽管排放气体中的CH4相对厌氧型填埋场的少，但仍对环境产生不良影响，因而可考虑采取负压主动气体收集系统。

四、好氧型填埋场的设计基础

好氧型填埋场是在填埋垃圾体中布设通风管网，用风机向垃圾体中鼓入空气或负压抽吸使空气进入垃圾体，为垃圾的好氧降解提供充足的氧气，从而加速好氧分解，促进填埋垃圾快速稳定的填埋场运行方式。在填埋垃圾好氧分解的过程中会产生60℃左右的高温，使垃圾中的有害病菌得以杀灭，无害化处理效果好，渗滤液的污染物浓度也能迅速降低。与直接排放甲烷气体的传统填埋场相比，好氧型填埋场还能减少超过70%的温室气体的排放量。

好氧型填埋场需要设置通风管网,采用动力通风供氧,其结构相对复杂,施工要求较高,投资和运行费用也会相应地增加,因而在大范围推广应用时具有一定的难度。

(一)好氧型填埋场的类型及特点

1.类型

好氧型填埋场分为新建和改造两种类型。

目前,大部分好氧型填埋场都是通过对传统填埋场或厌氧型生物反应器填埋场进行改造而成的。好氧型填埋场常作为一种对原有厌氧填埋场进行修复和治理的手段。新建好氧型填埋场时,可通过布设通风井(管)进行鼓风,也可利用渗滤液回灌系统进行鼓风。

2.特点

(1)温度

在好氧型填埋场中,由于有机物好氧分解释放大量的热量,填埋场的内部温度往往很高,介于30℃~89.4℃。

(2)沉降

新建的好氧型填埋场的沉降可达30%甚至更大,改造的好氧型填埋场的沉降也能达到10%左右。

(3)含水率

在好氧型填埋场中,由于内部温度高,加上大量通风,会促进水分蒸发,有可能出现垃圾含水率不足的情况。尤其是在干旱地区,即使实施渗滤液回灌,也可能无法满足氧微生物对水分的代谢需求,如果出现这种情况,还需要外来水源进行回灌。

(二)防渗系统

在好氧型填埋场中,尽管水分的蒸发量大于其他填埋场,但因实施渗滤液回灌操作,其渗滤液产量仍较传统填埋场大,故在其防渗系统设计时,建议参照厌氧型生物反应器填埋场的防渗系统。

为避免垃圾好氧分解的高温对防渗层性能的影响,通常在防渗层上先填埋3m厚的垃圾,作为防渗层和好氧单元的缓冲带。

(三)通风与气体导排系统

好氧型填埋场与其他类型填埋场的主要差异就在于它的主动通风系统。为满足场内垃圾好氧降解的需要,好氧型填埋场除需配置机械通风系统外,部分填埋场还需要同时进行机械抽风。为此,机械通风和气体导排系统就成为好氧型填埋场设计的重点环节之一。

1.通风方式及通风系统组成

根据进排风方式的不同,好氧型填埋场的通风方式可分为机械鼓风方式、机械抽排风方式和机械鼓排风方式;根据通风管布置的不同,它又可分为竖井通风方式和水平导气管通风方式。

2.末端通风设施

末端通风设施作为好氧型填埋场通风系统的最后环节,能否实现均匀布风对填埋场的正常运行有着非常重要的作用。通风设施包括水平通风管和通风竖井,其中通风竖井又可分为单井和丛井。

(1)水平通风管

水平通风管和渗滤液水平回灌管相似,主要差别在于服务功能的不同。通风管长度根据填埋场的具体长度而定,通风管用碎轮胎片和其他渗透性较好的材料覆盖。运行时,在最上层垃圾中进行通风,并利用已完成通风使命的下一垃圾层的通风管抽吸填埋气体。

（2）单井

通风单井是好氧型填埋场最常采用的末端通风方式。

在好氧型填埋场中，通风竖井的深度可设计为3m，在直径50mm的风管外再套一直径为203～305mm的HDPE管，两管间填充导气砾石，井间距可达30m以上。

（3）丛井

由于通风单井在填埋场的不同深度，其通风效果明显不均匀。为了克服这一不足，好氧型填埋场可采用丛井进行通风。常见的丛井设置方式有以下三种：

第一种情况是渗滤液和空气均通过丛井注入填场内，其中至少有一口井的钻孔中包括两个不同深度的鼓风井，这两个鼓风井的垂直距离为3～12m。

第二种情况是空气和渗滤液同时通过丛井注入填埋场内，每口井与其他井的水平间距在3～30m。其中，每口井的钻孔中至少有一个位于填埋场表面下第一高度的第一层渗滤液/空气注入井上；同时，至少还有一口井不仅在钻孔的第一高度设置了第一层渗滤液/空气注入点，还在填埋场表面下第二高度布置了第二层渗滤液/空气注入点，两个渗滤液/空气注入点间的垂直距离为3～12m。

第三种情况是填埋场中分别布置了鼓风丛井和渗滤液回灌丛井。其中至少有一口井的钻孔中包括了两个不同深度的鼓风井，这两个鼓风井的垂直距离在3～12m。

丛井通风管材可采用PVC、CPVC和HDPE。在回灌渗滤液时，该丛井的回灌能力在0.38～2.65m³/d，最佳回灌量在1.14～1.89m³/d；输送氧气能力在9～45g/（m³·min）。

（四）覆盖层

选择好氧型填埋场覆盖材料时，除尽量采用渗透性较大、占库容较小的材料做日覆盖和中间覆盖外，还需考虑覆盖材料抑制甲烷产生和释放的能力。

第二节　垃圾填埋场施工及填埋作业设备

一、推土机

推土机一般用于短距离搬运或推铺填埋场区内的垃圾，推土机具有履带式牵引，因此在填埋作业时可以爬上陡坡，也可在不平坦的表面进行移动。这一功能，是其他填埋场设备所不具有的，并使其在填埋场日常运行操作中得到广泛的应用。总之，推土机具有推铺、搬移和压实垃圾的功能。

目前推土机主要用于填埋场推铺进场垃圾，也用于垃圾日常覆盖以及按需要修筑或挖沟，对填埋场来说，推土机必不可少。推土机也可在拖运抛锚的、陷入泥潭或出故障的运输车辆时发挥作用。

选择推土机的要点是：推土机接地压力适当，保证推土机在垃圾上不下陷，推土机功率合适，能在填埋场正常作业。

最常用的推土机是履带式推土机，其主要功能是分层推铺和压实垃圾、场地准备、日常覆盖和最终覆土、一般土方工作等。此外，在进行作业时，通过与垃圾表面的接触，对垃圾产生一定的压力。

压力的大小决定着压实的程度，每层垃圾铺得越薄，压实得越好。履带式推土机的接地压力较小，压实效果不理想。

履带式推土机的履带有各种标准，如457mm（18in）、508mm（20in）、559mm（22in）、610mm（24in）。履带必须有足够的高度，便于更好地适应垃圾的尺寸和防止可能的滑坡。

二、压实机

（一）压实机的作业目的

卫生填埋场用压实机的主要作用是铺展和压实垃圾，也可用于表层土的覆盖。但最重要的是要达到最大的压实效果。

每一压实层垃圾的厚度是影响压实机压实后垃圾密度的最重要的因素。为达到最大压实密度，垃圾应以40~80cm厚进行铺展和压实。一般情况下采用50cm为层厚。

垃圾填埋的密度还取决于压实的次数。压实2~4次后可以达到理想的密度，继续压实的效果不会太明显。

垃圾含水率对其压实密度有很大的影响。对于一般厨余垃圾，若要达到最大压实效果，其最适宜含水率约为50%。若使垃圾的含水率减少，则最终的压实密度可提高。

（二）压实机的种类

1.钢轮压实机

钢轮压实机主要用于推平和压实垃圾。其特点是轮子上一般装有可更换的倒V形齿，这样可以使重量集中在小的接触面上，给垃圾以更大的压力。

2.羊角压实机

羊角压实机主要用于压实垃圾和路基。其特点是可以自带动力，也可以由拖拉机牵引。一般情况下，它装有两个空心的钢轮，通过轮子上的"脚"把土压实，空心钢轮可以充水。"脚"的设计形式有多种，"脚"的类型不同，其平均压力大小不同。由于这些设备装有使空心轮振动的装置，这样在不规则的土层上也可以得到相同的压实效果。

3.充气轮胎压实机

这种压实机用于压实顶层和次顶层土，特别当土质肥沃时更加适用。整个填埋层可以得到较高的统一密度。其特点是既可以利用自有动力也可以被拖拉机牵引。重量通过轮胎与地面的接触而传到接触面，这个接触面就形成了压实带。典型的压实机有七个轮胎。

设备的压仓物是温沙子，它的质量从13 000kg加到35 000kg。设备装有控制轮胎压力的装置。

4.自有动力振动式空心轮压实机

这种压实机适合压实土壤，或由砂土、黏土形成的覆盖层。振动式空心轮压实机在前部装有空心的钢轮，压实机的后轮为充气轮胎。振动系统由一个与振动器相连的液压马达操作，振动的振幅和频率可以调整（通过改变主发动机的速度来实现）。设备的质量可以根据型号的不同从9 000kg增加到12 000kg。

三、挖掘机

挖掘机由工作装置、动力装置、行走装置、回转机构、司机室、操纵系统、控制系统等部分组成。挖掘机在填埋场主要用于挖掘各种基坑、排水沟、管道沟、电缆沟、灌溉渠道、壕沟、拆除旧建筑物，

第十一章　垃圾填埋场施工与运行管理

也可用来完成堆砌、采掘和装载等作业。

（一）履带式挖掘机

主要用于挖土并将土装入汽车，适用于日常或初始的垃圾覆盖，还可以用来完成一些特定的土方工程。挖掘机装有柴油发动机和液压系统。液压系统控制着挖掘臂和铲斗的运动。挖掘循环由装料、装载抖动、卸料、卸料抖动四个阶段组成。

（二）前铲挖掘机

该种挖掘机用来挖填垃圾的沟，日常的填埋单元的初步覆盖（没有压实和平整的功能）。前铲挖掘机安装有履带，并装有102.9～124.2kW（140～169hp）的柴油发动机，履带由履带片连接而成；其宽度在666～762mm（26～30in）。

这些设备装有机械操作的挖掘臂，挖掘臂长度为10～15m。根据设备型号不向，其旋转半径可以从6.1m到13.7m，根据土壤的类型和挖斗的尺寸，挖掘深度可以达到7.5m，挖斗的容量一般为0.57m³或0.76m³。操作状态下的102.9kW（140hp）的设备大约重20 500kg。

四、铲运机

铲运机是一种利用铲斗铲削土壤，并将碎土装入铲斗进行运送的铲土运输机械，能够完成铲土、装土、运土、卸土和分层填土、局部铲实等综合作业，适用于中等距离的运土。在填埋场作业中，用于开挖土方、填筑路堤、开挖沟渠、修筑堤坝、挖掘基坑、平整场地等工作。

铲运机由铲斗（工作装置）、行走装置、操纵机构和牵引机等组成。铲运机的装运重量与其功率有关。

五、装载机

装载机用装载铲斗将垃圾直接从一处运至另一处。装载机配有车轮或履带式牵引装置，以及不同类型的装载铲斗。例如，配车轮可使装载机的工作速度加快，但需要一个牢固的支承表面。装载机易于维修，并在需要的时候可作他用。

（一）轮式装载机

轮式装载机用于挖掘较软的土层，将挖掘出的材料装入卡车，可以进行不大于50m的物料运输。

轮式装载机通常装有柴油发动机和四轮驱动，前轴是固定的，后轴可以摆动，最常用的型号是73.5～110.3kW（100～150hp）的设备。

在软的土地上，一个95.6kW（130hp）、有1.92m³铲斗的装载机可以每小时挖掘土160m³并装到卡车上。在较硬的土堆上，工作效率将会降低，这时最好用其他挖掘机械来代替装载机进行挖掘。轮式装载机也可以有效地用于黏土类的土方作业，如填埋单元的覆盖和填埋场的准备工作。

（二）履带式装载机

这种装载机具有与轮式装载机相似的功能，还可以在较硬的土地上挖掘，但作为运输工具时运距不宜超过30m。在紧急情况下，履带式装载机可以用来处理垃圾，也可用于平整覆盖材料。

履带式装载机的铲斗在液压装置的控制下可以快速作业，安装多功能铲斗时，这种设备可以得到更

169

有效的使用。铲斗由固定和可以移动的两部分组成，司机可以通过操纵控制铲斗的动作，使铲斗具有装载、推土、刮土、挟斗四种功能。在固定的填埋场，特别当可用的设备有限时，应充分利用设备的多功能性进行作业。

六、筛分设备

垃圾的分选和资源回收已开始受到重视。垃圾中有价值物质的回收可分为两步：一为垃圾填埋前的回收，主要是人工分选和机械分选；二为矿化垃圾的综合利用。垃圾填入填埋场后经复杂的降解过程，十几年至几十年后，基本上达到稳定化，转化为稳定的矿化垃圾。目前矿化垃圾的利用已开始得到研究和开发。其主要方法是将挖掘出的矿化垃圾，首先分选出其中的有用物质，如金属等，然后进行筛分，细的部分用作肥料或生物介质处理某些废水，粗的部分回填或修路等。最后，把新鲜的垃圾填入所腾出的空间，从而使垃圾填埋场的寿命大大延长，节省了大量的基建成本。

垃圾的分选是根据物质的粒度、密度、磁性、电性、光电性、摩擦性、弹性以及表面润湿性的不同而进行的。可分为筛选（分）、重力分选、磁力分选、电分选、光电分选、摩擦分选、弹力分选和浮力分选。这些设备可用于新鲜垃圾和矿化垃圾的筛分。

筛分是利用筛子将物料中小于筛孔的细粒物料透过筛面，而大于筛孔的粗粒物料留在筛面上，完成粗、细粒物料分离的过程。该分离过程可视为物料分层和细粒透筛两个阶段。物料分层是完成分离的条件，细粒过筛是分离的目的。

选择筛分设备时应考虑如下因素：颗粒大小、形状、整体密度、含水率、黏结或缠绕的可能；筛分器的构造材料，筛孔尺寸、形状、筛孔所占筛面比例，转筒筛的转速、长度与直径；振动筛的振动频率、长与宽；筛分效率与总体效果要求；运行特征如能耗、日常维护、运行难易、可靠性、噪声、非正常振动与堵塞的可能等。

熟化垃圾组合筛碎机是筛分和破碎矿化生活垃圾堆肥的专用设备，能把熟化生活垃圾根据需要分成细、中、粗不同粒径的物料，并能把中料加以破碎成细料。

熟化垃圾组合筛碎机成功地解决了垃圾筛分设备研制中普遍存在的细筛网的网孔容易堵塞和多台设备串联布置而造成占地面积大的问题，经过使用证明其具有分筛效率高、占地面积小、投资小、工作可靠的特点，为建设经济实用的垃圾处理场提供了理想的筛碎设备。

七、杀虫剂喷洒设备

大面积喷洒长效杀虫剂使用喷洒车喷洒，且应喷洒速效杀虫剂，在室内和其他喷洒车喷洒不到的区域喷洒长效杀虫剂需使用人工喷药器械。由于国内无垃圾填埋场专用喷洒车生产，一般选用园林绿化喷洒车。该车的牵引力小，爬坡能力差，对填埋区喷药有时存在困难，需人工辅助。

第三节　垃圾填埋场填埋作业及运行管理

一、填埋作业管理

（一）填埋作业规划

对于高标准现代化的大型卫生填埋场，在正式投入使用前，制定科学合理的填埋作业规划是非常重要的，这不仅能确保填埋作业符合卫生填埋作业规范的要求，还可提高填埋场工程的投资利用率，减少降水进入垃圾体，降低渗滤液产生量，并有利于填埋气体收集利用。主要是根据填埋区面积、填埋高度、每日进场垃圾量、场区交通等基本条件制定分区填埋作业规划。一般按照每个区域填埋半年到一年的垃圾，填埋高度30m左右划分填埋区域。分区填埋作业规划应包括各区域面积、容量、各区分布、交通布置、雨污分流设置等内容。

（二）填埋作业计划

填埋作业计划是填埋场运行管理达到的卫生填埋技术规范要求的组织保障，应有年、月、周、日填埋作业计划，严格执行填埋作业计划才能保障填埋场安全、满足卫生填埋规范的要求。

填埋作业计划主要包括以下内容：①根据填埋分区，确定每周、每日填埋作业单元，雨季应备有应急作业单元；②填埋区内临时道路路线及每周道路修筑工作量；③每日倾卸垃圾平台位置及平台修筑工作量；④每月、每周边坡保持层施工范围和工作量；⑤每月、每周填埋气体收集井设置和安装工作量；⑥填埋区日覆盖工作量；⑦填埋区雨、污分流设施布置及工作量；⑧每层垃圾标高和坡度的控制，每个单元范围的控制；⑨填埋作业过程人员和设备安排，材料准备；⑩填埋作业日覆盖材料的准备和调配；⑪填埋作业过程安全防护和应急措施。

（三）填埋作业技术

1.填埋工艺流程

填埋场填埋作业的技术主要包括作业单元划分、定点倾卸、摊铺、压实和覆盖等。如果在运行中进行回灌，还涉及回灌作业。

在填埋场的分区进行填埋作业时，必须结合不同填埋场的类型，根据渗滤液回灌、填埋气体收集或通风设计的要求，在填埋过程中建造渗滤液回灌、收集、通风以及监测设施。

如果采用竖井进行渗滤液回灌、气体收集或通风，则可以在整个填埋场填埋作业开始时或填埋结束后再安装这些设施。

填埋作业技术主要包括作业单元划分、定点倾卸、摊铺、压实和覆盖等。

2.作业单元划分

对于大型的卫生填埋场，每天填埋作业构成一个小的填埋单元，一段时间，一般3个月左右即可形成一个大的填埋单元。在大的填埋单元之间设置小土坝或片石盲沟，保障垃圾体稳定并有利于渗滤液导排。每天填埋单元的面积主要依据倾卸垃圾平台宽度、推土机摊铺运距、填埋单元垃圾厚度、作业面边坡坡度等条件确定。卸垃圾平台宽度主要按每日进场垃圾在现场能及时倾倒考虑。例如，日处理量1500t的填埋场，一般平台宽度小于20m，推土机运距小于30m，坡度小于1：3。每天可形成长30m、宽20m的填埋单元。

分区作业是将填埋场分成若干区域，再根据计划按区域进行填埋。每个分区可以分成若干单元，每个单元通常为某一作业期（通常一天）的作业量。填埋单元完成后，覆盖20～30cm厚的黏土并压实。分区作业可使每个填埋区在尽可能短的时间内封顶覆盖，有利于填埋计划有序进行，并使各个时期的垃圾分布清楚，另外，单独封闭的分区也有利于清污分流，减少渗滤液的产生量。

3.定点倾卸

通过控制垃圾运输车辆倾倒垃圾时的位置，可以使垃圾推铺、压实和覆盖作业变得更有规划，也更加有序。如果运输车辆通过以前填平的区域，这个区域将被压得更实。

较佳的作业方式是按分区计划的，在当天所需的作业区域就地掀开或推开日覆盖材料进行填埋操作，填埋处置完毕后随即覆盖，第二天再开辟新的填埋作业区。在正常填埋作业不受干扰的情况下，应尽量缩小作业面。为此，在填埋场开放期间，应派专人在作业区指挥来往车辆在作业面的适当位置倾倒垃圾，并设置路障和标志规定出当天的作业区。同时，应将作业区布置在作业面的底端，因为摊铺和压实从底部开始比较容易，而且效率高。如果倾倒从上部开始，容易使垃圾堆形成一个陡峭的作业面，并影响压实效果。此外，在底部倾倒还可以减少随风刮走的垃圾碎屑。为了防止车辆损坏和倾翻，还需保持作业区的平整。

在小型填埋场，可能需要设置一个用作作业面的倾倒区；在大型填埋场或者在短时间内处理垃圾量较大的填埋场，应该设一个人工卸车的倾卸区。如果作业面的宽度不足以进行这种作业时，车辆可以行驶到上部去倾倒。

（四）填埋作业前的准备工作

第一，按边坡防渗系统保护层的设计要求，在填埋作业前做好保护层保护工作。不少填埋区边坡较陡，保护层在填埋垃圾前才能施工，应有切实可行、安全的保护层施工组织方案，确保防渗层质量和施工进度的要求。通常保护层采用碎石层或轮胎碎石层，一般由下往上铺，在边坡边缘先填埋垃圾形成施工作业平台，再挖土摊铺碎石。

第二，修筑进入填埋作业单元的临时道路。临时道路最窄应为双向两车道，宽度大于6m，可用渣土块或碎石形成路基，铺垫石粉或特制钢板。

第三，修筑垃圾倾卸平台。平台可用渣土、片石或钢板铺垫，面积依进场垃圾量确定，平台尽可能小以减少修筑平台材料消耗。

第四，填埋气体收集井铺设。在没有回收利用填埋气体前，按50m间距设置填埋气体收集井。收集井直径在1m左右，中心为150mm的HDPE花管外包碎石。填埋作业过程中要不断延伸收集井，并保持收集井高于垃圾体表面1m以上。拟实行气体回收利用的填埋场，还要按设计要求铺设水平方向的气体收集沟。

第五，设置导渗系统。垃圾压实后渗透效果较差，尤其是日覆盖和中间覆盖层的渗透系数更小。应在填埋作业前，把前一天填埋单元的覆盖土挖走，能再作覆盖土的留作当天覆盖土使用，不能作覆盖土的用来构筑填埋作业单元土坝。如仍不能解决填埋作业面渗滤液导排问题，可增设水平方向导渗盲沟，有组织导排表面渗滤液。

（五）填埋作业后的完善工作

1.设置垃圾体表面雨水导排系统

按场区雨、污分流设计的要求及时修筑垃圾体覆盖面上的雨水边沟。由于垃圾体的不均匀沉降，边沟通常采用水泥砂浆修筑U形沟槽或用废旧HDPE膜铺成沟渠，及时导排填埋区表面雨水。

2.植被恢复

为减少中间覆盖面雨水渗入、减少水土流失、改善填埋区生态景观，通常在中间覆盖斜面种植植被，亦可采用铺设绿色膜的方法，其防渗效果更好。

（六）资料档案管理

填埋场的资料包括前期的设计和施工资料、运行期间的各类监测资料、设备和技术资料、日常记录资料、生产管理过程中的其他各类资料等。

这些资料对填埋场日常的运行管理以及封场后的后续维护均有重要意义。通过对这些资料的积累，有助于提高填埋场的管理水平、加强运行和处理效果、改进技术工艺水平，因此必须重视对这些资料的收集、汇总、整理、分析和归档保存等工作。

在填埋场可以设置专门的档案管理员，负责对各种资料的登记、保管和整理汇编等工作。

四、环境保护措施

（一）水污染防治

1.工程措施

（1）强化防渗系统——实现内外隔离

防渗系统阻止垃圾体内的渗滤液往下渗漏或向四周扩散，使地下水免受污染。同时，防渗系统也防止地下水进入填埋场，是发挥填埋场系统正常功能的关键组成部分。由于准好氧型填埋场加强了渗滤液导排系统的导排能力，好氧型填埋场通过通风使回灌渗滤液蒸发，可有效地减少渗滤液的产生量，因此这两类填埋场防渗层出现渗滤液渗漏的风险相对降低，无须采取额外强化的防渗措施。在厌氧型填埋场，由于实施渗滤液回灌，渗滤液量较传统填埋场增大，故需强化渗滤液防渗系统设计，尽量采用双层防渗系统和较厚的HDPE膜。同时还应做好渗滤液调节池、收集池的防渗设计和施工，最大限度地降低因渗滤液渗漏造成水体污染的风险。

（2）设置渗漏检测系统——实现实时监测

在填埋场防渗系统下部设置渗滤液渗漏检测系统，并采用先进的检测方法和仪器，及时发现填埋场渗滤液的渗漏情况，以便快速地采取相应的防治措施，有效地减少渗漏量，减轻对地下水和地表水的污染。

（3）建设截洪沟——实现清污分流

在垃圾填埋场的建设中，需要在场区外设置永久截洪沟。截洪沟的作用，一是排洪泄洪，截流周边区域流入的地表径流后排至场区下游，防止地表径流冲刷垃圾堆体；二是截流阻止场区外部的雨水进入填埋场内，减少渗滤液的产生量。

填埋场的使用年限长达十余年，在运行期间尤其是运行初期、中期，大面积的填埋库区尚未启用，这些区域在雨季产生的地表径流量比较大，为排出这部分径流，可在填埋作业区设置场内临时截洪沟，将这部分雨水排出场外。为了最大限度地实现清污分流，场内临时截洪沟的设置应根据作业区的实际情况，可在不同的高程分别设置，在运行时根据填埋高程逐步废除下游的临时截洪沟。

场外永久性截洪沟的设置要重点考虑填埋场与周围功能区的关系，根据建设规模、总容量确定合理的安全系数。场内的临时截洪沟则可根据工程实际适当地降低建设标准与安全系数。

（4）实施临时与封场覆盖——减少雨水渗入

在填埋场运行的过程中，要进行日覆盖和中间覆盖；当填埋场达到设计高程时，需设置封场覆盖。填埋场覆盖，一方面可改善填埋场的环境，防止垃圾、填埋气体等对环境的污染，另一方面可防止降水渗入垃圾堆体，因此应合理地设置填埋场的覆盖系统。

填埋场渗滤液的产生量与封场覆盖系统的材料、厚度以及覆盖层的整体性密切相关，最终的垃圾堆体需要有一定的坡度（一般不小于5%）。如果覆盖材料的渗透系数小，整体密封性好，就能及时排出表面的雨水径流，有效阻止雨水入渗，从而避免渗滤液的大量产生。

（5）采用先进合理的渗滤液处理工艺——实现达标排放

填埋场渗滤液的水质和水量随着填埋场类型和封场时间的不同，变化规律也各不相同，因此应结合各种填埋场渗滤液变化的特点，合理选择渗滤液的处理工艺，使渗滤液处理后达到标准的要求，实现达标排放。

2.管理措施

（1）把好填埋场工程建设的质量关

填埋场的工程质量直接影响后续的运行效果，如果诸如防渗层、导排层、覆盖层、竖井、水平管等关键设施的材料不合格，或不按设计要求施工，很容易在运行期和维护期造成渗滤液和气体导排的不畅，从而污染环境，甚至影响填埋场的稳定运行，导致事故的发生。因此，应有效地落实工程监理制度，并探索和实施工程环境的监理制度，以确保填埋场工程质量的达标。

（2）填埋库区应严格分区作业

在工程设计中应根据填埋库区的地形、工程投资、运行进度计划等实际情况，将库区设计成多个区块，逐步分期建设与投入运行，最后再整合形成一个填埋场整体。

一般通过在库区内修筑临时小型垃圾土坝来实现填埋库区的分区，利用土坝拦截未启用填埋区的地表径流，拦截的雨水可利用临时水泵提升至场外，也可以利用专用管道或地下水导排系统排出。

经过分区后，填埋场未启用区的降雨不混入渗滤液中，可最大限度地实现清污分流，大大降低渗滤液的产生量。同时，通过分期、分区设计，减少了工程的首期投资，有利于减轻建设资金的压力。另外，对填埋场的运行与管理也很有意义，如施工区的多余土方可以堆置于未施工区作为日覆盖土源，防渗层的分期铺设与施工还避免了因长时间风吹雨打的老化损害以及人为的破坏。

（3）做好渗滤液边坡渗流的防范措施

防止回灌渗滤液的边坡渗流，可以从施工设计和日常检查治理两个方面落实。在施工设计时，渗滤液回灌井应距填埋场边坡有一定的距离，如果是水平管，应在管沟末端设置黏土防渗墙，防止边坡渗流的产生；在日常运行时，应加强填埋场的巡视，发现边坡渗流后，需及时通过设置引流沟集中收集或停止该管路的渗滤液回灌。

（4）加强日常的环保监督和设施维护工作

在填埋场运行的过程中，应对渗滤液收集、存储、回灌和处理系统进行及时的检查，发现故障应及时维护设备，并对引起的污染进行及时的治理，同时需加强监管，防止渗滤液未经达标处理直接排放。

（二）大气污染防治

在填埋场中，大气污染源主要是恶臭气体。垃圾填埋场的恶臭强度主要取决于裸露的垃圾面积和气体导排方式。以厌氧型填埋场为例，其恶臭源主要有：垃圾裸露面的恶臭达3～4级；填埋气体溢出的恶臭达4级；渗滤液恶臭达4～5级；渗滤液处理站污泥装袋点装袋期间恶臭达3～4级；垃圾车洗车点恶臭达1～2级。填埋场恶臭的具体治理措施如下：

1.减少入场垃圾在运输时的恶臭

垃圾在进入填埋区前的过磅以及运输过程中，应尽量保证垃圾运输车辆和储存设施的封闭性，减少停留时间，及时收集散落的垃圾，并冲洗地面以消除渗滤液产生的恶臭。

2.减少垃圾填埋作业区的恶臭

在填埋区实施分区填埋时，应尽量缩小填埋区域，快速进行摊铺、压实和覆土。应减少摊铺时垃圾的飞扬和抛撒，确保压实强度，并采取日覆盖与适时中间覆盖相结合的方式，避免垃圾的暴露。为了达到垃圾"零"暴露的目标，宜采用传统的从上到下与从下到上相结合的方式进行填埋作业，做到填埋作业面包括斜面都能及时被覆盖。在临时封场的填埋区以及计划半年以上不进行填埋作业的区域，采用表面覆膜或生物材料覆盖等措施，加大对填埋气的收集和臭气的生物处理。

3.减少其他附属设施的恶臭

渗滤液也是恶臭气体的一个重要来源，与渗滤液收集系统有关的设施均需要良好的维护。这些设施包括检查孔、渗滤液收集管、收集罐和附属设备、抽送泵等。其中渗滤液管线应每年清洗1次，检查孔、储罐和泵应每年检修1次。对污水处理区的调节池、厌氧池等处理设施可以采用调节池加盖密闭、负压抽吸臭气等措施。对于填埋作业区内的沼气收集井改用拉拔井并在末端设置臭气处理装置。

4.恶臭治理技术的选择

常规的恶臭防治技术各有其优势和局限。物理法只适宜处理低浓度、范围小的恶臭，且成本较高；化学法除臭不持久，除臭设施的投资和运行费用高。因此，应根据填埋场恶臭的特性、强度和除臭要求等，选用合适的治理技术，或采取联合工艺，以最大限度地降低恶臭，减少污染。例如，在填埋场填埋作业面，通过机载除臭设备投放生物菌剂控制垃圾填埋面等重点区域恶臭气体的产生。同时还可以采取设置绿化隔离带，栽种吸附和除臭能力强的高大乔木，以形成屏障，减少臭气的扩散。

5.气体导排方式的选择

尽管填埋气体被动收集的投资小，管理运行方便，但是从环保角度来说，不利于填埋气体的处理和综合利用。因此，宜在填埋场特别是厌氧型填埋场设置填埋气体主动收集系统，不仅能将收集的填埋气体进行集中处理，还能综合利用甲烷等气体，最大限度地减少恶臭物质和温室气体的排放。

6.噪声污染防治

填埋场运营对声学环境的影响主要来自推土机、压实机、泵站、风机和运输车辆等，其噪声源强度为85～90dB（A）。对填埋场所用的机械设备，应首先尽可能地选用低噪声设备，对各处理工序的风机和泵类采用减振、消声、隔声处理，以降低噪声。其次，在厂区种植绿篱、灌木等，增加厂区的绿化面积，使之起到吸收、隔离噪声的作用，降低厂区的噪声值，以确保厂界噪声达标。

（三）绿化与生态恢复

对填埋场进行生态恢复，不但能降低污染危害性，实现土地资源的可持续利用，还能为居民提供优美的景观和游憩空间。

1.多种生态环境的改造

垃圾填埋场在运行过程中能形成多变的地形和地貌，在植被恢复前，可利用场地多种地形地貌创造出适宜不同类型植物生长的多种生态环境。因此，在考虑排水情况、堆体性质、土壤肥力、景观效果等因素的基础上，可根据不同类型植被的习性来营造适宜其生存的环境。可分别在汇水、分水线上种植喜湿和抗旱植物；根据土壤的酸碱度种植喜酸和耐碱植物；在阳坡和阴坡种植喜光和耐阴植被等。还可根据整体造型的需求，通过创造斜坡、平坡、起伏的微地形来营造层次丰富、错落有致的自然景观。

2.植物的选择与生态位的构建

选择的植物是否合理是填埋场生态重建成功与否的关键，植物的群落配置和生态位的科学构建是建立一个相对稳定且能自我更新的生态系统的重要前提。因此，在植物的群体配置上要设计乔、灌、草的复层绿化模式。此外，充分利用先锋植物的绿化作用，并适当种植其他耐性强的植物，可增加植物群落的多样性，加快植物演替的过程。在生态位构建过程中还应较多地使用乡土植物，使用生长健壮、无病虫害的苗圃苗，并最大限度地保留原有植被。

3.科学管理与培育更新

垃圾填埋场的生态恢复是一个长期的、动态的过程。初期建立起来的植被系统往往较为脆弱、缺乏稳定性，植被在演替过程中还可能出现未能预测到的结果。因此，对重建的植被系统进行科学的管理养护，不断调整绿地植被的种类组成和群落结构，并培育其自我更新的能力是十分必要的。

在对草本植物养管的过程中应注意保护自然繁衍的地带性植物，选择性地调控杂草群落，通过草本植物发达的根系对土壤进行改善，并为乔木、灌木的生长创造条件。对于自然更新的乔灌木，在养管中要给予特殊保护，乔灌木的自然演替将使生态系统内的群落结构更加丰富，并最终形成稳定的生态系统和优美的自然绿地。

第十二章　供热管网与管道布设研究

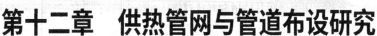

第一节　供热管网的布置与敷设

一、供热管网的平画布置形式

集中供热系统中，供热管道把热媒从热源输送到热用户，是连接热源和热用户的桥梁。供热管道遍布于整个供热区域，分布形状如同一个网络，所以，工程上常把供热管道的总体称为供热管网，也称热力管网。供热管网的类别很多，按管网的形式分为枝状管网和环状管网；根据热媒的不同，供热管网又分为热水管网和蒸汽管网。热水管网多为双管式，既有供水管，又有回水管，供回水管并行敷设。蒸汽管网分为单管式、双管式和多管式。单管式只有供汽管，没有凝结水管；双管式既有供汽管，又有凝结水管；多管式的供汽管和凝结水管均在一根以上，按热媒压力等级的不同分别输送。为了满足环保和节能方面的要求，目前，在大中城市普遍采用一级管网和二级管网联合供热。一级管网是连接热源与区域换热站的管网，又称其为输送管网；二级管网以换热站为起点把热媒输送到各个热用户的热力引入口处，又称其为分配管网。

枝状管网和环状管网是热力管网最常见的两种形式。在采用多热源联网供热的情况下，一级管网可布置成环状，二级管网基本上都是枝状管网。枝状管网形式简单，造价低廉，运行管理比较方便。它的管径随着和热源距离的增加而减小。其缺点是没有供热的后备性能，当管路上某处发生事故时，在损坏地点以后的所有用户供热均被切断。环状管网的主要优点是具有后备性能，但它的钢材耗量比枝状管网大得多。

实际情况下，如果设计合理，施工到位，操作维修正确，热网均能够无故障地运行，故在一般情况下均采用枝状管网。对供热系统的可靠性要求特别严格时，如某些化工企业，在任何情况下都不允许中断供汽，除可以利用环状管网外，更广泛是采用复线的枝状管网。即采用两根供汽管道，每一根供汽管道的输送能力按最大用汽量的50%～75%来设计。这样，一旦发生事故，通过提高蒸汽的初压，使通过一根管道的汽量仍保持为所需汽量的90%～100%。

二、供热管网的平面布置

供热管网设计过程中，首先要确定热源和用户之间的管道走向和平面位置，即所谓管道定线。定线是一项重要而且需要一定经验的工作，要根据城市或厂区的总平面图和地形图，供热区域的气象、水文和地质条件，地上、地下构筑物（如公路、铁路、地下管线、地下设施等），供热区域的发展规划等基础资料，做以全面考虑。具体说来，供热管线按下述原则确定：

（一）经济上合理

供热管网的主干线尽量通过热负荷集中的地区，力求管线短而直。管路上设必要的阀门（分段阀，分支管阀，放气阀，泄水阀等）和附件（补偿器，疏水器等）。做地上敷设时，阀门应放在支架上；而地下敷设时，应设置于检查井内，但应尽可能减少检查井的数量；尽量避免管线穿越铁路、交通主干道和繁华街道；如条件允许，可考虑供热管道和其他管道，如给水管线、煤气管线、电气管线等，共同敷设。这样做可降低市政建设总投资，方便管理和维修。

（二）技术上可靠

供热管道的线路要尽可能地通过地势平坦、土质好、地下水位低的地区，同时，还要考虑能迅速消除可能发生的故障与事故、维修人员工作的安全性、施工安装的可行性等因素。

在城市居住区，供热管道通常敷设在平行于街道及绿化带的工程管路区内，只有在极特殊情况下才可把供热管道敷设在人行道和车行道下面。

尽量使地下管道远离电力电缆，涝洼区和污染区，以减少管道腐蚀。供热管道在敷设过程中将与其他管道（给水、排水、煤气管道等）、电缆（电力电缆、通信电缆等）、各种构筑物发生交叉和并行的现象，为确保管线敷设，避免或减少相互间的影响和危害，地下敷设管道的管沟或检查井的外缘，直埋敷设或地上敷设管道的保温结构表面与建筑物、构筑物、铁路、道路电缆、架空电线和其他管道的最小水平净距应符合规定。

（三）注意对周围环境的影响

供热管道敷设完毕后，要不影响环境美观，与各种市政设施协调好，不妨碍市政设施的功用。

当然，在实际设计和施工过程中，不可能把所有影响因素均加以考虑，但要尽可能抓住关键影响因素。定线的原则一经确定之后，就可开始施工平面图的绘制。在平面图上要标出管线的走向，管道相对于永久性建筑物的位置和管道预定的敷设方式；然后根据负荷计算选定各计算管段的管道直径，确定固定支架、补偿器、阀门和检查井的位置和型号。

供热管道的敷设方式可分为地下敷设和地上敷设两种。地下敷设又分直埋敷设和地沟敷设两类。直埋敷设是将管道直接埋在地下的土壤内，而地沟敷设是将管道敷设在地沟内。地上敷设是将管道敷设在地面上的一些支架上，又称为架空敷设。

三、直埋敷设

直埋敷设是一种直接埋设于土壤中的形式，既可缩短施工周期，又可节省投资。

供热管道直埋敷设时，由于保温结构与土壤直接接触，对保温材料的要求较高，应具有导热系数小、吸水率低、电阻率高、有一定机械强度等性能。目前，国内使用较多的保温材料有聚氨基甲酯硬质泡沫塑料、聚异氰脲酸酯硬质泡沫塑料、沥青珍珠岩等几种材料。保温材料外边的防水层，常用的有聚乙烯管（硬塑）保护层、玻璃钢保护层等。

保温结构可以预制，也可现场加工，按保温结构和管子的结合方式分，有脱开式和整体式两种。脱开式是在保护层与管壁间先涂一层易软化的物质，如重油或低标号沥青等；当管道工作时，所涂物质受热熔化，使得管子可在保温层内伸缩运动。目前多采用整体式保温结构，即保温结构与管子紧密粘合，结成一体。当管道发生热伸缩时，保温结构与管道一起伸缩。这样，土壤对保温结构的摩擦力极大地约束了管道的位移，在一定长度的直管段上，就可不设或少设补偿器和固定点。整个管道仅在必要时设置固定墩，并在阀门、三通等处设补偿装置和检查小室。混凝土强度等级采用C20。为使管道座实在沟基上，减轻弯曲压力，管子下面通常垫100mm厚的砂垫层，管道安装后，再铺75mm～100mm厚的粗砂枕层，然后再用细土回填至管顶100mm。如细土回填用砂子替代，则受力效果更为理想，再往上可用沟土回填。

四、地沟敷设

地沟敷设可保证管道不受外力的作用和水的侵蚀，保护管道的保温结构，并能使管道自由地伸缩。地沟的构造，较经济的形式是钢筋混凝土的沟底板，砖砌或毛石沟壁，钢筋混凝土盖板。如有特殊要求或经济允许，也可采用矩形、椭圆拱形、圆形的钢筋混凝土地沟。

在结构上，不论对哪种地沟，都要求尽量做到严密不漏水。当地面水、地下水或管道不严密处的漏水侵入地沟后，会使管道保温结构破坏，管道遭受腐蚀；一般要求将沟底设于当地最高水位以下，并在地沟壁内表面做防水砂浆粉刷。地沟盖板之间、盖板与沟壁之间应用水泥砂浆或沥青勾缝。需要注意的是，尽管地沟是防水的，但含在土壤中自然水分会通过盖板或沟壁渗入沟内，蒸发后使沟内空气饱和，当湿空气在沟内壁面上冷凝时，会产生凝结水，并沿壁面下流到沟底。因此，地沟应有纵向坡度，以使沟内的水流入检查室内的集水坑内，坡度和坡向与管道的坡度和坡向相同，坡度不小于0.002。

如果地下水位高于沟底，则须采取防水或局部降低地下水位的措施。常用的防水措施是在地沟外壁面作沥青卷材防水层。局部降低地下水位的方法是在地沟基础下部铺设一层厚砂砾，在砂砾层内的地沟底板下0.2m处铺设一根或两根直径为100mm～200mm的混凝土排水滤管，管上有为数众多的小孔。每隔50m～70m设一个检查集水井，再从井内将水排出，使管沟处的地下水位被降低。下面分别介绍通行地沟、半通行地沟和不通行地沟的地沟。

（一）通行地沟

在通行地沟内人员可自由通行，可保证检修、更换管道和设备等作业。其土方量大，建设投资高，仅在特殊或必要场合采用。

通行地沟的净高不小于1.8m，人行通道的净宽不小于0.7m。沟内两侧可安装管道，地沟断面尺寸应保证管道和设备检修和更换管道的需要。通行地沟每隔100m应设一个入孔。整体浇筑的钢筋混凝土通行地沟，每隔200m应设一个安装孔。安装孔的长度应保证6m长的管子进入地沟，宽度为最大管子的。通行地沟应有自然通风和机械通风设施，以保证检修时沟内温度不超过40℃。为保证运行时沟内温度不超过50℃，管道应有良好的保温措施。沟内应有照明设施，照明电压应高于36V。

（二）半通行地沟

为降低工程造价，也可采用半通行地沟。半通行地沟的断面尺寸依据工人能弯腰行走并进行一般的维修工作的要求而定。地沟净高为1.2m～1.4m，人行通道净宽为0.5m～0.7m。半通行地沟，每隔60m应设一个检修口。

（三）不通行地沟

不通行地沟的造价较低，占地较小，是城镇供热管道经常采用的地沟敷设形式。其缺点是管道检修时必须掘开地面。

五、架空敷设

架空敷设不受地下水位的影响，使用寿命长，管道坡度易于保证，所需的放水、排气设备少，运行时维修检查方便；施工时只有支承基础的土方工程，土方量小，是一种比较经济的敷设方式。其缺点是占地面积较多，管道损失较大，在某些场合不够美观。

架空敷设适用于地下水位高、年降水量大、地下土质为湿陷性黄土（自重作用下浸水引起土壤塌陷值不超过50mm）或腐蚀性土壤，或地下敷设必须进行大量土石方工程的地区。当有其他架空管道时，可考虑与之共架敷设。在寒冷地区，若因管道散热量过大，热媒参数无法满足用户要求；或因管道间歇而采取保温防冻措施，造成经济上不合理时，则不适用架空敷设。

架空敷设按支撑结构高度的不同，分为低支架敷设、中支架敷设和高支架敷设。

（一）低支架敷设

管道保温层外壳底部距地面净高不小于0.3m，以防雨、雪的侵蚀。低支架因轴向推力不大，可考虑用毛石或砖砌结构，以节约投资，方便施工。在不妨碍交通，不影响厂区、街区扩建的地段可采用低支架敷设，此时，最好是沿工厂的围墙或平行于公路、铁路来布线。

（二）中支架敷设

中支架敷设保温结构底部距地面的净高为2.5m～4.0m。中支架常用钢筋混凝土现浇结构或钢结构。在人行频繁，需通行大车的地方可采用中支架。

（三）高支架敷设

管道保温结构外表面距地面净高为4.5m～6.0m，在跨越公路或铁腔时采用。高支架也常用钢筋混凝土现浇结构或钢结构。

架空敷设根据支架承受荷载性质的不同，又可分为固定支架和活动支架两类。

固定支架可将管道牢牢固定，使之不产生位移。固定支架承受管道本身、管道内介质和保温结构的重力以及水平方向的推力。活动支架承受管道本身、管中热媒、保温结构重量及由于温度升降出现热胀或冷缩所产生的水平摩擦力。

第二节　供热管道的绝热与防腐

供热管道及其附件保温的主要目的在于减少热媒在输送过程中的热损失，节约燃料，保证操作人员的安全，改善劳动条件。热水管网即使有良好的保温，其热损失仍占总输送热量的5%～8%，蒸汽管网为8%～12%。保温结构的费用占热网总费用的25%～40%。因此，保温是管网施工和设计中一项非常重要的工作。

一、常用管道绝热材料的种类和性能

保温材料应具有热导率小、密度小、有一定机械强度、吸湿率低、抗渗透性强、耐热、不燃、无毒、经久耐用、施工方便、价格便宜等特点。当然，任何一种绝热材料都不可能具有上述所有特点，这就需要根据具体保温工程情况，优先考虑材料的性能、工作条件、施工方案等因素进行选用。

目前，绝热材料的种类很多，新型绝热材料的研制也在不断创新，且各厂家生产的同一种绝热材料的性能也各有差异。因此，在选用时应注意参考厂家产品样本及使用说明书给定的技术数据。保温层的厚度，一般可参照相关标准图集提供表格直接查出。较特殊的保温结构的保温层厚度应在做详细计算后确定。

二、管道保温材料经济厚度的确定

供热管道热力计算的任务是计算管路散热损失、供热介质沿途温度降、管道表面温度及环境温度，从而确定保温层厚度。工程设计中，管道保温厚度通常按技术经济分析得出的"经济保温厚度"来确定。所谓经济保温厚度，是指考虑管道保温结构的基建投资和管道的热损失的年运行费用两者因素，折算得出在一定年限内其"年计算费用"为最小值时的保温层厚度。供热管道的散热损失可以根据传热学的基本公式进行计算。供热管道的敷设方式不同其计算方法也有所差别。现仅对其中较常见的直埋敷设管道散热计算方法加以介绍。直埋敷设管道在计算管道散热损失时，需要考虑土壤的热阻。

三、管道防腐与保温的做法与技术要点

管道绝热结构一般由防锈层、保温层、保护层和防腐层组成。防锈层的材料多为防锈漆涂料或用沥青冷底子油直接涂刷于干燥洁净的管道表面上，以防止金属受潮后产生锈蚀。绝热层在防锈层的外面，是绝热结构的主要部分，所用材料为设计选定的绝热材料，用来防止热量的传递。保护层在绝热层的外面，常用的材料有玻璃丝布、油毡纸玻璃丝布、金属薄板等，其作用是阻挡环境和外力对绝热材料的影响，延长保温结构寿命。绝热结构的最外面是防腐层，一般采用耐气候性较强的涂料直接涂刷在保护层上。防锈、防腐所用的油漆涂料，可用手工喷涂、空气喷涂等方法施工。下面主要介绍几种常见的绝热层和保护层的施工方法。

（一）硬质泡沫塑料保温

用硬质泡沫塑料保温较常见的方式是采用硬聚氯乙烯管做保护层，即硬塑保护层。

用硬塑保护层预制保温管，是使发泡液在两端头封闭的塑料套管与绝热管道之间的空间发泡，最后硬化，将管道、绝热材料、保护层三者牢固地结为一体，形成"管中管"式的整体式绝热结构。所谓发泡液是用两种液态物质加入催化剂、发泡剂和稳定剂等原料调配而成的。例如，聚异氰脲酸酯硬质泡沫塑料的发泡液就是用异氰脲酸酯和和多元醇按比例调配而成。聚氨酯硬质泡沫塑料是由聚醚和多元异氰酸酯按比例配制而成。发泡液的特点是与空气接触0.5min～1.0min后，分子间距增大，体积开始膨胀，俗称发泡现象。发泡保温前应将管子表面处清理干净，不得有污物、油脂和铁锈等，把无缝硬塑外壳套在钢管上，硬塑管内径的大小根据钢管外径，以及所需保温层厚度而定，一般情况下绝热层厚度为30mm～50mm；将高度等于绝热厚度的硬泡垫块十字对称塞在两管的环缝之中，使两管中心保持同轴，然后把环缝两端封堵上，每个封堵上留有一个圆孔，位于平置管子的上部；将调制好的发泡液从封堵上的圆孔注入两管间环缝中，液体在环缝内膨胀发泡，充满整个环形空间，并牢固地附着在钢管表面和硬塑壳的内壁上；注完发泡液，用带有微型排气孔的塞子将两端圆孔堵上，这时圆缝内部的发泡还在继续，使得固定体积空间内的发泡物质的密度不断增大，直到注入液体完全膨胀完为止。发泡温度最好是20℃～25℃，当温度低于15℃时，应将管道事先预热。发泡后的保温管需放置一段时间，待泡沫凝聚、固化，达到密实度和强度要求后，两把管两端的封堵取下来。上述过程一般都在工厂预制完成。

（二）预制绑扎法

预制绑扎法适用于预制的绝热瓦、板材及管壳类绝热制品，用镀锌钢丝将其绑扎在管道的防腐层表面上。

预制瓦块是在工厂预制的半圆形或扇形的保温瓦块。预制瓦块长度一般为300mm～600mm，安装时为使预制瓦块与管壁紧密结合，瓦块与管壁之间应涂一层石棉粉或石棉硅藻土胶泥。绝热材料为矿渣棉、玻璃棉、岩棉等矿纤材料时，可不涂胶泥，直接绑扎。因矿纤材料具有弹性，可将管壳紧紧套在管道表面上。绑扎两块绝热材料之间的接缝应尽量减小，不能用胶泥抹缝。而对非矿纤材料制品所有接缝均应用石棉粉或石棉硅藻土等配成的胶泥填缝。

绑扎材料时应将横向接缝错开，如为管壳，应将纵向接缝设置在管道的两侧。如一层保温制品厚度不能满足要求时，可采用双层或多层结构，分层分别用镀锌钢丝绑扎，内、外接缝要错开。绑扎用的镀锌钢丝直径一般为1.0mm～2.0mm，绑扎间距为250mm～300mm，且每块制品至少要绑扎两圈钢丝，绑扎接头应嵌入接缝内。

（三）缠包捆扎法

当采用玻璃棉毡、矿渣棉毡、岩棉毡及其棉类制品做绝热材料时，可将棉毡缠包在管子上，再用镀锌钢丝捆扎，称为缠包捆扎法。施工时，先将管子的外圆长加上搭接宽度把保温棉毡剪成适当纵向长度的条块，再将其缠包在管子防锈层的外面。如果一层棉毡达不到要求厚度时，可增加缠包层数，直到达到要求的厚度为止。棉毡的横向接缝必须紧密结合，如有缝隙，应用同质的棉毡材料填缝。棉毡的纵向接缝应放在管子的顶部，搭接宽度可按保温层外径大小选择50mm～300mm，在棉毡外面用直径1.0mm～1.4mm的镀锌钢丝绑扎，间距为150mm～200mm。当绝热层外径大于500mm时，还应用网孔为30mm×30mm的镀锌钢丝网缠绕，再用镀锌钢丝扎牢。

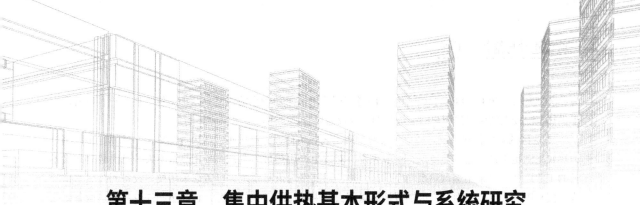

第十三章　集中供热基本形式与系统研究

第一节　集中供热方案的确定与集中供热的基本形式

一、热媒种类的确定

集中供热系统的热媒主要包括热水和蒸汽，应根据建筑物的用途、供热情况以及当地气象条件等，经技术经济比较后选择确定。

（一）以热水作为热媒与蒸汽比较具有的优点

第一，热水供热系统的热能利用率高。由于在热水供热系统中没有凝结水和蒸汽泄漏，以及二次蒸汽的热损失，因而热能利用率比蒸汽供热系统高，可节约燃料20%～40%。

第二，以水作为热媒的供暖系统，可以改变供水温度来进行供热调节（质调节），既能减少热网热损失，又能较好地满足卫生要求。

第三，热水供热系统的蓄热能力高，由于系统中水量多，水的比热大，因此，在水力工况和热力工况短时间失调时，也不会引起供暖状况的很大波动。

第四，热水供热系统可以远距离输送，供热半径大。

（二）以蒸汽作为热媒与热水比较具有的优点

第一，以蒸汽作为热媒的适用面广，能全面满足各种不同热用户的要求，特别是生产工艺用热，大都要求以蒸汽作为热媒。

第二，蒸汽供热系统中，蒸汽作为热媒，汽化替热很大，输送相同的热量，所需流量较小，所需管网的管径较小，节约初投资；同时，蒸汽凝结成水的水容量较小，输送凝结水所耗用的电能少得多。

第三，蒸汽作为热媒由于密度小，在一些地形起伏很大的地区或高层建筑中，不会产生很大的静水压力，用户连接方式简单，运行也比较方便。

第四，在散热器或换热设备中，由于温度和传热系数都很高，可以减少散热设备面积，降低设备投资。

在供热系统方案中，热媒参数的确定也是一个重要问题；应结合具体条件，考虑热媒、热用户两方面的特点，进行技术经济比较确定。

民用供暖热用户为主时，多采用热水作为热媒，热水又分为低温热水，即供水不超过100V，通常供水、回水设计温度为95℃/70V、80℃/60V；高温热水，即给水温度高于100℃，通过供水、回水设计温度为150℃/70V、130℃/70℃、110V/70V。前者多用于供热半径较小的住宅小区集中供暖热用户，后者多用于供热范围较大的供暖热用户的一级管网，以及通风空调、生活热水供应热用户。

工业区的集中供热系统，考虑到既有生产工艺热负荷，也有供暖、通风等热负荷，所以，多以蒸汽为热媒来满足生产工艺用热要求；一般来说，对以生产用热量为主，供暖用热量不大，且供暖时间又不长的工业厂区，宜采用蒸汽热媒向全厂区供热；对其室内供暖系统，可考虑采用换热设备间接热水供暖或直接利用蒸汽供暖，而对厂区供暖用热量较大、供暖时间较长的情况，宜在热源处设置换热设备或采用单独的热水供暖系统。

我国地域辽阔，各地气候条件有很大不同，即使在北方各地区，供暖季节时间差别也大，供热区域不同，具体条件有别。因此，对于集中供热系统的热源形式，热媒的选择及其参数的确定，还有热网和用户系统形式等问题，都应在合理利用能源政策和环保政策的前提下，具体问题具体分析，因地制宜地进行技术经济比较后确定。

二、热源形式的确定

集中供热系统热源形式的确定，应根据当地的发展规划以及能源利用政策，环境保护政策等诸多因素来确定。这是集中供热方案确定中的首要问题，必须慎重地、科学地把握好这一环节。

热源形式有区域锅炉房集中供热、热电厂集中供热，此外，也可以利用核能、地热、电能、工业余热作为集中供热系统的热源。以区域锅炉房为热源的供热系统，包括区域热水锅炉房供热系统，区域蒸汽锅炉房供热系统和区域蒸汽热水锅炉房供热系统。在区域蒸汽热水锅炉房供热系统中，锅炉房内分别装设蒸汽锅炉和热水锅炉或换热器，构成蒸汽供热、热水供热两个独立的系统。以热电厂为热源的供热系统，根据选用汽轮机组不同，又分为抽汽式、背压式以及凝汽式低真空热电厂供热系统。具体选择哪种热源形式，应根据实际需要、现实条件、发展前景等多方面因素，经多方论证，进行技术经铣比较后确定。

三、集中供热的基本形式

（一）区域锅炉房供热系统

以区域锅炉房（内装置热水锅炉或蒸汽锅炉）为热源的供热系统，称为区域锅炉房供贫系统，包括区域热水锅炉房供热系统、区域蒸汽锅炉房供热系统。

1.区域热水锅炉房供热系统

热源的主要设备有热水锅炉、循环水泵、补给水泵及水处理装置。供热管网是由一条供水管和一条回水管组成。热用户包括供暖系统、生活用热水供应系统等，系统中的水在锅炉中被加热到所需要的温度，以循环水泵作动力使热水沿供水管流入各用户，在各用户的热点又沿回水管返回锅炉。这样，在系统中循环流动的水是不断地在锅炉内被加热，又不断地在用户内被冷却，放出热量，以满足热用户的需要。系统在运行过程中的漏水量或被用户消耗的水量，由补给水泵把经水处理装置处理后的水从回水管补充到系统内，补充水量的多少可通过压力调节阀控制。除污器设在循环水泵吸入口侧，其作用是清除水中的污物、杂质，避免进入水泵与锅炉内。

2.区域蒸汽锅炉房供热系统

目前，对于居住小区供暖热用户为主的供热系统，多采用区域热水锅炉房供热系统，对于既有工业生产用户，又有供暖、通风、生活用热等用户的供热系统，宜采用区域蒸汽锅炉房供热系统。

区域蒸汽锅炉房供热系统是以区域锅炉房作为热源的城市集中供热方式。区域锅炉房内一般都装置大容量、高效率的蒸汽锅炉或热水锅炉，向城市各类用户供应生产和生活用热。用区域锅炉房代替分散小型锅炉供热，能节约燃料，改善供热质量，减少对大气的污染。区域锅炉房的热能利用效率通常低于热电厂，规模和场地的选择比较灵活，投资比建热电厂少，建设周期较短，是城市集中供热的一种主要方式。根据使用要求，区域锅炉房装置有蒸汽锅炉、热水锅炉，或同时装置两种锅炉。燃料可用煤、重油、天然气、垃圾废料等。

工矿企业的蒸汽锅炉房大多数工艺设备是以蒸汽作为供热介质。为此，一般采取在锅炉房内装置蒸汽锅炉向厂区供应蒸汽的形式。当采暖、通风等季节性热负荷由热水系统供热时，可在锅炉房内装置蒸汽—水加热器来加热热水网路的循环水，或同时装置热水锅炉，直接加热热水网路的循环水。当城市集中供热是以采暖热负荷为主时，一般采用在区域锅炉房内装置热水锅炉的形式。为保证热水供热系统安全、可靠地工作，需要在区域锅炉房内对系统采取稳定压力的措施，主要有利用补给水泵定压、蒸汽定压和氮气定压等方式。补给水泵定压是靠电动补给水泵向网路补给水，来稳定网路压力。它采用的设备比较简单，动力消耗低，故比较普遍采用。缺点是一旦停电便失去定压作用，因而在电力供应不大可靠的地区，需要考虑水泵停止运行时防止系统产生气化和水击的措施。热电厂和区域锅炉房是城市集中供热的主要热源。区域锅炉房既可以单向一些街区供热，形成独立的供热系统；也可以作为热电厂的辅助热源，在高峰负荷时，与热电厂联合供热。因此，区域锅炉房布局、与热电厂建设配合以及联合供热等问题，应在城市供热整体规划中全面安排。区域锅炉房的规模主要取决于技术水平和技术经济（如热水锅炉单台容量、气候条件、热负荷密度、煤价、电价等）及对周围环境污染等因素。

（二）热电厂供热系统

以热电厂作为热源的供热系统称为热电厂供热系统。热电厂的主要设备是汽轮机，它驱动发电机产生电能，同时利用作功抽（排）汽供热。

在热电厂供热系统中，根据汽轮机的不同，可分为抽汽式、背压式和凝汽式低真空热电厂供热系统。

1.抽汽式热电厂供热系统

蒸汽锅炉产生的高温高压蒸汽进入汽轮膨胀作功，带动发电机发出电能。该汽轮机组带有中间可调节抽汽口，故称为抽汽式，可从绝对压力为0.8～1.3MPa的抽汽口抽出蒸汽，向工业用户直接供应蒸汽；从绝对压力0.12MPa～0.25MPa的抽汽口抽出蒸汽以加热热网循环水，通过主加热器可使水温达到95℃～118℃；如通过高峰加热器进一步加热，可使水温达到130℃～150℃或需要更高的温度以满足供暖、通风与热水供应等用户的需要。在汽轮机最后一级内做完功的乏汽排入冷凝器后形成的凝结水和水加热器内产生的凝结水，以及工业用户返回的凝结水一起，经凝结水回收装置收集后，作为锅炉给水送入锅炉。

2.背压式热电厂供热系统

从汽轮机最后一级排出的乏汽压力在0.1MPa（绝对）以上时，称为背压式，一般排汽压力为0.3MPa～0.6MPa或0.8MPa～1.3MPa，即可将该压力下的蒸汽直接供给工业用户，同时，还可以通过冷凝器加热热网循环水。背压机组是以热负荷来调整发电负荷的发电机组，也就是说发电量跟着外界供蒸汽的多少来变化的，汽轮机进多少，汽机组排多少汽，所以背压汽轮机的经济性较好。背压机组是热电联合生产（热电联产）运行的机组，热电联产使能源得到合理利用，是节约能源的一项重要措施。在众多的汽轮发电机组中，背压机由于消除了凝汽器的冷源损失，在热力循环效率方面是最高的，从而降低了发电煤耗、节约能源，故而得以广泛应用。然而，背压机亦有下述缺点：它对负荷变化的适应性差，机组发电量受制于热负荷变化。当低热负荷时，汽轮机效率下降，从而使经济效益降低。

3.凝汽式低真空热电厂供热系统

凝汽式汽轮机,是指蒸汽在汽轮内膨胀做功以后,除小部分轴封漏气之外,全部进入凝汽器凝结成水的汽轮机。实际上为了提高汽轮机的热效率,减少汽轮机排汽缸的直径尺寸,将做过部分功的蒸汽从汽轮机内抽出来,送入回热加热器,用以加热锅炉给水,这种不调整抽汽式汽轮机,也统称为凝汽汽轮机。火电厂中普遍采用的专为发电用的汽轮机。凝汽设备主要由凝汽器、循环水泵、凝结水泵和抽气器组成。汽轮机排汽进入凝汽器,被循环水冷却凝结为水,由凝结水泵抽出,经过各级加热器加热后作为给水送往锅炉。汽轮机的排汽在凝汽器内受冷凝结为水的过程中,体积骤然缩小,因而原来充满蒸汽的密闭空间形成真空,这降低了汽轮机的排汽压力,使蒸汽的理想焓降增大,从而提高了装置的热效率。汽轮机排汽中的非凝结气体(主要是空气)则由抽气器抽出,以维持必要的真空度。

当汽轮机排出的乏汽压力低于0.1MPa(绝对)时,称为凝汽式,纯凝汽式乏汽压力为6MPa,温度只有36C,不能用于供热。若适当提高蒸汽乏汽压力达到50MPa时,其温度在80℃以上,可用以加热热网循环水,而满足供暖用户的需要。这是一种投资少、速度快、收益大的供热方式。凝汽式汽轮机的排汽压力对运行经济性有明显影响。影响凝汽器真空度的主要因素是冷却水进口温度和冷却倍率。前者与电厂所在地区、季节及供水方式有关;后者表示冷却水设计流量与汽轮机排汽量之比。冷却倍率大,可获得较高真空度。但冷却倍率增大的同时增加了循环水泵的功耗和设备投资。一般表面式凝汽器的冷却倍率设计为60~120。由于凝汽式汽轮机循环水的需要量很大,水源条件成为电厂选址的重要条件之一。

理想情况下表面式凝汽器的凝水温度应与排汽温度相同,被冷却水带走的热量仅为排汽的汽化潜热。但实际运行中,由于排汽流动阻力及非凝结气体的存在,导致凝结水温度低于排汽温度,两者的温差称为过冷却度。冷却水管布置不当,运行中凝结水位过高而浸泡冷却水管,均会加大过冷却度。正常情况过冷却度应不大于1~2℃。

第二节　热水供热系统与蒸汽供热系统

热水供热系统的供热对象多为供暖、通风和热水供应的热用户。

热水供热系统主要采用闭式系统和开式系统。热用户不从热网中取用热水,热网循环水仅作为热媒,起转移热能的作用,供给用户热量的系统称为闭式系统。热用户全部或部分地取用热网循环水,直接消耗在生产和热水供应用户上,只有部分热媒返回热源的系统称为开式系统。

一、闭式热水供热系统

闭式热水供热系统,在热用户系统的用热设备内放出热量后,沿热网回水管返回热源。闭式系统从理论上讲流量不变,但实际上热媒在系统中循环流动时,总会有少量循环水向外泄漏,使系统流量减少。在正常情况下,一般系统的泄漏水量不应超过系统总水量的1%,泄漏的水靠热源处的补水装置补充。

闭式双管热水供热系统是应用最广泛的一种供热系统形式。

(一)供暖系统与供热管网的连接方式

热用户与供热管网的连接方式可分为直接连接和间接连接。热用户直接连接在热水管网上,热用户与热水网路的水力工况直接发生联系，二者热媒温度相同的连接方式称为直接连接。外网水进入表面式水水换热器加热用户系统的水，热用户与外网各自是独立的系统，两者温度不同，水力工况互不影响的连接方式称为间接连接。

1.无混合装置的直接连接

当热用户与外网水力工况和温度工况一致时，采用这种连接方式。这种连接形式简单、造价低，其热力入口处应加设必要的测量、控制仪表及附件。

2.设水喷射器的直接连接

外网高温水进入喷射器，由喷嘴高速喷出后，喷嘴处形成很高的流速，出口处形成低于用户回水管的压力，回水管的低温水被抽入水喷射器，与外网高温水混合，使用户入口处的供水温度低于外网温度符合用户系统的要求。水喷射器无活动部件，构造简单，运行可靠，网路系统的水力稳定性好。但由于水喷射器抽引回水时需消耗热量，通常要求管网供水、回水管之间要有足够的资用压差，才能保证水喷射器正常工作。

3.设混合水泵的直接连接

当建筑物用户引入口处外网的供水、回水压差较小，不能满足水喷射器正常工作所需压差，或设集中泵站将高温水转化为低温冰向建筑物供暖时，可采用设置混合水泵的直接连接方式。

混合水泵可设在建筑物入口处或集中热力站处，外网高温水与水泵加压后的用户回冰混合，降低温度后送入用户供暖系统，混合水的温度和流量，可通过调节混合水泵后面的阀门或外网供水、回水管进出口处阀门进行调节。为防止混合水泵扬程高于热网供、回水管的压差，将热网回水抽入热网供水管，则在热网供水管的入口处装设止回阀；还要注意为防止突然停电停泵时发生水击现象，应在混合水泵压水管与汲水管之间连接一根旁通管，上面装设止回阀；当突然停泵时回水管压力升高，供水管压力降低，一部分回水通过旁通管流入供水管，可起泄压作用。

4.设增压水泵的直接连接

用户供水管设增压水泵的直接连接可将热网供水压力提高到需要值后送入供暖系统。这种连接方式适用于入口处供水管提供的压力不能满足用户系统需要的场合，即供水压力低于用户系统静压或不能保证用户系统的高温水不汽化时。

用户回水管设增压水泵的连接方式适用于用户系统回水压力低于入口处热网回水压力的场合。一般当热网超负荷运行时处于网路末端的一些用户可能出现这种情况，或地势很低的用户为避免用户超压，供水管需节流降压，也会出现用户的回水压力低于管网回水管压力的情况。

5.设水加热器的间接连接

供热管网的高温水通过设置在用户引入口或热力站的表面式水——水换热器，将热量传递给供暖用户的循环水，冷却后的回水返回热网回水管。用户循环水靠用户水泵驱动循环流动，用户循环系统内部设置膨胀水箱，先集气罐及补给水装置，形成独立系统。

间接连接方式系统造价较高，而且运行管理费用比较高，适用于局部用户系统必须和热网水力工况隔绝的情况，如供热管网在用户入口处的压力超过了散热器的承压能力；或个别高层建筑供暖系统要求压力较高，又不能普遍提高整个热水网路的压力的情况；另外，供热管网为高温热水，而用户系统是低温热水供暖的用户时，也多采用这种连接方式。

（二）热水供热系统与热网的连接方式

生活热水供热系统与热网的连接根据局部热水供热系统是否直接取用热网循环水，可分为闭式系统和开式系统。

1.闭式热水供应系统

闭式热水供应用户与热网的连接必须采用间接连接，在用户系统入口处设置水——水式加热器，分如下几种情况：

（1）无储水箱的连接方式

供热管网通过水——水式加热器将城市生活给水加热，冷却后的回水返回热网回水管。该系统用户供水管上应设温度调节器，控制系统供水温度不随用水量的改变而剧烈变化。这是一种最简便的连接方式，适用于一般住宅或公共建筑连用热水且用水量较稳定的热水供应系统。

（2）设上部储水箱的连接方式

城市生活给水被表面式水——水加热器加热后，先送入设在用户最高处的储水箱，再通过配水管输送到各配水点。上部储水箱起着储存热水和稳定水压的作用，适用于用户需要稳压供水且用水时间较集中，用水量较大的浴室、洗衣房或工矿企业等场所。

（3）设容积式换热器的连接方式

容积式换热器不仅可以加热水，还可以储存一定的水量，不需要设上部储水箱，但需要较大的换热面积，适用于工业企业和小型热水供应系统。

（4）设下部储水箱的连接方式

该系统设有下部储水箱，热水循环管和循环水泵。当用户用水量较小时，水——水式水加热器的部分热水直接流入用户，另外的部分流入储水箱储存；当用户用水量较大，水加热器供水量不足时，储水箱内的水被城市生活给水挤出供给用户系统。装设循环水泵和循环管的目的是使热水在系统中不断流动，保证任何时间打开水龙头，流出的均是热水。

这种方式虽然复杂，造价高，但工作可靠性高，适用于对热水供应要求较高的宾馆。

2.闭式双级串联和混联连接的热水系统

为了充分利用系统供暖回水的热量，减少热水供应热负荷所需的网路循环水量，可采用供暖系统与热水供应系统串联或混合连接的方式。

（1）双级串联的连接方式

热水供应系统的上水首先由串联在热网路回水管上的水加热器加热，加热后的水温仍低于要求温度，水温调节器将阀门打开，进一步利用热网供水管中高温水通过加热器将水加热到所需温度，经过加热器后的网路供水进入到供暖系统中去。供水管上应安装流量调节器，控制用户系统流量，稳定供暖系统的水力工况。

（2）混联连接方式

热网供水分别进入热水供应和供暖系统的热交换器中（通常采用板式换热器）。上水同样采用两级加热，通过热水供应，热交换器的终热段，热网回水并不进入供暖系统，而是与热水供应系统的热网回水混合，进入热水供应热交换器的预热段将上水预热，上水最后通过热交换器的终热段；被加热到热水供应所需要的温度。可根据热水供应的热水温度和供暖系统保证的室温，调节各自热交换器的热网供水和上水的流量调节阀门的开启度，控制进入各热交换器的网路水流量。

双级串联式和混联连接的方式，利用供暖系统回水的部分热量预热上水，减少了网路的总设计循环水量，这两种连接方式适用于热水供应热负荷较大的城市热水供应系统上。

二、开式热水供热系统

开式系统由于热用户直接耗用外网循环水，即使系统无泄漏，补给水量仍很大。系统补水量应为热水用户的消耗水量和系统泄漏水量之和。

在开式系统中，热网的热媒直接消耗于用户，热网与热水供应用户之间不再需要通过加热器连接，入口设备简单，节省了投资费用。但补给水量大，水处理设备与运行管理费用较高。开式热水供热系统分以下几种方式：

（1）无储水箱的连接方式

热网水直接经混合三通送入热水用户，混合水温由温度调节器控制。为防止外网供应的热水直接流入热网回水管，回水管上应设置止回阀。

这种方式网路最简单，适用于外网压力任何时候都大于用户压力的情况。

（2）设上部储水箱的连接方式

网路供水和回水经混合三通送入热水用户的高位储水箱，热水再沿配水管路送到各配水点。这种方式常用于浴室、洗衣房或用水量较大的工业厂房中。

（3）与上水混合的连接方式

当热水供应用户用水量很大并且需要的水温较低时，可采用这种连接方式。混合水温同样可用温度调节器控制。为了便于调节水温，热网供水管的压力应高于城市生活给水管的压力，并在生活污水管上安装止回阀，以防止热网水流入生活给水管。

三、蒸汽供热系统

蒸汽供热系统能够向供暖、通风空调和热水供应系统提供热能，同时，还能满足各类生产工艺用热的需要。它在工业企业中得到了广泛的应用。

（一）蒸汽供热管网与热用户的连接方式

蒸汽供热管网一般采用双管制，即一根蒸汽管，一根凝结水管。有时，根据需要还可以采用三管制，即一根管道供应生产工艺用汽和加热生活热水用汽，一根管道供给采暖、通风用汽，它们的回水共用一根凝结水管道返回热源。

蒸汽供热管网与用户的连接方式取决于外网蒸汽的参数和用户的使用要求，也分为直接连接和间接连接两大类。

锅炉生产的高压蒸汽进入蒸汽管网，以直接或间接的方式向各用户提供热能，凝水经凝水管网返回热源凝水箱，经凝水泵加压后注入锅炉重新被加热成蒸汽。蒸汽经减压阀减压后送入用户系统，放热后生成凝结水，凝结水经疏水器流入用户凝水箱，再由用户凝水泵加压后返回凝水管网。高压蒸汽经减压阀减压后向供暖用户供热。凝结水通过疏水器进入凝结水箱，再用凝结水泵将凝结水送回热源。高压蒸汽减压后，经蒸汽--水换热器将用户循环水加热，用户采用热水供暖形式。蒸汽经喷射器喷嘴喷出后，产生低于热水供暖系统回水的压力，回水被抽进喷射器混合加热后送入用户供暖系统，用户系统的多余凝水经水箱溢流管返回凝水管网；如若蒸汽压力过高，可用入口处减压阀调节。

（二）凝结水回收系统

蒸汽在用热设备内放热凝结后，凝结水出用热设备，经疏水器、凝结水管返回热源的管路系统及其设备组成的整个系统，称为凝结水回收系统。

凝结水水温较高（一般为$80℃ \sim 100℃$），同时又是良好的锅炉补水，应尽可能回收。凝结水回收率低，或回收的凝结水水质不符合要求，会使锅炉补水量增大，增加水处理设备投资和运行费用，增加燃料消耗。因此，正确设计凝结水回收系统，运行中提高凝结水回收率，保证凝结水的质量，是蒸汽供热系统设计与运行关键性技术问题。

凝结水回收系统按是否与大气相通，可以分为开式凝结水回收系统和闭式凝结水回收系统。按凝结水的流动方式不同，可分为单项流和两项流两大类。单项流又可分为满管流和非满管流两种。满管流是指凝水靠水泵动力或位能差充满整个管道截面呈有压流动的流动方式。非满管流是指凝水并不充满整个管道断面，靠管路坡度流动的流动方式；按驱使凝结水流动的动力不同，可分为重力回水和机械回水。重力回水是利用凝水位能差或管线坡度，驱使凝水满管或非满管流动的方式。机械回水是利用水泵动力驱使凝水满管有压流动。

第十四章　供暖散热设备与附属设备

第一节　散热器种类

一、对散热器的要求

散热器是供暖系统中重要的基本组成部件，热媒通过散热器向室内散热实现供暖的目的，散热器的正确选择涉及系统的经济指标和运行效果。对散热器的基本要求有以下几点。

（一）热工性能方面的要求

散热器的传热系数K值越高，说明其散热性能越好。提高散热器的散热量，增大散热器传热系数的方法，可以采用增加外壁散热面积（在外壁上加肋片）、提高散热器周围空气流动速度和增加散热器向外辐射强度等途径。

（二）经济方面的要求

散热器传给房间的单位热量所需金属耗量越少，成本越低，其经济性越好。散热器的金属热强度是衡量散热器经济性的一个标志。金属热强度是指散热器内热媒平均温度与室内空气温度差为1℃时，每千克质量散热器单位时间所散出的热量。这个指标可作为衡量同一材质散热器经济性的一个指标。对各种不同材质的散热器，其经济评价标准宜以散热器单位散热量的成本（元/W）来衡量。

（三）安装使用和工艺方面的要求

散热器应具有一定的机械强度和承压能力，散热器的结构形式应便于组合成所需要的散热面积，结构尺寸要小，少占房间面积和空间，散热器的生产工艺应满足大批量生产的要求。

1.卫生和美观方面的要求

散热器外表应光滑，不易积灰，便于清扫，外形宜与室内装饰相协调。

2.使用寿命的要求

散热器应不易于被腐蚀和破损，使用年限要长。

二、散热器的种类

目前，国内生产的散热器种类繁多，按其制造材质，主要有铸铁、钢制散热器两大类，按其构造形式，主要分为柱型、翼型、管型、平板型等。

（一）铸铁散热器

铸铁散热器长期以来得到广泛应用。它具有结构简单、耐腐蚀、使用寿命长、水容量大等特点。但其金属耗量大、金属热强度低于钢制散热器。目前，国内应用较多的铸铁散热器有翼型和柱型两大类。

1.翼型散热器

翼型散热器分圆翼型和长翼型两类。

（1）圆翼型散热器是一根内径为75mm的管子，外面带有许多圆形肋片的铸件。管子两端配设法兰，可将数根组成平行叠置的散热器组。管子长度分750mm和1000mm两种。

（2）长翼型散热器的外表面具有许多竖向肋片，外壳内部为一扁盒状空间。长翼型散热器的标准长度分200mm和280mm两种，宽度为115mm，同侧进出口中心距为500mm，高度为595mm。

翼型散热器制造工艺简单，且长翼型的造价也较低；但翼型散热器的金属热强度和传热系数比较低，外形不美观，灰尘不易清扫，特别是它的单体散热量较大，设计选用时不易恰好组成所需的面积，因而目前选用这种散热器较少。

2.柱型散热器

柱型散热器是呈柱状的单片散热器，外表面光滑，每片各有几个中空的立柱相互连通。根据散热面积的需要，可把各个单片组装在一起形成一组散热器。我国目前常用的柱型散热器主要有：二柱、三柱、四柱三种类型散热器。柱型散热器有带脚和不带脚的两种片型，便于落地或挂墙安装。

柱型散热器与翼型散热器相比，其金属热强度及传热系数较高，外形美观，易清除积灰，容易组成所需的面积，因而得到较广泛的应用。

（二）钢制散热器

1.闭式钢串片对流散热器。闭式钢串片散热器由钢管、钢片、联箱及管接头组成。钢管上的串片采用薄钢片，串片两端折边90°形成封闭形。许多封闭垂直空气通道，增强了对流换热，同时也使串片不易损坏。规格以"高×宽"表示，其长度可按设计要求制作。

2.钢制板型散热器。钢制板型散热器由面板、背板、进出水口接头、放水门固定套及上、下支架组成。面板、背板多用1.25mm～1.5mm厚的冷轧钢板冲压成型，在面板上直接压出呈圆弧形或梯形的散热器水道。水平联箱压制在背板上，经复合滚焊形成整体；为了增大散热面积，在背板后面可焊上0.5mm厚的冷轧钢板对流片。

3.钢制柱型散热器。钢制柱型散热器构造与铸铁柱型散热器相似，每片也有几个小空立柱。这种散热器是采用1.255mm～1.5mm厚冷乳钢板冲压延伸形成片状半柱型，将两片片状半柱型经压力滚焊复合成单片，单片之间经气体弧焊连接成散热器。

4.钢制扁管型散热器。钢制扁管型散热器，采用52mm×11mm×1.5mm（宽×高×厚）的水通路扁管叠加焊接在一起。扁管散热器的板型有单板、双板，单板带对流片和双板带对流片四种结构形式。单、双板扁管散热器两面均为光板，板面温度较高，有较多的辐射热。带对流片的单、双板扁管散热器，每片散热量比同规格的不带对流片的大，热量主要是以对流方式传递。

钢制散热器与铸铁散热器相比，具有以下特点：

（1）金属耗量少。钢制散热器大多数是由薄钢板压制焊接而成。金属热强度可达0.8～1.0W/(kg·℃)，而铸铁散热器的金属热强度一般仅为0.3W/(kg·℃)左右。

（2）耐压强度高。铸铁散热器的承压能力一般为0.4～0.5MPa。钢制板型及柱型散热器的最高工作压力可达0.8MPa。钢串片散热器承压能力可达1.0MPa。

（3）外形美观、整洁，占地小，便于布置。如板型和扁管型散热器还可以在其外表面喷刷各种颜色的图案，与建筑和室内装饰相协调。钢制散热器高度较低，扁管和板型散热器厚度薄，占地小，便于布置。

（4）除钢制柱型散热器外，钢制散热器的水容量较少，热稳定性差些。在供水温度偏低而又采用间歇供暖时，散热效果明显降低。

（5）钢制散热器的主要缺点是容易被腐蚀，使用寿命比铸铁散热器短。此外，在蒸汽供暖系统中不应采用钢制散热器。对具有腐蚀性气体的生产厂房或相对湿度较大的房间，不宜设置钢制散热器。

除上述几种钢管散热器外，还有一种最简易的散热器：光面管（排管）散热器，它是用钢管在现场或工厂焊接制成。其主要缺点是耗钢量大，不美观，一般只用于工业厂房。

（三）铝制散热器

铝制散热器重量轻，外表美观；铝的辐射系数比铸铁和钢的小，为补偿其辐射放热量的减小，外形上采取措施以提高其对流散热量。但铝制散热器不宜在强碱条件下长期使用。

（四）铜铝复合散热器

采用较新的液压胀管技术将里面的铜管与外部的铝合金紧密连接起来，将铜的防腐性能和铝的高效传热性能结合起来，这种组合使得散热器的性能更加优越。

另外，还有用塑料等制造的散热器。塑料散热器重量轻、节省金属、耐腐蚀，但不能承受太高的温度和压力。

三、散热器的选用

选用散热器类型时，应注意在热工、经济、卫生和美观等方面的基本要求，但要根据具体情况，有所侧重。设计选择散热器时，应符合下列原则性的规定：

第一，散热器的工作压力，当以热水为热媒时，不得超过制造厂规定的压力值。对高层建筑使用热水供暖时，首先要求保证承压能力，这对系统安全运行至关重要。

第二，所选散热器的传热系数应较大，其热工性能应满足供暖系统的要求。供暖系统下部各层散热器承压能力较大，所能承受的最大工作压力应大于供暖系统底层散热器的实际最大工作压力。

第三，散热器的外形尺寸应适合建筑尺寸和环境要求，易于清扫。民用建筑宜采用外形美观、易于清扫的散热器，考虑与室内装修协调；在放散粉尘或对防尘要求较高的工业建筑中，应采用易于清除灰尘的散热器。

第四，在具有腐蚀性气体的工业建筑或相对湿度较大的房间，应采用耐腐蚀的散热器。

第五，铝制散热器内表面应进行防腐处理，且供暖水的pH值不应大于10，水质较硬的地区不宜使用铝制散热器，采用铝制散热器或铜铝复合散热器时，应采取措施防止散热器接口电化学腐蚀。

第六，安装热量表和恒温阀的热水供暖系统不宜采用水流通道内含有粘砂的铸铁等散热器。

四、散热器的布置

散热器的布置原则是：使渗入室内的冷空气迅速被加热，人们停留的区域温暖、舒适，少占房间有效的使用面积和空间。常见的布置位置和要求如下：

第一，散热器宜安装在外墙的窗台下，这样，沿散热器上升的对流热气流能阻止和改善从玻璃窗下降的冷气流和玻璃冷辐射的影响，有利于人体舒适。当安装或布置管道有困难时，也可靠内墙安装。

第二，为防止冻裂散热器，两道外门之间的门斗内不应设置散热器。楼梯间的散热器宜分配在底层或按一定比例分配在下部各层。

第三，散热器宜明装。内部装修要求较高的民用建筑可采用暗装，暗装时，装饰罩应有合理的气流通道和足够的通道面积，并方便维修。幼儿园的散热器必须暗装或加防护罩，以防烫伤儿童。

第四，在垂直单管或双管热水供暖系统中，同一房间的两组散热器可以串联连接；储藏室、盥洗室、厕所和厨房等辅助用室及走廊的散热器可同邻室串联连接。两串联散热器之间的串联管径应与散热器接口口径相同，以便水流畅通。

第五，铸铁散热器的组装片数不宜超过下列数值：粗柱型（包括柱翼型）——20片；细柱型——25片；长翼型——7片。

第六，公共建筑楼梯间或有回马廊的大厅散热器应尽量分配在底层，当散热器数量过多，住宅楼梯间一般可不设置散热器。

第二节　暖风机类型

一、暖风机的分类

暖风机是热风采暖系统的制热和送热设备。从字义上理解就是一种能够输送出暖风的取暖设备，通常情况下，暖风机的最高温度是40℃。暖风机广泛应用于各类大、中型空间的采暖、通风、干燥、除湿系统中。暖风机是由通风机、电动机及空气加热器组合而成的联合机组。在风机的作用下，空气由吸风口进入机组，经空气加热器加热后，从送风口送到室内，使室内空气温度得以调节，以维持室内要求的温度。暖风机根据热量输出方式可以分辐射式暖风机和热风式暖风机。

而根据使用场所可以分为家用暖风机和工业暖风机，这里着重介绍下工业暖风机。

（一）家用暖风机

家用暖风机利用微电脑及PID控温、均匀性高、不冲温、节能、内胆有优质的不锈钢及钢板两种，造型美观、新颖。电热元件有镍铬发热丝，铁铬发热丝，不锈钢发热管，红外发热管等多种，其中以镍铬发热丝最节省电能，不锈钢发热管最能耐腐防爆。下面是家用暖风机的特点。

第一，热量集中，散热面积大，热效高。红外线取暖，热转换效率高，节能省电，迅速驱散寒意。两种不同的发热方式，可自由选择，满足不同热感需求。

第二，外形时尚美观，冬季居家必备。两档功率可调，热度随心而选；精确抛物面聚能技术，热效率提升50%；红远外加热升温迅速，3米超远距离送暖；

第三，采用优质发热组件，确保使用寿命；发热体优良的宽频谱特性，具保健理疗效果；整体采用双重防护设计，确保安全。

（二）工业暖风机

工业暖风机是一款需要固定在墙壁或棚顶上使用的电取暖产品，适合厂房、车库、商店、烘干室等场所使用。通过风机工作，强制空气循环，有利于空气加热及温度均衡，适合间断采暖的场所使用；设备上需要配开关，但如果改装高温度，直接在设备上操作不方便，订货时可选择开关安装在墙壁上的线控机型。需要新风换气的场所，可以将设备与新风管道进行连接，通过风管调节风量。固定在墙壁或者棚顶上使用，可节约地面空间，选择吊挂在棚顶上的安装方式。

暖风机是由通风机，电动机及散热器组合而成的联合机组，适用于空气允许再循环的各种类型车间，当空气中不含灰尘，易燃性的气体时，可作为循环空气采暖之用。暖风机主要由空气加热器和风机组成，空气加热器散热，然后风机送出，使室内空气温度得以调节。空气加热器由螺旋翅片管组成。例如蒸汽型暖风机其散热排管是用铝带专用设备绕在壁厚为Φ21.5无缝锅炉管上，片距为2.5mm，排管和热媒流通管道是整体焊接结构，暖风机的工作压力在0.8MPa以下。

1.特点

（1）微电脑数字控制温度显示，可以精确设定目标温度，精确到1度，同时实时显示当前环境温度，便于暖风机控制；

（2）温度连续可调；

（3）内置自动过热保护，手动重启装置；

（4）特有暖风启动和自动冷却停机装置。电热管预加热到一定温度后才自动启动风扇，确保暖风即开即有；停止加热后，风机自动运行一段时间确保整机冷却到合适温度后自动停机，增强了设备的安全性和操作的方便性；

（5）带H07RN-F 2m电缆线及欧式防爆插头；

（6）采用高品质元器件和材料，确保产品质量。内部导线采用耐高温硅胶线，延长使用寿命。采用进口接插件，确保电器连接的可靠性和安全性。电热管采用304不锈钢，内部填料采用进口高温结晶镁粉，确保发热的稳定性并延长了发热部件的寿命；

（7）设计合理美观。支架稳固美观，附带墙壁挂钩，摆、挂、提方便。后部防雀网罩设计有效增加了进风效率，更利于电机散热，并节约相应空间。

2.适用范围

适用范围包括：工厂车间；物资仓库；防潮烘干；局部采暖；建筑工地；道路桥梁；水泥养护；野外采暖；石油钻井；煤炭矿区；除冰防冻；设备保温；铁路机场；游艇船舶；油漆干燥；施工保温；军车设备；指挥帐篷；移动采暖；便捷加温；温室大棚；场馆会所；洁净热能；快速加温。

3.保养技巧

暖风机水箱经过一段时间的驾驶，表面有一层异物及粉尘，如不清理掉，影响散热量。暖风机电机经过长时间运行，应对电机进行保养及更换，此操作过程必须由专业人员进行判断和保养，不能私自拆卸电机，这样容易造成短路和电机不转，轻者烧保险，严重造成烧线束、着火。电机通风管不能去掉，去掉后，易造成电机过热、烧坏。变速电阻能使电机变挡，如长期使用一、二挡，易使电阻烧断，影响正常使用，发现此问题，应及时更换。操作系统经过长时间使用，操纵拉线易老化变形，使操纵不灵活或不到位，不要硬性地去搬动，避免造成零件损坏。发现此问题应到维修站进行判定，并根据具体情况进行检修更换。通风管道也就是暖风机的1号和2号胶管，由于长时间在高温情况下使用，极容易老化有裂纹，发现问题，应及时更换，以免发生漏水，造成水温过高，使发动机缸盖变形。换胶管应用夏利车配套的胶管，劣质胶管不耐腐蚀。

该装置在使用中应当注意这样几点：当冬天气温0℃以下时前风挡玻璃会有一层冰和霜，起动发动机，把水温升到40℃以上时，把操纵按指示牌标识放到除霜的位置，循环放到室内循环的位置，打开鼓风机电机放到三挡位置。此时电机转速最高，使其运转3～5分钟，然后根据除霜情况可以把挡位放到

一、二挡位置。这期间驾驶员最好不要离开驾驶室，如发现电机不转，应立即把电机挡位回到关闭的位置，避免烧坏变速电阻。当外面气温低、驾驶室内司乘人员多时，玻璃会有霜，可以把操纵放到除霜的位置和室外循环的位置上，电机可以放到一挡或二挡位置，这样就能把霜除干净。当外部无风沙和粉尘时，可以把循环放到室外，使驾驶室空气清新。如有风沙和粉尘或天气太冷时，把循环放到室内循环，避免风沙和粉尘进入驾驶室。

二、暖风机布置和安装

在生产厂房内布置暖风机时，应根据车间的几何形状、工艺设备布置情况以及气流作用范围等因素，设计暖风机台数及位置。

采用小型暖风机采暖，为使车间温度场均匀，保持一定的断面速度，布置时宜使暖风机的射流互相衔接，使采暖房间形成一个总的空气环流；同时，室内空气的换气次数每小时宜大于或等于1.5次。

位于严寒地区或寒冷地区的工业建筑，利用热风采暖时，宜在窗下设置散热器，作为值班采暖或满足工艺所需的最低室内温度，一般不得低于5℃。

在高大厂房内，如内部隔墙和设备布置不影响气流组织，宜采用大型暖风机集中送风。在选用大型暖风机采暖时，由于出口速度和风量都很大，一般沿车间长度方向布置。气流射程不应小于车间采暖区的长度；在射程区域内不应有高大设备或遮挡，避免造成整个平面上的温度梯度达不到设计要求。

小型暖风机的安装高度（指其送风口离地面的高度），当出口风速小于或等于5m/s时，宜采用3m～3.5m；当出口风速大于5m/s时，宜采用4m～4.5m，可保证生产厂房的工作区的风速不大于0.3m/s。暖风机的送风温度，宜采用35℃～50℃。送风温度过高，热射流呈自然上升趋势，会使房间下部加热不好；送风温度过低，易使有吹冷风的不舒适感。

当采用大型暖风机集中送风采暖时，其安装高度应根据房间的高度和回流区的分布位置等因素确定，不宜低于3.5m，但不得高于7.0m，房间的生活地带或作业地带应处于集中送风的回流区；生活地带或作业地带的风速，一般不宜大于0.3m/s，但最小平均风速不宜小于0.15m/s；送风口的出口风速，应通过计算确定，一般可采用5m/s～15m/s。集中送风的送风温度，不宜低于35℃，不得高于70℃，以免热气流上升而无法向房间工作地带供热。当房间高度或集中送风温度较高时，送风口处宜设置向下倾斜的导流板。

三、使用环境要求

暖风机使用环境要求空气中无粘性和纤维物质，含尘量和其它固体杂质的含量不大于100mg/m³。暖风机使用环境要求工作时环境温度在-10℃～40℃之间，湿度在85%（不结露）以内。

电暖风机使用环境要求海拔高度不超过1000m。安全保护及注意事项暖风机的出风管及送出的空气温度可能非常高，要小心避免灼伤；使用的空气若含有易燃、易爆气体时，其浓度必须稀释到爆炸极限的1/50～1/100以下；出现突发事故，可直接按急刹关机，待安全得到保证后，方可复位恢复工作。

四、暖风机风机的类型

暖风机的风机分为轴流式与离心式两种，常称为轴流式暖风机和离心式暖风机。

轴流式暖风机体积小、结构简单、安装方便，但其送出的热风气流射程短，出口风速低。轴流式暖风机一般悬挂或支架在墙或柱子上。热风经出风口处百叶调节板，直接吹向工作区。

离心式暖风机是用于集中输送大量热风的采暖设备。由于它配用离心式通风机，有较大的作用压头和较高的出口速度，比轴流式暖风机的气流射程长，送风量和产热量大，常用于集中送风采暖系统。其散热方式主要以对流为主，热惰性小、升温快。

　　轴流式小型暖风机主要用于加热室内再循环空气，离心式大型暖风机，除用于加热室内再循环空气外，也可用来加热一部分室外新鲜空气，同时用于房间通风和采暖上，但对于空气中含有燃烧危险的粉尘、产生易燃易爆气体和纤维未经处理的生产厂房，从安全角度考虑，不得采用再循环空气。

第三节　附属设备

一、膨胀水箱

　　膨胀水箱的作用是储存热水供暖系统加热的膨胀水量。膨胀水箱有圆形和矩形两种，一般是由薄钢板焊接而成。膨胀水箱上接有膨胀管、循环管、信号管（检查管）、溢流管和排水管。

　　在自然循环上供下回式系统中，膨胀水箱连接在供水总立管的最高处，起到排除系统内空气作用。在机械循环热水供暖系统中膨胀水箱连接在回水干管循环水泵入口前，可以恒定系统水泵入口压力，保证系统压力稳定。

（一）膨胀水箱的构成

　　1.膨胀管

　　膨胀水箱设在系统的最高处，系统的膨胀水量通过膨胀管进入膨胀水箱。自然循环系统膨胀管接在供水总立管的上部；机械循环系统膨胀管接在回水干管循环水泵入口前。膨胀管上不允许设置阀门，以免偶然关断使系统内压力增高，发生事故。

　　2.循环管

　　当膨胀水箱设在不供暖的房间内时，为了防止水箱内的水冻结，膨胀水箱需设置循环管。机械循环系统循环管接至定压点前的水平回水干管上，连接点与定压点之间应保持1.5m～3m的距离，使热水能缓慢地在循环管、膨胀管和水箱之间流动；自然循环系统中，循环管接到供水干管上，与膨胀管也应有一段距离，以维持水的缓慢流动。

　　循环管上也不允许设置阀门，以免水箱内的水冻结。如果膨胀水箱设在非供暖房间，水箱及膨胀管、循环管、信号管均应做保温处理。

　　3.信号管（检查管）

　　用来检查膨胀水箱水位，决定系统是否需要补水。信号管控制系统的最低水位，应接至锅炉房内或人们容易观察的地方，信号管末端应设置阀门。

　　4.溢流管

　　溢流管用于排出水箱内超过规定水位的多余的水。它是控制系统的最高水位，当系统水的膨胀体积超过溢流管口时，水溢出就近排人排水设施中。溢流管上也不允许设置阀门，以免偶然关闭时水从入孔处溢出。溢流管也可以用来排空气。

　　5.液位管

　　液位管用于监督水箱内的水位。

6.排水管

排水管用于清洗、检修时放空水箱中的水，可与溢流管一起就近接入排水设施，其上应安装阀门。

7.补水阀

补水阀与箱体内的浮球相连，水位低于设定值则通阀门补充水。为安全起见，膨胀管、循环管、溢流管上不允许装任何阀门。

（二）系统中设置膨胀水箱的主要作用

膨胀水箱用于闭式水循环系统中，起到了平衡水量及压力的作用，避免安全阀频繁开启和自动补水阀频繁补水。膨胀罐起到容纳膨胀水的作用外，还能起到补水箱的作用，膨胀罐充入氮气，能够获得较大容积来容纳膨胀水量，高、低压膨胀罐可利用本身压力并联向稳压系统补水。本装置各点控制均为联锁反应，自动运行，压力波动范围小，安全可靠，节能，经济效果好。

1.膨胀

使系统中的淡水受热后有膨胀的余地。

2.补水

补充系统中因蒸发和泄漏而损失的水量并保证淡水泵有足够的吸入压力。

3.排气

排放系统中的空气。

4.投药

投化学药剂以便对冷冻水进行化学处理。

5.加热

如果在其中设置了加热装置，可对冷冻水进行加热以便暖缸

二、排气装置

热水供暖系统必须及时排除系统内的空气，以避免产生气塞而影响水流的循环和散热，保证系统正常工作。其中，自然循环、机械循环的双管下供下回及倒流式系统可以通过膨胀水箱排除空气，其他系统都应在供暖总立管的顶部或供暖干管末端的最高点处设置集气罐或手动、自动排气阀等排气装置排除系统内的空气。

（一）集气罐

集气罐是采用无缝钢管焊制而成的，或者采用钢板卷制焊接而成，分为立式和卧式两种。为了增大罐的储气量，其进、出水管宜靠近罐底，在罐的顶部设DN15的排气管，排气管的末端应设排气阀。排气阀应引致附近的排水设施处，排气阀应设在便于操作的地方。

1.集气罐规格的选择

（1）集气罐的有效容积应为膨胀水箱容积的1%。

（2）集气罐的直径应大于或等于干管直径的1.5～2倍。

（3）水在集气罐中的流速不超过0.05m/s。

2.集气罐的安装

一般立式集气罐安装于供暖系统总立管的顶部，卧式集气罐安装于供水干管的末端。

（1）集气罐一般安装于供暖房间内，否则应采取防冻措施。

（2）安装时应有牢固的支架支撑，以保证安装的平稳、牢固，一般采用角钢裁埋于墙内作为横

梁，再配以直径为12mm的U形螺栓进行固定。

（3）集气罐在系统中与管配件保持5～6倍直径的距离，以防涡流影响空气的分离。

（4）排气管一般采用DN15，其上应设截止阀，中心距地面1.8m为宜。

（二）自动排气阀

自动排气阀大都是依靠水对浮体的浮力，通过自动阻气和排水机构，使排气孔自动打开或关闭，达到排气的目的。

自动排气阀一般采用丝扣连接，安装后应保证不漏水。自动排气阀的安装要求如下：

第一，自动排气阀应垂直安装在干管上。

第二，为了便于检修，应在连接管上设阀门，但在系统允许时阀门应处于开启状态。

第三，排气口一般不需接管，如接管时，排气管上不得安装阀门。排气口应避开建筑设施。

第四，调整后的自动排气阀应参与管道的水压试验。

（三）冷风阀

冷风阀适用于公称压力不大于600kPa，工作温度不高于100℃的水或蒸汽供暖系统的散热器上。冷风阀多用在水平式和下供上回式系统中，它旋紧在散热器上部专设的丝孔上，以手动方式排除空气。

三、其他附属设备

（一）除污器

除污器是热水供暖系统中最为常用的附属设备之一，可用来截留、过滤管路中的杂质和污垢，保证系统内水质洁净，减少阻力，防止堵塞。除污器一般安装循环水泵吸入口的回水干管上，用于集中除污；也可分别设置于各个建筑物入口处的供、回水干管上，用于分散除污。当建筑物入口供水干管上装有节流孔板时，除污器应安装节流孔板前的供水干管上，防止污物阻塞孔板。另外，在一些小孔口的阀前（如自动排气阀）也宜设置除污器或过滤器。

（二）热量表

进行热量测量与计算，并作为计费结算的计量仪器称为热量表（也称热表）。根据热量计算方程，一套完整的热量表应由以下三部分组成：

第一，热水流量计，用以测量流经换热系统的热水流量。

第二，一对温度传感器，分别测量供水温度和回水温度，并进而得到供水、回水温差。

第三，积算仪（也称积分仪），根据与其相连的流量计和温度传感器提供的流量及温度数据，通过热量计算方程可计算出用户从热交换系统中获得的热量

（三）散器温控阀

散热器温控阀是一种自动控制散热器散热量的设备，它由两部分组成，一部分为阀体部分，另一部分为感温元件控制部分散热器温控阀具有恒定室温、节约热能的优点。

当室内温度高于（或低于）给定温度时，散热器温控阀会自动调节进入散热器的水量，使散热器的散热量减小（或增大），室温随之下降（或升高）。

（四）调压板

当外网压力超过用户的允许压力时，可设置调压板来减少建筑物入口供水干管上的压力。调压板用于压力低于100kPa的系统中。选择调压板时，孔口直径不应小于3mm，且调压板前应设置除污器或过滤器。调压板厚度一般为2mm～3mm，安装在两个法兰之间。

结束语

　　随着我国城市化进程不断加快，城市人口规模不断扩大，市政基础设施建设面临着巨大的压力。在城市的配套基础设施中，给排水工程占有十分重要的地位，与整个城市的经济发展以及城市居民的日常生活息息相关，直接影响着城市功能的正常发挥。

　　总之，城市的生活垃圾与给排水问题关系着居民的日常生活以及工业的正常发展，关系着当地社会经济的发展。因此，要在分析城市建设给排水工程现状的基础上，提高认识，加大投入，引进技术，运用一切有效措施解决好城市的给排水问题。所以要科学有效合理应用现有资金，停掉效益差的项目，把有限的资金用到有明显社会和环境收益的项目上。应该将城市生活垃圾、排水和污水处理作为环境保护的重点，争取环保部门的支持，将资金首先投入垃圾、排水和污水的处理工程中，从而实现城市建设又好又快地发展。

参考文献

[1]张文博.生态文明建设视域下城市绿色转型的路径研究[M].上海：上海社会科学院出版社，2022.02.

[2]张明斗.中国韧性城市建设研究[M].北京：人民出版社，2022.01.

[3]梁思源.政治文明与宜居城市建设[M].北京：中国社会科学出版社，2022.01.

[4]刘伊生.低碳生态城市建设中的绿色建筑与绿色校园发展[M].北京：中国建筑工业出版社，2022.02.

[5]李贵文.大气污染治理与低碳城市建设[M].兰州：兰州大学出版社有限责任公司，2021.03.

[6]李萌，潘家华.城市发展转型与生态文明建设[M].北京：中国环境出版集团有限公司，2021.09.

[7]王宝强，陈姚.中国城市建设技术文库.城市水系统安全评价与生态修复[M].武汉：华中科技大学出版社，2021.10.

[8]单卓然，张衔春.中国城市建设技术文库.中国城市区域治理理论与实证[M].武汉：华中科技大学出版社，2021.11.

[9]李萌，潘家华.城市发展转型与生态文明建设[M].北京：中国环境出版集团有限公司，2021.09.

[10]吴向鹏，刘晓斌，吴小蕾.宁波低碳城市建设研究[M].杭州：浙江大学出版社有限责任公司，2021.04.

[11]刘治彦，丛晓男，丁维龙.中国智慧城市建设研究[M].北京：社会科学文献出版社，2021.10.

[12]张伟.给排水管道工程设计与施工[M].郑州：黄河水利出版社，2020.04.

[13]许彦，王宏伟，朱红莲.市政规划与给排水工程[M].长春：吉林科学技术出版社，2020.

[14]饶鑫，赵云.市政给排水管道工程[M].上海：上海交通大学出版社，2019.

[15]刘军.城市建设风险防控[M].上海：同济大学出版社，2019.12.

[16]陈罡.城市环境设计与数字城市建设[M].南昌：江西美术出版社，2019.05.

[17]郭静姝.生态环境发展下的城市建设策略[M].青岛：中国海洋大学出版社，2019.12.

[18]蒙天宇.国际无废城市建设研究[M].北京：中国环境出版集团有限责任公司，2019.09.

[19]梁家琳，闫雪.当代城市建设中的艺术设计研究[M].北京：中国戏剧出版社，2019.06.

[20]孔德静，张钧，胥明.城市建设与园林规划设计研究[M].长春：吉林科学技术出版社，2019.05.

[21]李亚丽.城市建设用地扩展碳排放效应研究[M].北京：地质出版社，2019.03.

[22]廖清华，赵芳琴.生态城市规划与建设研究[M].北京：北京工业大学出版社，2019.08.

[23]吴楠.智慧城市建设的政府责任[M].合肥：合肥工业大学出版社，2018.12.

[24]徐龙章.智慧城市建设与实践[M].北京：中国铁道出版社，2018.06.

[25]李明海，张晓宁，张龙.建筑给排水及采暖工程施工常见质量问题及预防措施[M].北京：中国建材工业出版社，2018.03.

[26]李梦希.城市道路建设问题研究[M].北京：九州出版社，2018.06.

[27]陈春光.城市给水排水工程[M].成都：西南交通大学出版社，2017.12.

[28]王丽娟，李杨，龚宾.给排水管道工程技术[M].北京：中国水利水电出版社，2017.08.

[29]杨顺生，黄芸.城市给水排水新技术与市政工程生态核算[M].成都：西南交通大学出版社，2017.08.

[30]冀雯宇，赵景波，杨启超.城市轨道交通系统运用工程[M].北京：国防工业出版社，2017.01.